国家制造业信息化
三维 CAD 认证规划教材

Creo Parametric 高级应用

张安鹏　马佳宾　李永松　等编著

北京航空航天大学出版社

内容简介

　　本书主要介绍 Creo Parametric 软件高级功能,包括参数化模型设计、行为建模、自顶向下设计、高级特征的运用、IDD 修补破面、柔性建模、AutobuildZ 的 2D 转 3D、ISDX 交互式曲面设计,最后结合大量案例对高级功能及设计方法进行了直接讲解,使读者体会到功能运用的方式方法,方便读者掌握更多 Creo Parametric 软件的设计方法与技巧。

　　本书附 DVD 学习光盘一张,内容包括书中所有案例视频录像和案例源文件。

　　本书适合产品结构设计人员、大(中)专院校工业与机械设计专业师生使用,同时也可作为社会各类相关专业培训机构和学校的教学参考书。

图书在版编目(CIP)数据

　　Creo Parametric 高级应用 / 张安鹏等编著. -- 北京：北京航空航天大学出版社，2013.1

　　ISBN 978 - 7 - 81124 - 958 - 3

　　Ⅰ. ①C… Ⅱ. ①张… Ⅲ. ①计算机辅助设计—应用软件 Ⅳ. ①TP391.72

　　中国版本图书馆 CIP 数据核字(2013)第 011151 号

Creo Parametric 高级应用

张安鹏　马佳宾　李永松　等编著

责任编辑　王　实

*

北京航空航天大学出版社出版发行

北京市海淀区学院路 37 号(邮编 100191)　http://www.buaapress.com.cn
发行部电话:(010)82317024　传真:(010)82328026
读者信箱: bhpress@263.net　邮购电话:(010)82316936
涿州市新华印刷有限公司印装　各地书店经销

*

开本:710×1 000　1/16　印张:24.25　字数:517 千字
2013 年 1 月第 1 版　2013 年 1 月第 1 次印刷　印数:4 000 册
ISBN 978 - 7 - 81124 - 958 - 3　定价:54.00 元(含 1 张 DVD 光盘)

前　言

　　Creo 是美国 PTC 公司于 2010 年 10 月推出的 CAD 设计软件包,是 PTC 公司闪电计划中的第一个产品。

　　Creo 是整合了 PTC 公司的三个软件,即 Pro/ENGINEER 的参数化技术、CoCreate 的直接建模技术和 ProductView 的三维可视化技术的新型 CAD 设计软件包,针对不同的任务应用采用了更为简单化的子应用的方式,所有子应用采用统一的文件格式。Creo 的目的在于解决目前 CAD 系统难用及多 CAD 系统数据共用等问题。

　　Creo 是一个可伸缩的套件,集成了多个可互操作的应用程序,功能覆盖整个产品开发领域。Creo 的产品设计应用程序使企业中的每个人都能使用最适合自己的工具,因此,使他们可以全面参与产品的开发过程。除了 Creo Parametric 之外,还有多个独立的应用程序在 2D 和 3D CAD 建模、分析及可视化方面提供了新的功能。Creo 还提供了空前的互操作性,可确保在内部和外部团队之间轻松共享数据。

　　本书着重介绍 Creo Parametric,其实 Creo Parametric 的前身就是大家所熟悉的 Pro/ENGINEER,作为当今流行的三维实体建模软件之一,其内容丰富、功能强大,是美国 PTC 公司研制开发的一款应用于机械设计与制造的自动化软件。该软件是一款参数化、基于特征的实体造型系统,是当今应用最广泛、最具竞争力的大型集成软件之一;广泛应用于产品设计、零件装配、模具设计、工程图设计、运动仿真、钣金设计等多个模块,能使工程设计人员在第一时间设计出完美的产品。因此,该软件在电子、通信、航空、航天、汽车、自行车、家电和玩具等工业领域得到广泛应用。

　　Creo Parametric 使用了当下最流行的操作界面,简化了用户的工作环境,并提供了一系列创新的功能,可以真正有效提高用户的工作效率。

经过重新设计的界面在整体上变得非常简洁漂亮,已经找不到曾经的菜单和工具栏,取而代之的是一个个以工作成果为导向的选项卡。它具有更好的绘图界面和更加形象生动、简捷的设计环境及渲染功能,体现出更多的灵活性。

本书是高级应用教程,涉及 Creo 的各种高级应用方法和技巧。全书以案例为主,注重实用、讲解详细、条理清晰,全书由 9 章组成:

第 1 章　参数化模型设计;

第 2 章　行为建模;

第 3 章　自顶向下设计——主控、骨架、布局;

第 4 章　高级特征的运用;

第 5 章　IDD 修补破面;

第 6 章　柔性建模;

第 7 章　AutobuildZ 的 2D 转 3D;

第 8 章　ISDX 交互式曲面设计;

第 9 章　综合案例——万向联轴器。

书中变量均为正体。

本书由张安鹏主编,马佳宾负责第一、二章的编写,李永松负责第三章的编写,魏超负责第四章的编写,王妍琴负责第五章的编写,李建永负责第六章的编写,罗春阳负责第七章的编写,李海连负责第八章的编写,第九章由张安鹏负责编写。

由于作者经验和水平所限,加上编著本书的时间仓促,书中难免会出现不足之处,恳请广大读者批评指正。

作者电子邮箱:zhang_an_peng@163.com。

作　者

2012 年 12 月

目　　录

第 1 章　参数化模型设计

参数化模型设计是 Creo Parametric 重点强调的设计理念。参数是参数化模型设计的核心概念,在一个模型中,参数是通过"尺寸"的形式来体现的。参数化模型设计的突出特点在于可以通过变更参数的方法来方便地修改设计意图。关系式是参数化模型设计中的另一项重要内容,它体现了参数之间相互制约的"父子"关系。所以,首先要了解 Creo Parametric 中参数和关系的相关理论。

1.1　参数化建模概述

参数有两个含义:一是参数可以提供设计对象的附加信息,是参数化设计的要素之一。参数和模型一起存储,参数可以标明不同模型的属性。例如在一个"族表"中创建参数"成本"后,对于该族表的不同实例可以设置不同的值,以示区别。二是参数可以配合关系的使用来创建参数化模型,通过变更参数的数值来变更模型的形状和大小。

1.1.1　参数设置

进入"零件"模块,单击"模型"选项卡中的"模型意图"展开按钮,选择"[]参数"选项,即可打开"参数"对话框,使用该对话框可添加或编辑一些参数,如图 1-1 所示。

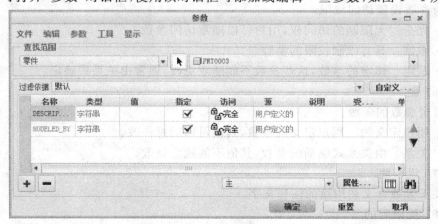

图 1-1　"参数"对话框

1

"查找范围"选项区域:设置想要向其添加参数的对象类型。

"过滤依据"选项区域:用于参数列表过滤设置。

参数列表选项区域:显示当前对象添加的所有参数。

➕➖按钮:添加或删除参数。

"属性"按钮:编辑选中参数的属性。

"设置局部参数列"工具按钮▥:设置参数的属性项目。

1. 参数的组成

(1) 名 称
参数的名称和标识,用于区分不同的参数,是引用参数的依据。

注意: 用于关系的参数必须以字母开头,不区分大小写,参数名不能包含如下非法字符:!、"、@和井等。

(2) 类 型
指定参数的类型:
➢ 整数　整型数据。
➢ 实数　实数型数据。
➢ 字符型　字符型数据。
➢ 是否　布尔型数据。

(3) 值
为参数设置一个初始值,该值可以在随后的设计中修改。

(4) 指 定
使参数在 PDM(Product Data Management,产品数据管理)系统中可见。

(5) 访 问
为参数设置访问权限:
➢ 完全　无限制的访问权,用户可以随意访问参数。
➢ 限制　具有限制权限的参数。
➢ 锁定　锁定的参数,这些参数不能随意更改,通常由关系式确定。

(6) 源
指定参数的来源:
➢ 用户定义的　用户定义的参数,其值可以随意修改。
➢ 关系　由关系式驱动的参数,其值不能随意修改。

(7) 说 明
关于参数含义和用途的注释文字。

(8) 受限制的
创建其值受限制的参数。创建受限制参数后,它们的定义存在于模型中而与参数文件无关。

（9）单　位

为参数指定单位,可以从其下拉列表框中选择。

2.增删参数的属性项目

可以根据实际需要增加或删除以上 9 项中除"名称"之外的参数的其他属性项目,单击"设置局部参数列"工具按钮 ▦ ,弹出"参数表列"对话框,如图 1-2 所示。

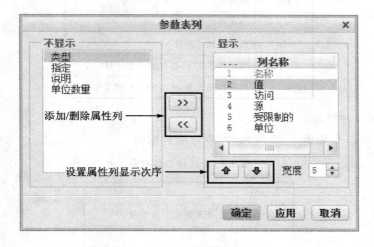

图 1-2　"参数表列"对话框

1.1.2　关　系

关系是参数化设计的另一个重要因素。关系是使用者自定义的尺寸符号和参数之间的等式。关系捕获特征之间、参数之间或组件之间的设计关系。可以这样来理解,参数化模型建立好之后,参数的意义可以确定一系列产品,通过更改参数即可生成不同尺寸的零件;而关系是确保在更改参数的过程中,该零件能够满足基本的形状要求。如参数化齿轮,可以更改模数、齿数从而生成同系列、不同尺寸的多个模型,而关系则满足在更改参数的过程中齿轮不会变成其他的零件。

1.关系式的组成

关系式的组成主要有:尺寸符号、数字、参数、保留字、注释等。

（1）符号类型

系统会为每一个尺寸数值创建一个独立的尺寸编号,在不同的模式下,被给定的编号也不同。

1）尺寸符号

尺寸符号如表 1-1 所列，大小写视为相同。

表 1-1　尺寸符号

符　号	说　明
sd＃	草绘一般尺寸符号
rsd＃	草绘的参考型尺寸符号
d＃	零件与组件模式的尺寸符号
rd＃	参考型尺寸符号
kd＃	已知型尺寸符号
d＃:＃	在组件模式下，组件的尺寸符号
rd＃:＃	在组件模式下，组件的参考型尺寸符号

2）几何公差符号

几何公差符号如表 1-2 所列，大小写视为相同。

表 1-2　几何公差符号

符　号	说　明
tpm＃	上、下对称型公差符号
tp＃	上公差符号
tm＃	下公差符号

3）阵列复制符号

阵列复制如表 1-3 所列，大小写视为相同。

表 1-3　阵列复制符号

符　号	说　明
p＃	阵列的子特征（子组件）编号（正整数）
Lead_v	引导值，引导特征的位置尺寸，即欲阵列变化的尺寸值
Memd_v	阵列实例最终尺寸
Memd_i	阵列实例增量尺寸
Idx_1	第一方向的阵列索引
Idx_2	第二方向的阵列索引

注：Memd_v 与 Memd_i 不允许同时出现。

4）自定义参数

用户自定义参数的规则是：

- 使用者参数名必须以字母开头(若它们用于关系)。
- 不能使用 d♯、kd♯、rd♯、tm♯、tp♯ 或 tpm♯ 作为使用者参数名,因为它们是为尺寸保留使用的。
- 使用者参数名不能包含非字母数字字符,诸如!、@、♯、$。

(2)系统内默认的常量

表 1-4 所列参数是由系统保留使用的(字母大小写视为相同)。

表 1-4　系统保留使用的参数

符　号	说　明
Pi	圆周率
G	重力常数
C♯	C1=1,C2=2,C3=3,C4=4

(3)运算符号

运算符号如表 1-5 所列,包括算数、比较、逻辑运算符号。

表 1-5　运算符号

	符　号	说　明		符　号	说　明		符　号	说　明
算数	+	加	比较	>	大于	逻辑	&	AND
	−	减		<	小于		|	OR
	*	乘		==	等于		~、!	NOT
	÷	除		>=	大于或等于			
	^	次方、指数		<=	小于或等于			
	=	等于		!=、<>、~=	不等于			
	()	括号						

(4)数学函数

数学函数如表 1-6 所列,字母大小写视为相同。

下面简单介绍这些函数的用法:

1)sin()、cos()、tan()函数

这三个都是数学上的三角函数,分别使用角度的度数值来求得角度对应的正弦、余弦和正切值,如:

A=sin(30)　A=0.5

B=cos(30)　B=0.866

C=tan(30)　C=0.577

5

表 1-6　数学函数

符　号	说　明	符　号	说　明
sin()	正弦	log()	对数
cos()	余弦	ln()	自然对数
tan()	正切	exp()	e 的幂次
asin()	反正弦	abs()	绝对值
acos()	反余弦	max()	最大值
atan()	反正切	min()	最小值
sinh()	双曲正弦	mod	求余
cosh()	双曲余弦	pow()	指数函数
tanh()	双曲正切	ceil()	不小于该值的最小整数
sqrt()	平方根	floor()	不大于该值的最大整数

2）asin()、acos()、atan()函数

这三个是上面三个三角函数的反函数,通过给定的实数值求得对应的角度值,如:

A=asin(0.5)　A=30

B=acos(0.5)　B=60

C=atan(0.5)　C=26.6

3）sinh()、cosh()、tanh()函数

在数学中,双曲函数类似于常见的(也叫圆函数)三角函数。基本双曲函数是双曲正弦(sinh)、双曲余弦(cosh),可从它们导出双曲正切(tanh)。

sinh/双曲正弦:sinh(x)=[e^x−e^(−x)]/2

cosh/双曲余弦:cosh(x)=[e^x+e^(−x)]/2

tanh/双曲正切:tanh(x)=sinh(x)/cosh(x)=[e^x−e^(−x)]/[e^x+e^(−x)]

函数使用实数作为输入值。

4）sqrt()函数

开平方,如:

A=sqrt(100)　A=10

B=sqrt(2)　　B=1.414…

5）log()函数

求以 10 为底的对数值,如:

A=log(1)　　A=0

A=log(10)　A=1

A＝log(5)   A＝0.698 9…

6) ln()函数

求以自然数 e 为底的对数值,e 是自然数,值是 2.718…,如:

A＝ln(1)   A＝0

A＝ln(5)   A＝1.609…

7) exp()函数

求以自然数 e 为底的乘方数,如:

A＝exp(2)

A＝e^2＝7.387…

8) abs()函数

求给定参数的绝对值,如:

A＝abs(−1.6)   A＝1.6

B＝abs(3.5)   B＝3.5

9) max()、min()函数

求给定的两个参数之中的最大值和最小值,如:

A＝max(3.8,2.5)   A＝3.8

B＝min(3.8,2.5)   B＝2.5

10) mod()函数

求第一个参数除以第二个参数得到的余数,如:

A＝mod(20,6)   A＝2

B＝mod(20.7,6.1) B＝2.4

11) pow()函数

指数函数,如:

A＝pow(10,2)   A＝100

B＝pow(100,0.5)   B＝10

12) ceil()和 floor()函数

均可有一个附加参数,用它可指定舍去的小数位。

ceil(parameter_name or number, number_of_dec_places)。

floor(parameter_name or number, number_of_dec_places)。

➢ parameter_name or number   参数名或数值。

➢ number_of_dec_places   要保留的小数位(可省略),因它的取值不同可有不同的结果:

— 可以为数值亦可为参数,若为实数则取整。

— 若 number_of_dec_place>8,则不作任何处理,用原值。

— 若 number_of_dec_place≤8,则舍去其后的小数位,并进位。

例如:

ceil(10.2)→11 比 10.2 大的最小整数为 11。

floor(−10.2)→−11 比−10.2 小的最大整数为−11。

floor(10.2)→10 比 10.2 小的最大整数为 10。

ceil(10.255,2)→10.26 比 10.255 大的最小符合数。

ceil(10.255,0)→11 比 10.255 大的最小整数。

floor(10.255,1)→10.2 比 10.255 小的最大符合数。

len1=ceil(20.5)→len1=21。

len2=floor(−11.3)→len2=−12。

len=len1+len2→len=9。

(5) 其他函数

Creo Parametric 中提供的函数很多,除上述数学函数外,还有许多函数,在此介绍几个字符串函数。

1) string_length()

返回某字符串参数中字符的个数。

用法:string_length(参数名或字符串)

例如:

strlen1=string_length("material"),则 strlen1=8。

若 material="steel",strlen2=string_length(material),则 strlen2=5。

2) rel_model_name()

返回目前模型的名称。

用法:rel_model_name()

注意括号内为空。

例如:

当前模型为 part1,则

partName=rel_model_name()→partName="part1"

如在装配图中,则需加上进程号(session Id),例如:

partName=rel_model_name:2()

3) rel_model_type()

返回目前模型的类型。

用法:rel_model_type()

例如:

当前模型为装配图,则

parttype＝rel_model_type()→parttype＝"ASSEMBLY"

4）itos()

将整数转换成字符串。

用法：itos(integer)

若为实数则舍去小数部分。

例如：

s1＝itos(123)→s1＝"123"

s2＝itos(123.57)→s2＝"123"

intl＝123.5 s3＝itos(intl)→s3＝"123"

5）search()

查找字符串，返回位置值。

用法：search(string,substring)

其中：

string 是原字符串；

substring 是要找的字符串，查到则返回位置，否则返回 0，第一个字符的位置值为 1，依此类推。

例如：

parstr＝abcdef，则 where＝search(parstr,"bcd")→where＝2

where＝search(parstr,"bed")→where＝0（没查到）

6）extract()

提取字符串。

用法：extract(string,position,length)

其中：

string 是原字符串；

position 是提取位，其值大于 0 而小于字符串长度；

length 是提取字符数，其值不能大于字符串长度。

例如：

new＝extract("abcded",2,3)→new＝"bcd"

其含义是：从"abcdef"串的第 2 个字符(b)开始取出 3 个字符。

7）exists()

测试项目是否存在。

用法：exists(item)

其中：item 可以是参数或尺寸。

例如：

If exists(d5) 检查零件内是否有 d5 尺寸。

If exists("material") 检查零件内是否有 material 参数。

8）evalgraph()

计算函数。

用法：evalgraph(graph_name,x_value)

其中：

graph_name 是控制图表（graph）的名字，要用双引号括起来；

x_value 是 graph 中的横坐标值，函数返回 graph 中 x 对应的 y 值。

例如：

sd5＝evalgraph("sec",3)

evalgraph 只是 Creo Parametric 提供的一个用于计算图表 graph 中的横坐标对应纵坐标值的一个函数，可以用于任何场合。

9）trajpar_of_pnt()

返回指定点在曲线中的位置比例。

用法：trajpar_of_pnt(curve_name,point_name)

其中：

curve_name 是曲线的名称；

point_name 是点的名字；

trajpar 为 0～1 的变量。

两个参数都需要用双引号括起来。函数返回的是点在曲线上的比例值，可能等于 trajpar，也可能是 1－trajpar，视曲线的起点而定。

例如：

ratio＝trajpar_of_pnt("wire","pnt1")

ratio 的值等于点 pnt1 在曲线 wire 上的比例值。

（6）注　释

"/＊"后的文字并不会参与关系式的运算，可用来描述关系式的意义。

如：

/＊Width is equal to 2＊height

d1＝2＊d2

2. 关系式的分类

Creo Parametric 提供了为数不少的关系式，范围涵盖广泛，但一般常用的仅为其中几种，以下列举三大类分别说明。

（1）简单式

该类型通常用于单纯的赋值。如：

m＝2

d1＝d2 * 2

（2）判断式

有时必须加上一些判断语句，以适合特定的情况，其语法如下：

if…endif

if…else…endif

如：

① if…endif

if d2＞＝d3

length_A＝100

endif

if volume＝50＆area＜200

diameter＝30

end if

② if…else…endif

if A＞10

type＝1

if B＞8

type＝2

endif

else

type＝0

endif

（3）解方程与联立解方程组

在设计时，有时需要借助系统求解一些方程。在 Creo Parametric 中，求解方程的语法是 solve…for。若解不止一组，系统也仅能返回一组结果。

如：

r_base＝70

radtodeg＝180/pi

A＝0

solve

A * radtodeg－atan(A)＝trajpar * 20

for

A

d3＝r_base * (1+A^2)^0.5

area＝100

perimeter＝50

solve

d3 * d4＝area

2 * (d3+d4)＝perimeter

for d3,d4

3. 如何添加关系

单击"模型"选项卡中的"模型意图"展开按钮,选择"d＝关系"选项,弹出如图 1－3 所示的"关系"对话框。

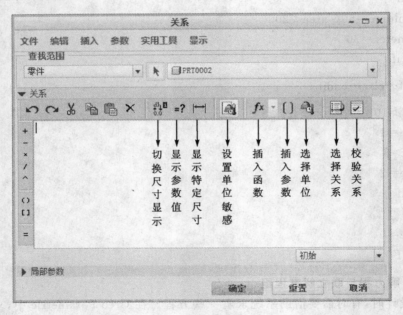

图 1－3 "关系"对话框

1.2 齿轮参数化建模

齿轮是一个比较经典的参数化建模案例,操作不是很复杂,建模过程中要注意参数与关系的运用,体验软件中灵活运用参数和关系的准确和快捷,如图 1－4 所示。

图 1-4 齿 轮

操作步骤如下：

① 单击"主页"选项卡中的"新建"工具按钮 ⬜，或者选择菜单"文件"|"新建"选项，弹出"新建"对话框，在"类型"选项区域选择"零件"单选项，文件名修改成 gear，取消选择"使用默认模板"复选项，单击"确定"按钮。进入"新建文件选项"对话框，选择模板 mmns_part_solid，单击"确定"按钮，完成新建文件设置。

② 单击"模型"选项卡中的"模型意图"展开按钮，选择"[ ]参数"选项，即可打开"参数"对话框，单击"添加新参数"按钮 ➕ ，添加新的参数，如图 1-5 所示。

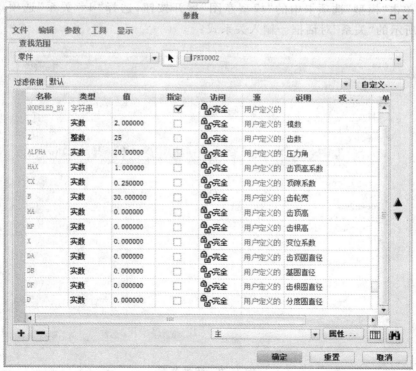

图 1-5 添加参数

设置参数：M（模数）、Z（齿数）、ALPHA（压力角）、HAX（齿顶高系数）、CX（顶隙系数）、B（齿轮宽）、HA（齿顶高）、HF（齿根高）、X（变位系数）、DA（齿顶圆直径）、DB（基圆直径）DF（齿根圆直径）、D（分度圆直径）。

③ 在"模型"选项卡中的"基准"选项区域单击"草绘"工具按钮，选择 FRONT 平面为草绘平面，从小到大依次绘制四个任意尺寸的同心圆，如图 1-6 所示。

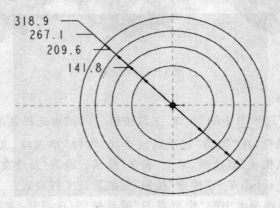

图 1-6　绘制草图

④ 单击"模型"选项卡中的"模型意图"展开按钮，选择"d＝关系"选项，弹出如图 1-7 所示的"关系"对话框。输入关系式：

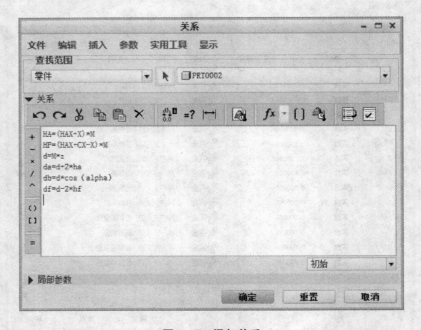

图 1-7　添加关系

$$HA=(HAX+X)*M$$
$$HF=(HAX+CX-X)*M$$
$$d=M*z$$
$$da=d+2*ha$$
$$db=d*\cos(alpha)$$
$$df=d-2*hf$$

该关系式利用齿轮计算公式计算 DA(齿顶圆直径)、DB(基圆直径)、DF(齿根圆直径)和 D(分度圆直径)。

⑤ 将计算出的参数值链接到草图中同心圆的直径值上,单击草图,单击"关系"对话框中的"在尺寸值和名称间切换"工具按钮 ,此时同心圆的直径值变换为参数符号:d0、d1、d2、d3,在"关系"对话框中添加关系(如图 1-8 所示):

$$d0=db$$
$$d1=df$$
$$d2=d$$
$$d3=da$$

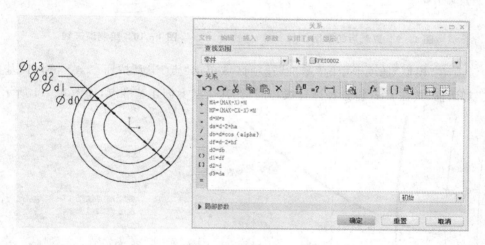

图 1-8　添加草绘与参数之间关系

⑥ 单击"关系"对话框中的"确定"按钮。单击"模型"选项卡中"操作"选项区域的"重新生成"工具按钮 ,结果如图 1-9 所示。

⑦ 在"模型"选项卡中选择"基准"下拉列表中的"来自方程的曲线"选项,在"曲线:从方程"选项卡中,选择"笛卡尔坐标系"选项,单击"方程"按钮,弹出"方程"对话框,输入渐开线方程,单击"确定"按钮关闭"方程"对话框,选择圆心处的坐标系,单击"确定"按钮 ,结果如图 1-10 所示。方程及坐标系如下:

r＝db/2

theta＝t＊45

x＝r＊cos(theta)＋r＊sin(theta)＊theta＊pi/180

y＝r＊sin(theta)－r＊cos(theta)＊theta＊pi/180

z＝0

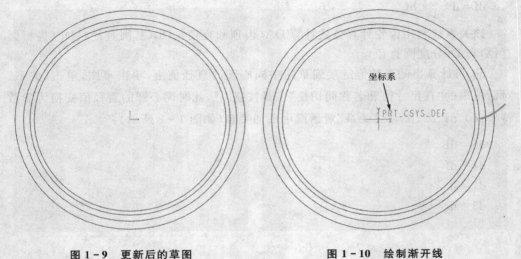

图 1－9　更新后的草图　　　　　　　　　　图 1－10　绘制渐开线

　⑧ 在"模型"选项卡中的"基准"选项区域单击"点"工具按钮 ｘ×点 ▾，弹出"基准点"对话框，按住 Ctrl 键选择渐开线与圆，在其交点上创建基准点，如图 1－11 所示。

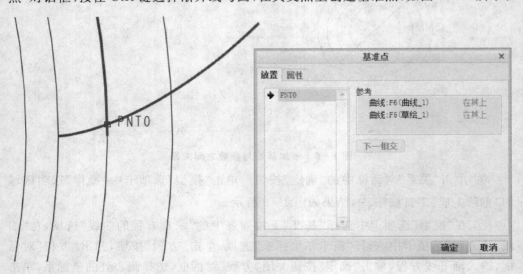

图 1－11　创建基准点

⑨ 在"模型"选项卡中的"基准"选项区域单击"轴"工具按钮 ✎ 轴，弹出"基准轴"对话框，按住 Ctrl 键选择 RIGHT 和 TOP 基准平面，单击"确定"按钮，如图 1－12 所示。

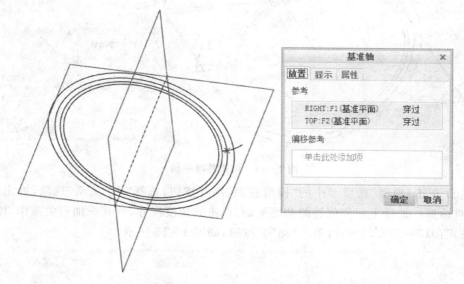

图 1－12　创建基准轴

⑩ 在"模型"选项卡中的"基准"选项区域单击"平面"工具按钮 ▱，弹出"基准平面"对话框，按住 Ctrl 键选择创建的基准轴与基准点，单击"确定"按钮，如图 1－13 所示。

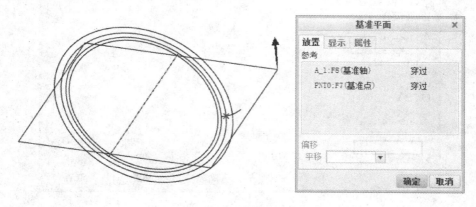

图 1－13　创建基准平面

⑪ 在"模型"选项卡中的"基准"选项区域单击"平面"工具按钮 ▱，弹出"基准平面"对话框，按住 Ctrl 键选择创建的基准轴与上一步创建的基准平面，在"旋转"文本框中输入$-360/(4*z)$，系统弹出提示"是否要添加$-360/(4*z)$作为特征关系？"单

击"是"按钮,再单击"确定"按钮,如图 1 - 14 所示。

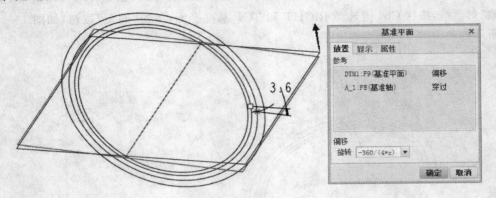

图 1 - 14　创建基准平面

　　⑫ 单击"模型"选项卡中的"模型意图"展开按钮,选择"d=关系"选项,弹出"关系"对话框。选择上一步创建的基准平面,单击其角度尺寸,将其添加到关系中,输入关系式:d13=360/(4 * z),单击"确定"按钮,如图 1 - 15 所示。

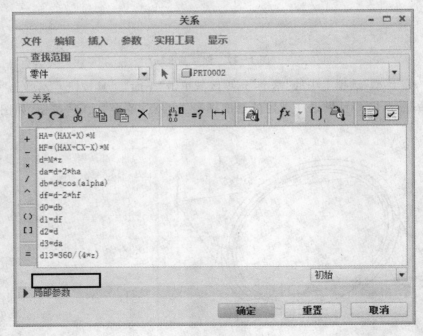

图 1 - 15　关系对话框

　　⑬ 选择渐开线,在"模型"选项卡中的"编辑"选项区域单击"镜像"工具按钮 镜像,弹出"镜像"选项卡,选择基准平面 DTM2,单击"确定"按钮 ,如图 1 - 16 所示。

18

⑭ 在"模型"选项卡中的"形状"选项区域单击"拉伸"工具按钮 ，选择平面 FRONT 为草绘平面。直接引用最大的圆为草绘图元，单击"草绘"选项卡中的"确定"按钮 ，在"拉伸"选项卡中输入拉伸高度 B，系统会提示"是否添加 B 为特征关系?"单击"是"按钮，单击"拉伸"选项卡中"确定"按钮 ，结果如图 1-17 所示。

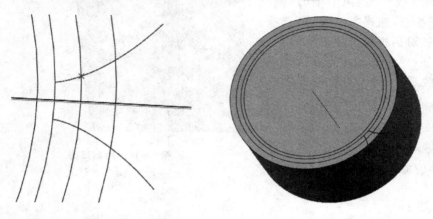

图 1-16 镜像复制渐开线   图 1-17 创建拉伸特征

⑮ 单击"模型"选项卡中的"模型意图"展开按钮，选择"d＝关系"选项，弹出"关系"对话框。选择上一步创建的拉伸特征，单击其拉伸高度尺寸，将其添加到关系中，输入关系式：d14＝B，单击"确定"按钮，如图 1-18 所示。

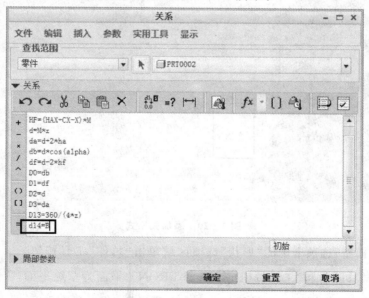

图 1-18 添加关系

⑯ 在"模型"选项卡中的"基准"选项区域单击"草绘"工具按钮，选择 FRONT 平面为草绘平面，绘制草图，如图 1－19 所示。

⑰ 单击"模型"选项卡中的"模型意图"展开按钮，选择"d＝关系"选项，弹出"关系"对话框。选择上一步创建的草图特征，单击其圆角半径尺寸，将其添加到关系中，输入关系式，单击"确定"按钮，如图 1－20 所示。关系式如下：

```
if hax>=1
d34=0.38*m
endif
if hax<1
d34=0.46*m
endif
```

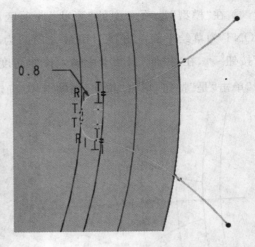

图 1－19　绘制草图

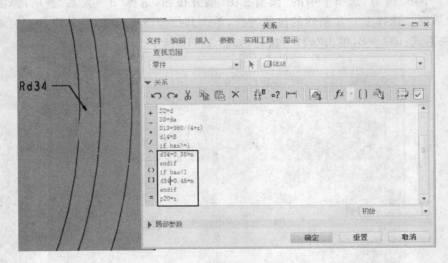

图 1－20　添加关系式

⑱ 在"模型"选项卡中的"形状"选项区域单击"拉伸"工具按钮，在"拉伸"选项卡中单击"移除材料"工具按钮，选择 FRONT 平面为草绘平面，直接使用上一步草图，单击"确定"按钮，结果如图 1－21 所示。

⑲ 在模型树中选择上一步创建的拉伸除料特征,在"模型"选项卡中的"编辑"选项区域单击"阵列"工具按钮 ▦,弹出"阵列"选项卡,选择"轴"阵列方式,选择轴 A_1,单击阵列范围工具按钮 ◬,设置范围 360°,阵列个数设置为 4,单击"完成"按钮 ✓,结果如图 1-22 所示。

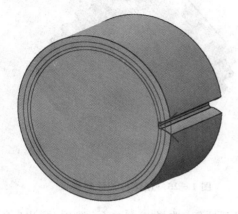

图 1-21　创建拉伸除料特征

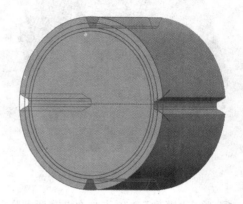

图 1-22　添加阵列特征

⑳ 单击"模型"选项卡中的"模型意图"展开按钮,选择"d=关系"选项,弹出"关系"对话框。选择上一步创建的阵列特征,单击图 1-23 中的尺寸 p20,将其添加到关系中,输入关系式 p20=z,单击"确定"按钮,如图 1-23 所示。

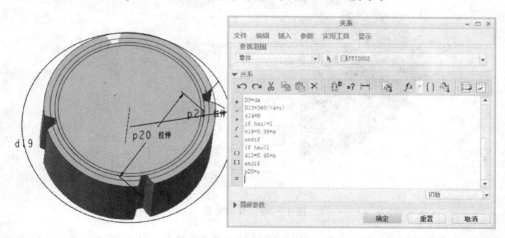

图 1-23　添加关系式

㉑ 在"模型"选项卡中的"操作"选项区域单击"重新生成"工具按钮 ,结果如图 1-24 所示。

㉒ 在"模型"选项卡中的"形状"选项区域单击"拉伸"工具按钮 ,在"拉伸"选

21

项卡中单击"移除材料"工具按钮⬜，选择 FRONT 平面为草绘平面，绘制一个半径为 35 的圆，拉伸高度为 10，单击"确定"按钮✓，结果如图 1-25 所示。

图 1-24　更新模型

图 1-25　创建拉伸除料特征

㉓ 单击"模型"选项卡中的"模型意图"展开按钮，选择"d＝关系"选项，弹出"关系"对话框。选择上一步创建的拉伸除料特征，创建关系式：截面圆直径：d23＝0.8＊m＊z，拉伸深度：d22＝0.3＊b，单击"确定"按钮，如图 1-26 所示。

图 1-26　添加关系

㉔ 在"模型"选项卡中的"基准"选项区域单击"平面"工具按钮⬜，弹出"基准平面"对话框，选择 FRONT 基准平面，在"基准平面"对话框中的"平移"文本框中输入 b/2，系统弹出提示"是否要添加 b/2 作为特征关系？"单击"是"按钮，再单击"确定"按钮，如图 1-27 所示。

㉕ 单击"模型"选项卡中的"模型意图"展开按钮，选择"d＝关系"选项，弹出"关

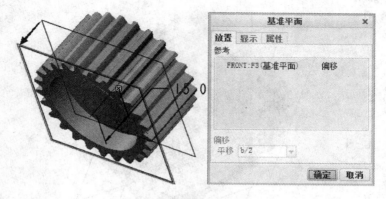

图 1 - 27　创建基准平面

系"对话框。选择上一步创建的基准平面,创建关系式,截面圆直径:d23＝b/2,单击
"确定"按钮,如图 1 - 28 所示。

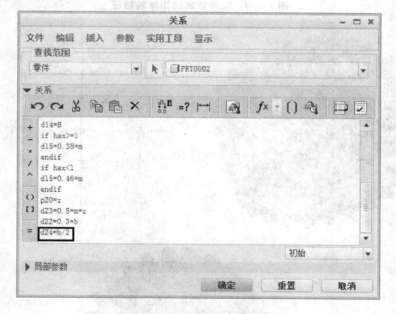

图 1 - 28　添加关系

㉖ 在模型树中选择步骤㉒创建的拉伸除料特征,在"模型"选项卡中的"编辑"选
项区域单击"镜像"工具按钮 ⫶⫶镜像 ,弹出"镜像"选项卡,选择基准平面 DTM3,单击
"确定"按钮 ✓ ,如图 1 - 29 所示。

㉗ 在"模型"选项卡中的"形状"选项区域单击"拉伸"工具按钮 ⬝ ,在"拉伸"选
项卡中单击"移除材料"工具按钮 ⫰ ,选择实体平面为草绘平面,绘制草图,设置拉
伸方式为"拉伸至与所有曲面相交" ⬝⊨ ,单击"确定"按钮 ✓ ,结果如图 1 - 30 所示。

23

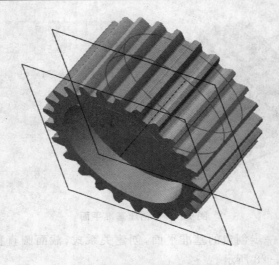

图 1-29　镜像复制拉伸除料特征

图 1-30　添加拉伸除料特征

㉘ 单击"模型"选项卡中的"模型意图"展开按钮,选择"d＝关系"选项,弹出"关系"对话框。选择上一步创建的拉伸除料特征,创建关系式,单击"确定"按钮,如图 1-31 所示。关系式如下:

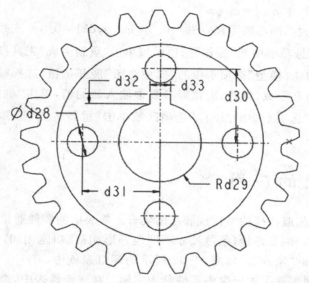

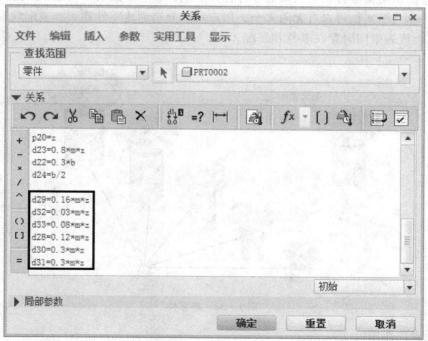

图 1-31 创建关系式

中心圆孔半径：d29＝0.16＊m＊z

键槽高度：d32＝0.03＊m＊z

键槽宽度：d33＝0.08＊m＊z

小圆直径：d28＝0.12＊m＊z

小圆圆心到大圆圆心的距离：d30＝0.3＊m＊z,d31＝0.3＊m＊z

㉙ 在"模型"选项卡中的"操作"选项区域单击"重新生成"工具按钮🔧，参数化齿轮创建完成后，单击"模型"选项卡中的"模型意图"展开按钮，选择"[]参数"选项，打开"参数"对话框，在模数、齿数、齿宽等参数中输入新的值，单击"确定"按钮，返回绘图环境，在"模型"选项卡中的"操作"选项区域单击"重新生成"工具按钮🔧，即可重新生成新的齿轮。

1.3　族表的应用

族表是具有相似特征的零件或装配的集合。族表中的零件通常有一个或多个可变的尺寸或参数。例如螺栓，虽然尺寸不同但外形相似、功能相同，因此可以把它们看成是一个零件的"家族"。如图1-32所示的螺钉家族中，有一个母体零件称为类属零件，而由类属零件派生出来的零件称为实例。在一个族表中，类属零件必须有且只能有一个，而实例可以有无限多个。用户可以分别创建零件族表和装配族表，而不能在一个族表中同时存在零件和装配。

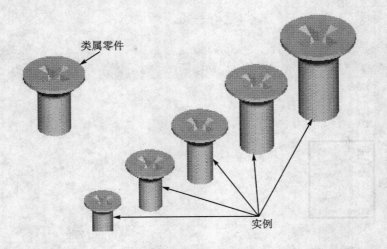

图1-32　族零件

族表的作用：

➤ 产生和存储大量简单而细致的对象。

➤ 把零件的生成标准化，既省时又省力。

➤ 从零件文件中生成各种零件,而无需重新构造。

➤ 可以对零件产生细小的变化而无需用关系改变模型。

➤ 产生可以存储到打印文件并包含在零件目录中的零件表。

➤ 族表实现了零件的标准化并且同一族表的实例相互之间可以自动互换。

1.3.1 族表的组成

族表,本质上是用电子表格来管理模型数据的,它的外观体现也是一个由行和列组成的电子表格。每一行显示零件的实例和相应的特征值;列则分别显示类型、实例名称、尺寸参数、特征和用户定义参数名称等,如图 1-33 所示族表的结构。

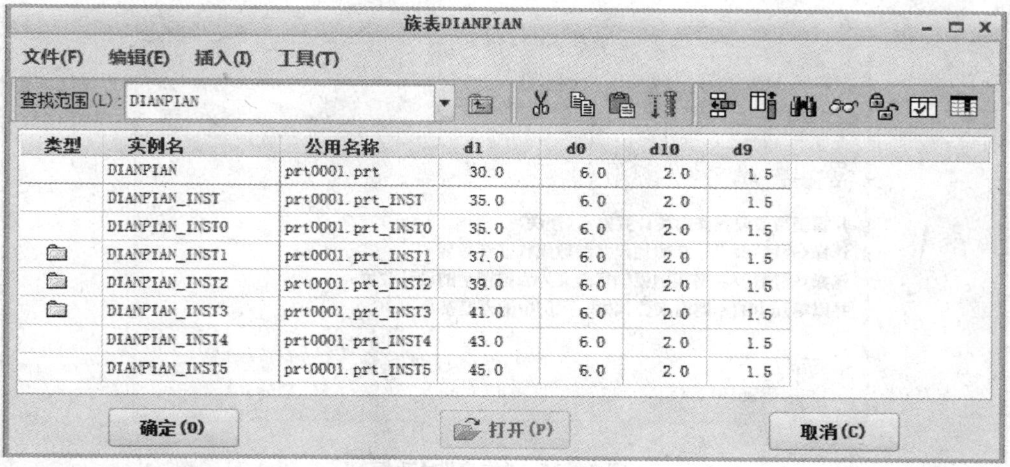

图 1-33 族 表

1.3.2 族表的创建

在创建族表前必须要创建一个基准零件,如图 1-34 所示。这是一个垫片零件模型。

单击"模型"选项卡中的"模型意图"展开按钮,选择"族表" 族表 选项,弹出"族表"对话框,如图 1-35 所示。

单击"族表"对话框中的"添加/删除列表"工具按钮,弹出"族项,类属模型:"对话框,选择模型或者特征,模型上将会显示图相应的尺寸参数,选择需要定义的尺寸,将其代号添加到"项"列表中,如图 1-36 所示。

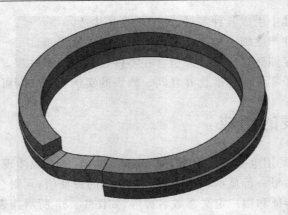

图 1 - 34　垫片零件模型

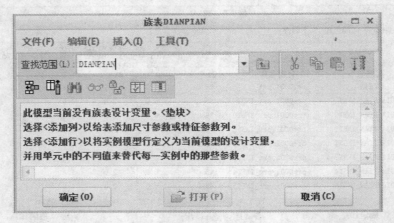

图 1 - 35　"族表"对话框

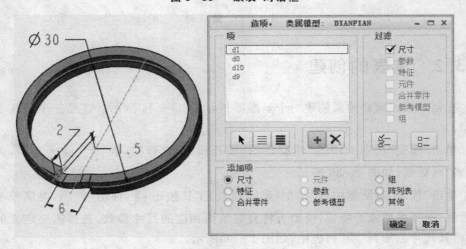

图 1 - 36　选取尺寸

完成尺寸选取后，单击"族项，类属模型："对话框中的"确定"按钮，返回"族表"
对话框，可以看见一个以选择尺寸为表头的列表，如图 1 - 37 所示。

图 1 - 37　尺寸选取列表

单击"族表"对话框中的"插入"工具按钮 ，列表中将自动增加一行，对其包含
的项目进行设定，从而可以派生出一个新的零件，重复这样的操作可以手动派生出多
个实例，如图 1 - 38 所示。

图 1 - 38　创建新行

单击对话框中"按增量复制选定实例"工具按钮 ，弹出"阵列实例"对话框，在
"数量"文本框中输入阵列数目，在"项"列表中选择变量尺寸，单击右侧按钮 >> ，将
其添加到右侧的"项"列表中，在"增量"文本框中输入增量值，如图 1 - 39 所示，单击
"确定"按钮。

阵列后的实例将会在"族表"对话框中显示出来，如图 1 - 40 所示。

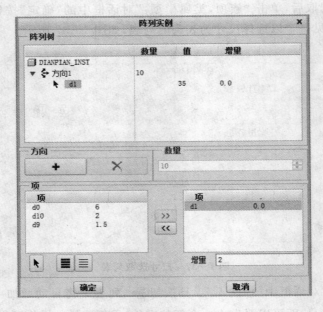

图 1 - 39 "阵列实例"对话框

图 1 - 40 显示阵列实例

单击"族表"对话框中的"校验族的实例"工具按钮 ⊞ ，弹出"族树"对话框，对话框中显示出派生实例的校验状况，如图 1 - 41 左图所示，单击"校验"按钮，系统将逐一校验没有校验过的零件，并将校验结果显示在列表中，如图 1 - 41 右图所示，校验完成后单击"关闭"按钮，关闭"族树"对话框。

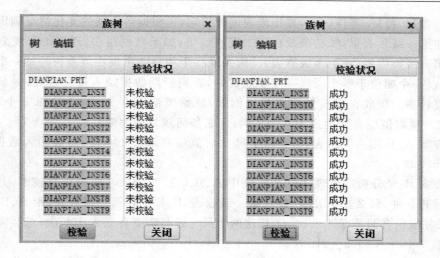

图 1 - 41　"族树"对话框

最后在"族表"对话框中单击"确定"按钮,完成族表的创建。保存模型零件,并关闭当前模型窗口。

单击"主页"选项卡中的"打开"工具按钮 ,选择类属零件模型文件,弹出"选择实例"对话框,如图 1 - 42 所示,在"按名称"选项卡中可以按照文件名来选取打开零件,在"按列"选项卡中可以按照尺寸参数来选取打开零件。

图 1 - 42　"选取实例"对话框

1.3.3　创建多层族表

在规划族表过程中,根据原始模型的建模手法和各实例的具体变化,确定哪些项

（尺寸、参数、特征、零件……）要用族表进行管理，再根据各个项的变化情况确定哪些项放在第一级族表里，哪些项放在第二级族表里，如果数据很多，还可能要规划哪些放在第三级族表里（或更多级族表）。因为同一个项只能出现在族表树的某一个层级里，所以一个项位于哪个层级一定要规划好，否则后期数据录入量会很大，尽量把取值重复较多的项放在靠前的层级里。例如，原始模型里有 A、B、C、D、E 5 个尺寸，5 个尺寸项取值组合共生成 100 个实例，那么如何规划族表呢？

方案 A：只用一级族表，那么每个尺寸取值都要录入 100 次，需要输入数据 $5 \times 100 = 500$ 次。

方案 B：经分析后发现 100 个实例中 A、B、C 这 3 个尺寸组合重复较多，其不同组合只有 5 种，那么把 A、B、C 放在第一级族表，D、E 放在第二级族表，则 A、B、C 这 3 个尺寸取值各只需录入 5 次，D、E 这两个尺寸还是需要各录入 100 次，总共需要输入数据 $5 \times 3 + 100 \times 2 = 215$ 次。

方案 C：分析后也发现，100 个实例中 B、E 这两个尺寸组合重复更多，其不同组合只有两种，那么把 B、E 放在第一级族表，A、C、D 放在第二级族表，则 B、E 这两个尺寸取值各要录入 2 次，A、C、D 这 3 个尺寸各要录入 100 次，总共需要输入数据 $2 \times 2 + 100 \times 3 = 304$ 次。

从以上的分析可以看到，不同的规划，使数据录入量的差距很大。所以，在建族表之前先分析一下数据，确定一个较好的族表方案是很重要的，特别是在有大量实例的情况下。好的族表分级管理规划，不仅能大大减少数据录入量，降低错误发生率，还能为查找实例提供一个清晰明朗的指引，便于检索实例与修改数据。

创建多层族表前，首先需要建立第一级族表，如图 1-43 所示。

类型	实例名	公用名称	d1	d0	d10	d9
	DIANPIAN	prt0001.prt	30.0	6.0	2.0	1.5
	DIANPIAN_INST	prt0001.prt_INST	35.0	6.0	2.0	1.5
	DIANPIAN_INST0	prt0001.prt_INST0	35.0	6.0	2.0	1.5
	DIANPIAN_INST1	prt0001.prt_INST1	37.0	6.0	2.0	1.5
	DIANPIAN_INST2	prt0001.prt_INST2	39.0	6.0	2.0	1.5
	DIANPIAN_INST3	prt0001.prt_INST3	41.0	6.0	2.0	1.5
	DIANPIAN_INST4	prt0001.prt_INST4	43.0	6.0	2.0	1.5
	DIANPIAN_INST5	prt0001.prt_INST5	45.0	6.0	2.0	1.5

图 1-43　一级族表

在"族表"对话框中，选取第一级族表的某一个实例行，选择菜单"插入"|"实例层表"，系统打开一个新的"族表"对话框，按照创建族表的方法建立属于这个实例的二

级族表。创建完成后可以单击"向上"工具按钮 返回上一级族表,列表中拥有子族表的实例零件"类型"列中将有一个文件夹标记 ,不带子族表的实例行前是没有的。要查看子族表的内容,可以在工具栏"查找"的实例列表(这里只显示带有子族表的实例名)里找到那个子族表所依附的实例名并将其设为当前实例(默认情况下是本级族表的原始实例名,对第一级族表,就是原始模型名),如图 1-44 所示。

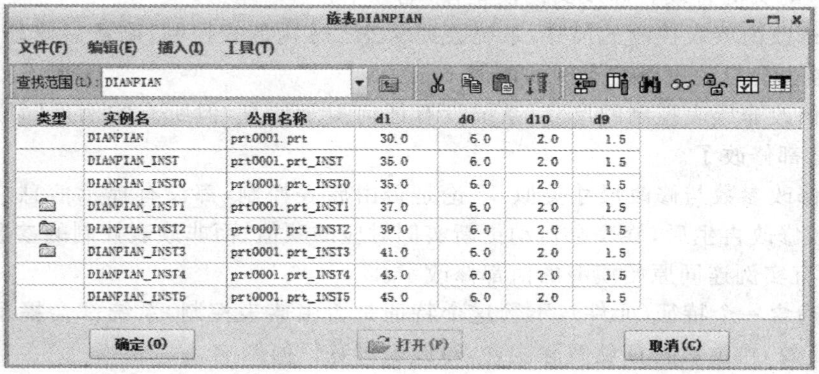

	族表DIANPIAN — □ ×

文件(F) 编辑(E) 插入(I) 工具(T)

查找范围(L):DIANPIAN

类型	实例名	公用名称	d1	d0	d10	d9
	DIANPIAN	prt0001.prt	30.0	6.0	2.0	1.5
	DIANPIAN_INST	prt0001.prt_INST	35.0	6.0	2.0	1.5
	DIANPIAN_INST0	prt0001.prt_INST0	37.0	6.0	2.0	1.5
📁	DIANPIAN_INST1	prt0001.prt_INST1	37.0	6.0	2.0	1.5
📁	DIANPIAN_INST2	prt0001.prt_INST2	39.0	6.0	2.0	1.5
📁	DIANPIAN_INST3	prt0001.prt_INST3	41.0	6.0	2.0	1.5
	DIANPIAN_INST4	prt0001.prt_INST4	43.0	6.0	2.0	1.5
	DIANPIAN_INST5	prt0001.prt_INST5	45.0	6.0	2.0	1.5

确定(O)   打开(P)   取消(C)

图 1-44 多层族表

多层族表的第二种创建方法:在建立了第一级族表后,选中要加入子族表的实例,打开它,系统在一个新窗口打开所选实例,接下来在此窗口里按照 1.3.2 节创建单层族表的步骤创建一个新族表,所创建的新族表就是依附于此实例的二级族表。更多层级族表创建同理。

1.3.4 修改族表

方式一:直接修改族表

打开"族表"对话框,直接修改族表里各实例的值。要注意的是星号(*)的使用。星号表示所选实例的这个项的取值与原始模型的值相同,如果原始模型变化,那么实例也跟着变化;如果不想让实例跟着原始模型变化,就不要使用星号。另外,对于阵列数这种尺寸值,实例里取值也可以是 0(直接修改阵列特征时不可以是 0),但如果取 0,实际效果也是星号的效果。族表里的数值型项的取值,必须是一个确定的数值或星号(*),不能是一个范围或变量名;"特征"、"元件"、"组"、"参照元件"、"合并零件"、UDF 等项的取值,可以是 Y、N、"*"或这个元素(无件、参照元件、合并零件、UDF)所带的子族表中的各个实例的实例名。

族表里原始模型的各项值只能在模型窗口修改模型来实现,不能在族表里修改(也有例外,见方式二)。

方式二:修改实例模型

打开要修改的实例或在"族表"对话框中选中要修改的实例后,单击"打开"工具按钮 打开(P),可以像普通模型一样修改实例模型。修改原始模型,如果是非族表控制内容,则所有实例都被修改;如果是族表控制内容,则仅对原始模型和项取值为星号(∗)的实例有效。修改实例模型,影响如下:

① 修改由族表控制的尺寸,系统会提示此尺寸由族表控制,确认后修改此尺寸,再生后族表会自动更新此实例的取值。

② 修改非族表控制的尺寸,系统没有任何提示信息,但所有实例连同原始模型的该尺寸都修改了。

③ 修改参数与修改尺寸类似,不论是否由族表控制,都没有提示信息。族表控制的参数修改再生后,族表会自动更新实例对应的项值;而非族表控制的参数修改再生后,所有实例连同原始模型的值都修改了。

④ 隐含一个特征(元件),不管这个特征是否由族表控制,系统都会提示隐含只是暂时有效,再生后特征就解除隐含,对族表没有任何影响。

⑤ 删除一个特征(元件),如果它有子特征,则子特征也会一起被删除。这些被删除的特征,如果是由族表控制的,那么族表里该实例的值被更新为 N;如果不是由族表控制的,那么族表里会自动增加相应数目的新列,这些列对应原始模型的项目为 Y,对应此实例的项值为 N,对应其他实例的项值为"∗"。

⑥ 增加一个特征,族表里会自动增加一列,此列对应原始模型的项值为 N(注:这种情况下,可修改族表里原始模型的项值为 Y,如果所增加的特征能在原始模型中生成,那么再生后这个特征将被加入到原始模型里,接下来,其他所有实例也都由星号把这个特征加入进去),对应此实例的项值为 Y,对应其他实例的项值为"∗"。

⑦ 修改尺寸名、特征名等,会自动更新族表内容。

⑧ 给任何一个实例增加参考尺寸、几何公差、表面粗糙度,都会自动在所有实例及原始模型中增加。

方式三:用 Excel 编辑

在"族表"对话框中,选择菜单"文件"|"用 Excel 编辑"选项,系统启动 Excel,并将当前表调入 Excel 内,然后像编辑普通 Excel 表那样编辑表,编辑完毕更新族表即可。要注意的是,机器上必须装有 Excel 程序,编辑好的表里不可有 PROE 不接受的字符或符号,在某些版本里,这种做法不能成功(编辑完后更新不了)。

方法四:用记事本或其他编辑器编辑

在"族表"对话框中,选择菜单"文件"|"导出表"|"文本族表"选项,系统将当前表存为一个文本格式的文件,文件名为 name_tmp.ptd(name 为此族表的原始模型名,

当然也可以给它另外命名)，然后用记事本或其他文本编辑器修改此文件，如图 1-45 所示。

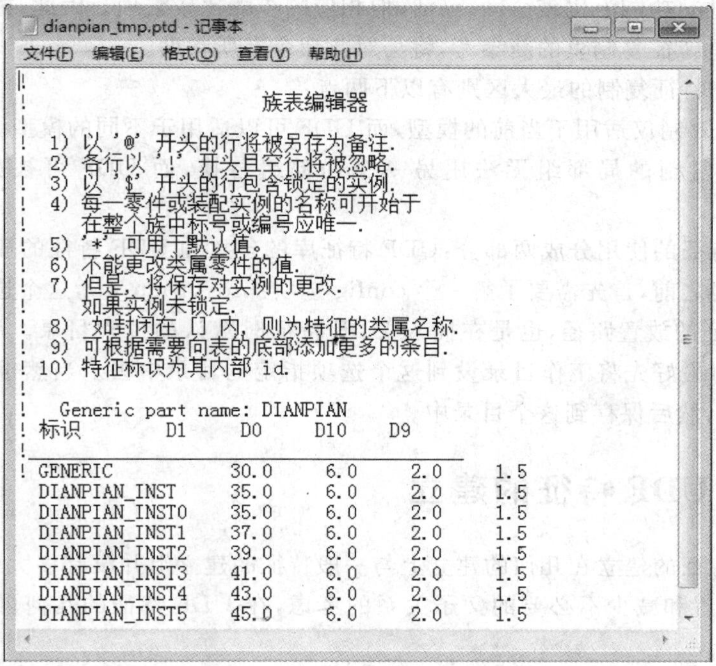


```
!
!                     族表编辑器
!
!  1) 以 '@' 开头的行将被另存为备注.
!  2) 各行以 '!' 开头且空行将被忽略.
!  3) 以 '$' 开头的行包含锁定的实例.
!  4) 每一零件或装配实例的名称可开始于
!     在整个族中标号或编号应唯一.
!  5) '*' 可用于默认值。
!  6) 不能更改类属零件的值.
!  7) 但是, 将保存对实例的更改.
!     如果实例未锁定.
!  8)  如封闭在 [] 内, 则为特征的类属名称.
!  9) 可根据需要向表的底部添加更多的条目.
! 10) 特征标识为其内部 id.
!
!   Generic part name: DIANPIAN
! 标识          D1        D0       D10       D9
!
! GENERIC              30.0      6.0       2.0       1.5
  DIANPIAN_INST        35.0      6.0       2.0       1.5
  DIANPIAN_INST0       35.0      6.0       2.0       1.5
  DIANPIAN_INST1       37.0      6.0       2.0       1.5
  DIANPIAN_INST2       39.0      6.0       2.0       1.5
  DIANPIAN_INST3       41.0      6.0       2.0       1.5
  DIANPIAN_INST4       43.0      6.0       2.0       1.5
  DIANPIAN_INST5       45.0      6.0       2.0       1.5
```

图 1-45　记事本

修改后保存，然后在“族表”对话框中，调入刚才修改的文件即可，选择菜单“文件”|“导入表”选项。要注意：文件保存时应保存为文本格式，不能带有 Pro/E 不接受的字符或符号。文件名应是“原始模型名_tmp. ptd”，特别是在建多层族表时要注意，对于多层族表，这个“原始模型名”应是当前定义的子族表的原始实例名，这是系统命名规则。当然，你也可以按自己的规则去命名，只要不会搞错就好。对于多层族表，如同一层级有多个族表，族表结构都相同，则可以保存一个原始的文本文件，再复制出多个文件，按命名规则命名，并编辑好内容，然后创建每一个实例的子族表，只需要按文本文件中的项目排列顺序加入表控项目(即创建一个表头)，然后即可读入此实例对应的文本文件。

1.4　UDF(用户自定义特征)的创建和使用

UDF(User-Defined Feature)特征，也叫用户自定义特征，是一个把用户常用的一些特征组合成一个组特征并保存到 UDF 数据库中，在需要的时候成组调出来使用的一个特征的建立方法。利用 UDF 特征用户可以实现标准特征组和常用特征组的重用,以提高实际的工作效率和减少人为的失误所带来的错误。

用户自定义特征用来复制相同或相近外形的特征组,此功能类似于"特征复制",但又有所不同,功能上比较全面、灵活,但相应的步骤比较繁琐。因此,如果会用特征复制,特别是特征复制里的新参考,将会对此命令有所帮助。

UDF 和特征复制的最大区别有以下两点:

➢ 特征复制仅适用于当前的模型,而 UDF 可以适用于不同的模型。

➢ 特征复制的局部组无法用另一个局部组替换,而 UDF 可被另一个 UDF 替换。

UDF 特征的使用分成两部分:UDF 特征库的建立和 UDF 特征的插入。在进行 UDF 的创建之前,首先需要了解一个 config 选项:pro_group_dir,这个选项指定系统的 UDF 特征的放置路径,也是在插入 UDF 特征时默认的搜索目录。所以,在创建 UDF 特征时最好先将工作目录设到这个选项指定的目录中去。当然也可以在别的目录中创建,然后保存到这个目录中。

1.4.1 UDF 特征的建立

UDF 特征的建立在几何的建立上与一般特征的建立上并没有多大区别,但出于对以后的放置和减少不必要的父子关系的考虑,在 UDF 特征的几何创建时需要注意以下几点:

➢ 组特征的参考浓缩到尽可能少的参考上。UDF 特征组使用组外的参考尽可能少。

➢ 考虑到 UDF 特征以后可能的变化,组内的几何和尺寸要适应变化的需要。

➢ UDF 特征要尽可能在各种几何条件下放置成功。

图 1-46 所示为一个带有一字槽的丝柱,首先需要分析以后放置这个丝柱时最方便的放置方法和需要的参考。显然,对于这样一个圆柱形的结构特征组,最方便的放置方法是使用它们的中心点。然后考虑丝柱底面所在的平面,另外一字槽的方向显然也需要确定,最好用平面来确定。这样就可以知道,这么一个组特征只需三个特征:中心基准点,放置平面,定向平面。在创建 UDF 组特征时,也要把组内的所有特征的参考约束在使用这三个参考上。

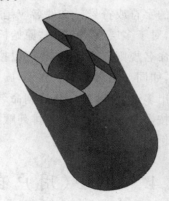

图 1-46　带有一字槽的丝柱

操作步骤如下:

① 在"模型"选项卡中的"基准"选项区域单击"点"工具按钮 ✕✕点,选择 TOP 平面,创建一个基准点,如图 1-47 所示。

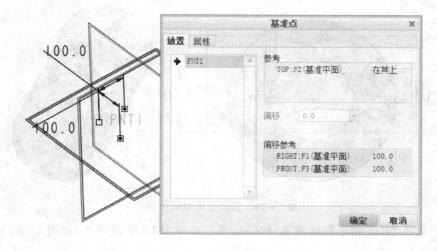

图 1-47　创建基准点

② 在"模型"选项卡中的"形状"选项区域单击"拉伸"工具按钮 ⬚，弹出"拉伸"选项卡，选择 TOP 平面为草绘平面，选择点为草绘参照，以点为圆心绘制直径为 20 和 10 的同心圆，拉伸高度为 50，如图 1-48 所示。

③ 在"模型"选项卡中的"形状"选项区域单击"拉伸"工具按钮 ⬚，在"拉伸"选项卡中单击"移除材料"工具按钮 ⬚，选择圆柱上表面为草绘平面，选择基准点为参考，绘制矩形，拉伸高度为 8，结果如图 1-49 所示。

至此，丝柱的模型特征创建完毕，接下来将创建 UDF 特征。操作步骤如下：

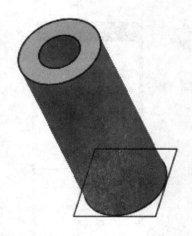

图 1-48　拉伸特征

① 在"工具"选项卡中的"实用工具"选项区域单击"UGF 库"按钮，弹出"菜单管理器"，选择"创建"选项，输入名称 sizhu，此时"菜单管理器"弹出 UDF 选项，选择"独立"选项，单击"完成"按钮，如图 1-50 所示。系统弹出"确认"对话框，提示用户"是否包括参考零件?"系统默认是包括的。这样虽然会额外地保存一个原始零件的备份，但方便在放置 UDF 特征时调出原始零件来查看原始特征，对于 UDF 特征的插入是很有帮助的，所以建议都采用包括的方式，单击"是"按钮。

➤ "独立"：系统会复制全部信息至新建立的 UDF 中，必须选择是否包括参照零件。选择该选项后，新建立的 UDF 与参照模型无父子关系。

➤ "从属的"：运行时，自原始零件中复制大部分信息。新建立的 UDF 与参照模型保持父子关系，会随参照模型的改变而改变。

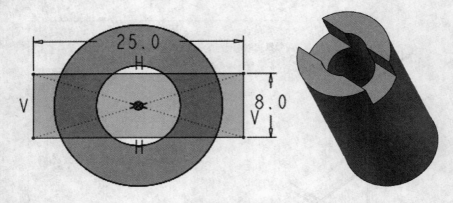

图 1-49　添加拉伸除料特征

② 进入 UDF 特征创建的选择环境,系统会弹出 UDF 对话框,如图 1-51 所示。

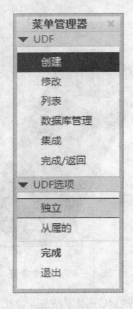

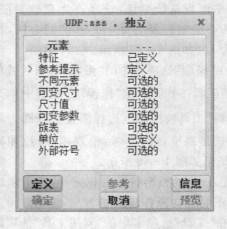

图 1-50　"菜单管理器"　　　　　　　　图 1-51　UDF 对话框

- ➢ "特征":选取要包括在 UDF 中的特征。
- ➢ "参照提示":放置 UDF 时,为需要重新指定的参照定义提示信息。个人认为本部分内容为重点。Creo Parametric 是参数化绘图软件,对于它的每一个特征都要求完全定位,所以在建立这些特征时都会选择许多参照进行定位,如草绘平面、参照平面、尺寸标注的参照,等等。在放置 UDF 时,因放置位置不同,就需要对这些参照进行重新定义。当参照很多时,用户往往记不清这些参照的用途,该功能的作用即对这些参照进行适当的说明,该说明在放置 UDF 时,会显示在对话框中。

➤ "不同元素"：指定在放置 UDF 时，需要重新定义的特征元素。

➤ "可变尺寸"：（可选）在零件中放置 UDF 时，选取要修改的尺寸，并为这些尺寸输入提示。

➤ "尺寸值"：（可选）选取属于 UDF 的尺寸，并输入其新值。

➤ "可变参数"：（可选）选取在零件中放置 UDF 时要修改的参数。

➤ "尺寸提示"：（如果定义了"可变尺寸"会出现此提示）选取要修改其提示的尺寸并为其输入新提示。

➤ "族表"：（可选）为 UDF 创建族表实例。

➤ "单位"：（可选）改变当前单位。

➤ "外部符号"：（可选）在 UDF 中包括外部尺寸和参数。

在模型树中选择两个拉伸特征，单击"完成"以及"完成/返回"按钮，消息栏会提示输入参照的提示信息，同时绘图区域将相应的参照加亮显示。在消息栏区的文本框中输入"放置底面"，如图 1 – 52 所示。

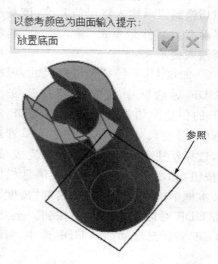

图 1 – 52　设置参照 1

③ 在消息栏区的文本框中输入"方向平面"，模型视图亮显基准平面为 RIGHT 平面，如图 1 – 53 所示。

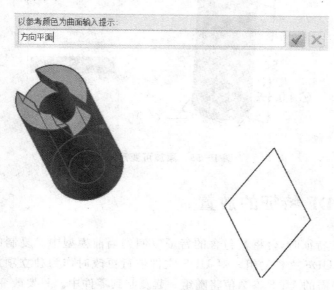

图 1 – 53　设置参照 2

④ 在消息栏区的文本框中输入"定位点",模型视图亮显基准点,如图 1-54 所示。

⑤ 如在上述步骤中输入错误,可单击"菜单管理器"中的"下一个"或"先前"按钮切换到提示输入错误的基准(该基准在屏幕亮显),然后单击"输入提示"选项重新输入提示。

⑥ 如该 UDF 特征无可变尺寸,可单击 UDF 对话框中的"确定"按钮完成 UDF 的创建。如果有需要双击 UDF 对话框中"可变尺寸"选项,弹出"菜单管理器",选择丝柱高度尺寸 50,单击"完成/返回"按钮,如图 1-55 所示。在消息栏区的文本框中输入可变参数的名称"高度",

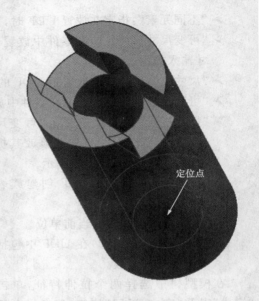

图 1-54 设置参照 2

单击 UDF 对话框中"确定"按钮。至此,该 UDF 特征已经添加到 UDF 库中,可随时在其他零件中插入。

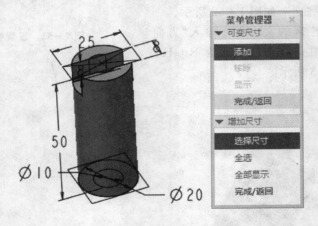

图 1-55 添加可变尺寸

1.4.2 UDF 特征的放置

放置 UDF 特征时,会将其包含的特征复制到当前模型中。复制的特征变为独立于或从属于 UDF 文件的组。对 UDF 文件进行更改时作为独立项放置的组不进行更新,所有必需的 UDF 参数值将随组一起复制到零件中。只要改变 UDF 特征中的非可变尺寸并执行更新,作为从属项放置的组即会随之更改。

操作步骤如下：

① 新建模型，如图 1 - 56 所示。

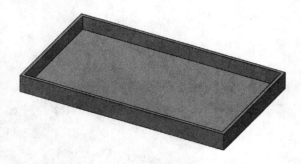

图 1 - 56　创建模型

② 在模型上创建几个基准点用于放置 UDF 特征，如图 1 - 57 所示。

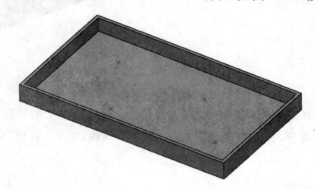

图 1 - 57　创建基准点

③ 在"模型"选项卡中的"获取数据"选项区域单击"用户定义特征"工具按钮 用户定义特征 ，弹出"打开"对话框，选择创建的 UDF 文件，文件后缀为 .gph，系统弹出"插入用户定义的特征"对话框，单击"确定"按钮，如图 1 - 58 所示。

图 1 - 58　"插入用户定义的特征"对话框

➤ "使特征从属于 UDF 的尺寸"：选中该复选框时，插入到模型中的组和源 UDF 文件产生父子关系，源 UDF 非可变尺寸发生变化，模型中的组发生相应变化；反之，为独立的。

➤ "高级参照配置"：通过映射每个指定的参照来放置 UDF 组。清除此复选框后，可使用特征重定义界面手动定义特征放置，组中的每个特征都会重定义。

➤ "查看源模型"：在单独的窗口中检索和显示 UDF 源（参照）。

④ 系统弹出"用户定义的特征放置"对话框，单击"原始特征的参考"列表中

UDF 特征放置参考,选择零件中相应的元素填入"UDF 特征的参考"选择项中,来替换 UDF 特征放置参考。三个参考替换完毕后单击"完成"按钮即可,结果如图 1-59 所示。

图 1-59 "用户定义的特征放置"对话框

　⑤ 如果 UDF 特征中存在尺寸变量,在弹出的"用户定义的特征放置"对话框中单击"变量"的选项卡,在"值"列表中输入相应的数值,单击"完成"按钮如图 1-60 所示。

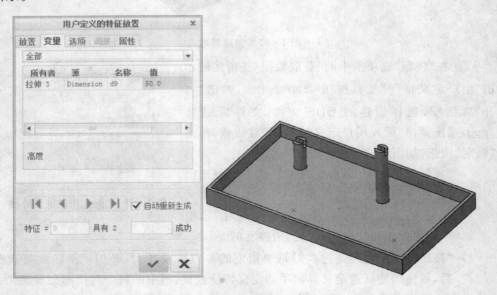

图 1-60 "变量"选项卡

1.4.3　UDF 特征的替换

对于已经放置好的 UDF 特征,如没有分解、没有更改其中的尺寸,则可以替换为其他的 UDF 特征,注意替换以及被替换的 UDF 特征的放置基准名称要一致。

① 在模型树中右击 UDF 特征,在弹出的快捷菜单中选择"替换"选项,如图 1-61 所示。

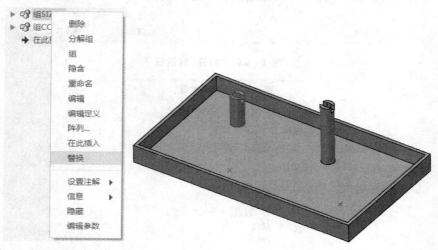

图 1-61　选择 UDF 特征

② 系统弹出"替换"对话框,选择"手工检索 UDF"单选项,单击"确定"按钮,如图 1-62 所示。

图 1-62　"替换"对话框

③ 弹出"打开"对话框,选择替换的 UDF 文件,单击"确定"按钮,如图 1-63 所示。

④ 系统弹出"用户定义的特征放置"对话框,单击"完成"按钮 ✓ ,如图 1-64 所示。

⑤ 系统弹出"预览"对话框,如图 1-65 所示,单击"完成"按钮 ✓ 。

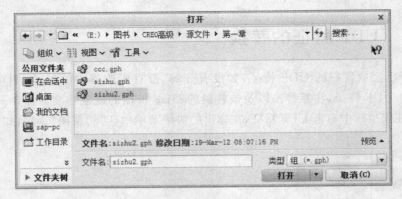

图 1-63 "打开"对话框

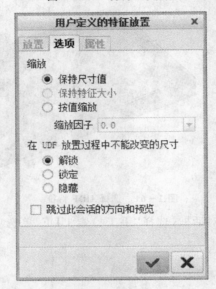

图 1-64 "用户定义的特征放置"对话框

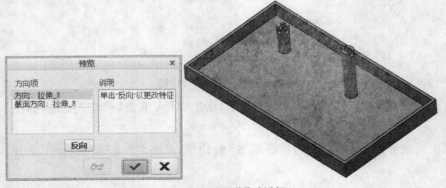

图 1-65 "预览"对话框

1.5　参数化通用模型的创建

在 Creo Parametric 中,除了族表以及 UDF 外还有一种参数化建模的方法。这种方法类似程序的二次开发,需要在零件程序中添加代码关系式,这样零件可以在系统的提示下重新生成零件,系统提示以及修改参数都是用户自定义而成。下面以角钢为例讲述该种参数化模型的创建方法。

操作步骤如下:

① 在"模型"选项卡中的"形状"选项区域单击"拉伸"工具按钮 ▱,选择平面 FRONT 为草绘平面。绘制草图,拉伸高度设置为 100,结果如图 1 - 66 所示。

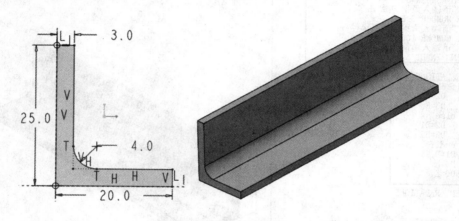

图 1 - 66　创建基础模型

② 选择"工具"选项卡,单击"模型意图"下三角按钮,选择"程序"选项,弹出"菜单管理器",选择"编辑设计"|"从模型"选项,弹出记事本输入关系式,如图 1 - 67 所示。

在 INPUT 和 END INPUT 之间输入关系式:

FLAG YES_NO＝ YES

　"是否为等边角钢?"

IF FLAG＝＝YES

　　B NUMBER＝20

　　"请输入角钢边宽 b:"

ELSE

　　B1 NUMBER＝25

　　"请输入角钢长边宽度 B:"

　　B2 NUMBER＝16

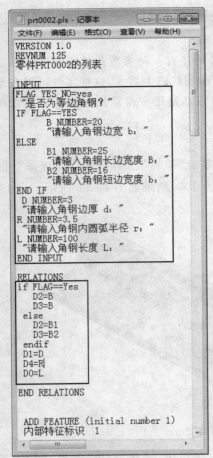

```
prt0002.pls - 记事本
文件(F)  编辑(E)  格式(O)  查看(V)  帮助(H)

VERSION 1.0
REVNUM 125
零件PRT0002的列表

INPUT
FLAG YES_NO=yes
   "是否为等边角钢？"
IF FLAG==YES
      B NUMBER=20
         "请输入角钢边宽 b："
ELSE
      B1 NUMBER=25
         "请输入角钢长边宽度 B："
      B2 NUMBER=16
         "请输入角钢短边宽度 b："
END IF
 D NUMBER=3
   "请输入角钢边厚 d："
R NUMBER=3.5
   "请输入角钢内圆弧半径 r："
L NUMBER=100
   "请输入角钢长度 L："
END INPUT

RELATIONS
if FLAG==Yes
   D2=B
   D3=B
   else
   D2=B1
   D3=B2
   endif
D1=D
D4=R
D0=L

END RELATIONS


ADD FEATURE (initial number 1)
内部特征标识  1
```

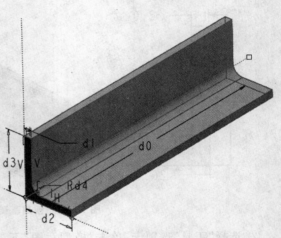

图 1-67　输入关系式

　　"请输入角钢短边宽度 b："

END IF

　　　　D NUMBER＝3

　　　　"请输入角钢边厚 d："

R NUMBER＝3.5

　　　　"请输入角钢内圆弧半径 r："

L NUMBER＝100

　　　　"请输入角钢长度 L："

　　然后，在 RELATIONS 和 END RELATIONS 之间插入以下内容：

if FLAG＝＝Yes

```
    D2＝B
    D3＝B
else
    D2＝B1
    D3＝B2
endif
D1＝D
D4＝R
D0＝L
```

③ 编辑好记事本后关闭，系统提示"要将所做的修改体现到模型中？"时，单击"是"按钮，在"菜单管理器"中选择"输入当前值"选项。

④ 在"模型"选项卡中的"操作"选项区域单击"重新生成"工具按钮，弹出"菜单管理器"，选择"输入"选项，选择需要修改参数的名称，单击"完成选取"按钮，如图 1-68 所示。

图 1-68　"菜单管理器"

⑤ 根据系统提示，进行参数的修改，如图 1-69 所示。

⑥ 通过"保存副本"命令保存一个新的零件，然后删除前面加的两段代码，否则当生成的角钢装在组件中时，如果在组件中单击"重新生成"按钮时会提示输入参数。

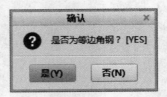

请输入角钢长边宽度 B: [25.0000]
30

请输入角钢短边宽度 b: [25.0000]
20

请输入角钢边厚 d: [3.0000]
5

请输入角钢内圆弧半径 r: [5.0000]
6

请输入角钢长度 L: [60.0000]
50

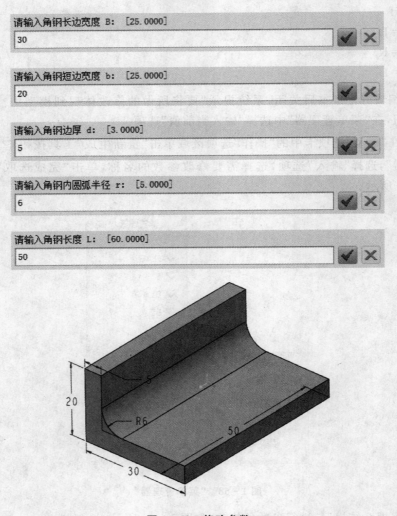

图 1-69 修改参数

第 2 章　行为建模

行为建模技术是在设计产品时,综合考虑产品所要求的功能行为、设计背景和几何图形,采用知识捕捉和迭代求解的一种智能化设计方法。通过这种方法,设计者可以面对不断变化的要求,追求高度创新的、能满足行为和完善性要求的设计。

它能大大地缩短设计周期,使设计精度得到显著提高,并且可以设计出用传统的设计方法所无法达到的最优方案。而行为建模(behavioral modeling)正是在 Creo Parametric 软件中引入优化设计的功能,其目的是使 CAD 软件不仅能用于造型,而且能用于智能设计,寻找最优化的解决方案。同时,它也是一种参数化设计分析工具,在特定设计意图和设计约束前提下,经一系列测试参数迭代运算后,可以为设计人员提供最佳的设计建议。

Creo Parametric 的行为建模模块可以对模型进行多种分析,并可将分析结果回馈到模型,并修改设计。它通过把导出值(如质量分布)包含到参数特征中,再反过来使用它们控制和生成其他模型的几何图形。

举例来说,如果要设计一个容积为 200 mL 的杯子,常规做法是先一一计算出杯子的相关尺寸,然后再进行建模。而有了行为建模后,就可以先大致确定杯子的一些尺寸,确定变量(即可变化的尺寸),然后使用优化设计的方法对建立的模型进行优化,改变相关尺寸,最终使杯子的容积为 200 mL(设计目标)。

2.1　行为建模基本流程

使用行为建模技术,首先要创建合适的分析特征,建立分析参数,利用分析特征对模型进行如物理特性、曲线性质、曲面性质、运动情况等测量。接下来,定义分析目标,通过分析工具产生有用的特征参数,经系统准确计算后找出最佳答案。其具体过程如图 2-1 所示。

分析特征属于基准特征的一种,其目的是对要设计优化或可行的参数进行分析。分析模型的物理特性、曲线特性、曲面特性、模型运动特性等,是行为建模前的关键一步。

敏感度分析可以用来分析模型尺寸或模型参数在指定范围内改变时,多种测量数量(参数)的变化方式。其结果体现为每一个选定的参数得到一个图形,把参数值显示为尺寸函数。

可行性研究与最优化分析可以使系统计算出一些特殊的尺寸值,这些尺寸值使

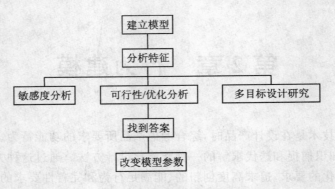

图 2-1　行为建模基本流程

得模型能够满足某些用户指定约束,并且系统会从中寻找出可行的最佳解决方案。

多目标设计研究是专门用来处理因大量设计变量与设计约束之间相矛盾而产生众多设计目标的情况。它能够找出为数不少的解决方案,因而可避免使用可行性/最佳化分析所产生的局部解。

2.2　创建分析特征

从以上行为建模的步骤中可以看出,要进行行为建模,首先要对模型进行分析,建立分析特征。分析特征属于基准特征的一种。要建立分析特征,可单击"分析"选项卡中的分析命令来建立各种分析特征,如图 2-2 所示。常用的分析特征类型有测量、模型、几何、外部分析、机械分析、用户自定义分析及关系等。

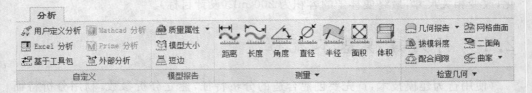

图 2-2　分析特征

2.2.1　测量分析

使用测量功能在模型上进行测量动作,并且可将此测量结果建立为可用的参数,进而产生分析基准,并且在模型树中显示。

注意:并不是所有的分析类型都支持特征创建。

单击"分析"选项卡,使用"测量"选项区域的命令之一测量模型几何,如图 2-3 所示。

➤ "距离" ⟲ :测量两个图元之间的距离。

➤ "长度" ≈ :测量曲线或边的长度。

➤ "角度" ◁ :测量两图元间的角度。

➤ "半径" ↗ :测量曲线或曲面的半径。

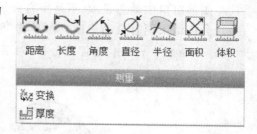

图 2 – 3 "测量"选项区域

➤ "直径" ∅ :测量直径。

➤ "面积" ⊠ :测量所选曲面、面组、小平面或整个模型的面积。

➤ "体积" ▦ :测量几何体体积。

➤ "变换" ⚙ :显示指向第二个坐标系的注释,生成一个包含两个坐标系之间的转换矩阵值的转换文件。

➤ "厚度" ⊔ :测量选定对象厚度。

> **注意**:在"组件"模式下,所有测量都是以未分解的组件距离为基础的。分解组件只影响组件元件的视图。

测量如图 2 – 4 所示零件的体积,在"分析"选项卡中的"测量"选项区域单击"体积"工具按钮 ▦ ,弹出"体积块"对话框,在最下方的下拉列表中选择"特征"选项。

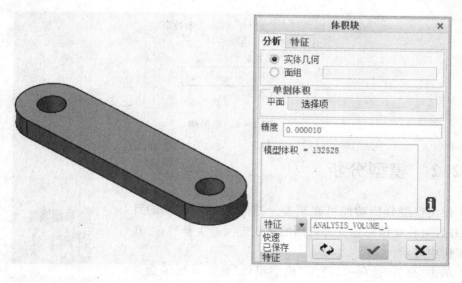

图 2 – 4 创建分析特征

➤ "快速":显示当前测量结果,但不保存结果。

➤ "已保存":将分析与模型一起保存,且保存的分析结果将在 Creo Parametric

图形窗口中动态显示(不是所有分析特征可以在模型中显示)。改变几何时，分析结果同时自动更改。可单击"管理"选项区域的"已保存分析"工具按钮 已保存分析 ，弹出"已保存分析"对话框。在该对话框中设置分析结果的显示、隐藏或删除，如图 2-5 所示。

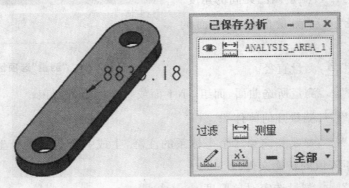

图 2-5 "已保存分析"对话框

➤ "特征"：将测量结果保存为新特征。新特征将在模型树中显示。可为分析特征创建参数和基准，如图 2-6 所示。

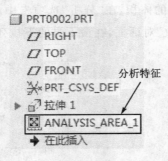

图 2-6 模型树

2.2.2 模型分析

使用模型分析功能可在模型上进行各种物理量的计算，并且可将此结果建立为可用的参数进而产生基准，并在模型树中显示。

单击"分析"选项卡，使用"模型报告"选项区域的命令之一测量模型几何，如图 2-7 所示。

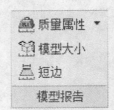

➤ "质量属性" ：计算零件、组件或绘图的质量属性。

➤ "横截面质量属性" ：计算剖面的质量属性。

图 2-7 "模型报告"选项区域

➤ "模型大小" ⬛ : 显示模型的边界框。

➤ "短边" ⬛ : 计算选定零件和元件中最短边的长度。

2.2.3 几何分析

单击"分析"选项卡, 使用"检查几何"选项区域的命令之一测量模型几何, 如图 2 - 8 所示。

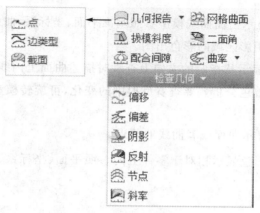

图 2 - 8 几何分析

➤ "几何报告" : 其下拉列表中包括三个选项。

- "点" 〜 : 计算在曲面上的基准点或指定点处的法向曲率向量。分析并报告在曲线或边上的所选点处的曲率、法线、切线、二面角边点和半径, 也可指定坐标系。

- "边类型" 〜 : 确定用于创建选定边的几何类型。

- "截面" 〜 : 显示横截面的曲率、半径、相切和位置选项。

➤ "网格曲面" : 显示指定曲面网格线。

➤ "拔模斜度" : 分析零件设计以确定对于要在模具中使用的零件是否需要拔模。显示草图的彩色出图。

➤ "二面角" : 显示共用一条边的两个曲面的法线之间的夹角。这在计算相邻曲面期间检查连续性很有用。

➤ "配合间隙" : 计算在模型中两个对象或图元(子组件、零件、曲面、缆或图元的任意组合)间的间隙距离或干涉。

➤ "曲率" : 计算并显示曲面的曲率。从数学的角度来说, 曲率等于 1 除以半径。

下面是"检查几何"下拉列表中的选项：

➢ "偏移" ：显示所选曲面组的偏移。

➢ "偏差" ：显示从曲面或基准平面到其要测量偏差的基准点、曲线或基准点
阵列的偏差。

➢ "着色曲率" ：计算并显示曲面上每点处的最小和最大法向曲率。系统在显
示曲率的范围内分配颜色值。光谱红端和蓝端的值分别表示最大和最小
曲率。

➢ "阴影" ：显示由曲面或模型参照基准平面、坐标系、曲线、边或轴，投影在另
一曲面上的阴影区域的彩色出图。

➢ "反射" ：显示从指定的方向上查看时描述曲面上因线性光源反射的曲线。
反射分析是着色分析。要查看反射中的变化，可旋转模型并观察显示过程中
的动态变化。

➢ "节点" ：显示曲面或者曲线的节点。

➢ "斜率" ：彩色显示相对于零件上的参照平面、坐标系、曲线、边或基准轴的
曲面的斜率。

2.2.4　用户自定义分析——UDA

用户自定义分析 UDA，当系统所默认提供的分析功能无法满足时，可以自行组
合实体、曲面、分析等特征，并形成一个局部群组来完成所要的分析工作。

UDA 的组成原则如下：

➢ 必须定义为局部群组。

➢ 域点必须为该局部群组的第一个成分。

➢ 可加入实体、曲面、基准等特征。

➢ 必须有一个分析特征作为该局部群组的最后一个成分。

由上可知，UDA 的局部群组是以域点为首，分析特征为尾，再加入实体、曲面、
基准特征于其中，同时，允许再次取用已完成的 UDA，并且能控制该 UDA 分析结果
的显示与否。

2.2.5　关　系

关系式可以用来定义分析特征中的一些参数。分析特征参数调用的格式为：

参数名称：FID_特征名称

例如：在实体抽壳特征前添加一个体积分析特征，用于测量抽壳前实体体积，特

征名称为 volume_1；然后在抽壳后添加一个体积分析特征，用于测量抽壳后的实体体积，特征名称为 volume_2；最后使用关系式计算出容器容积：

volume＝one_sided_vol：FID_VOLUME_1－one_sided_vol：FID_VOLUME_2

上述关系式中：

➤ volume 表示用户自定义的参数，表示该容器容积。

➤ VOLUME_1 表示测量抽壳前实体体积的特征名称。

➤ 第一个 one_sided_vol 表示分析特征 VOLUME_1 的参数，第二个 one_sided_vol 表示分析特征 VOLUME_2 的参数。使用单侧体积测量，其默认参数为 one_sided_vol。

常用分析的一些默认参数如表 2-1 所列。

表 2-1　常用分析的一些默认参数

项　目	默认参数名称	参数说明	项　目	默认参数名称	参数说明
	VOLUME	体积		LENGTH	长度
	SURF_ARER	表面积		DISTANCE	距离
	MASS	质量	测量	ANGLE	角度
	INERTIA_1	主惯性距(最小)		ARER	面积
	INERTIA_2	主惯性距(中间)		DIAMETER	直径
	INERTIA_3	主惯性距(最大)		XSEC_ARER	X 截面面积
	XCOG	质心的 X 坐标		XSEC_INERTIA_1	主惯性距_最小
	YCOG	质心的 Y 坐标		XSEC_INERTIA_2	主惯性距_最大
质量属性	ZCOG	质心的 Z 坐标	剖截面质量属性	XSEC_XCG	质心的 X 值
	MP_IXX	惯量 XX		XSEC_YCG	质心的 Y 值
	MP_IYY	惯量 YY		XSEC_IXX	惯量 XX
	MP_IZZ	惯量 ZZ		XSEC_IYY	惯量 YY
	MP_IXY	惯量 XY		XSEC_IXY	惯量 XY
	MP_IXZ	惯量 XZ	单侧体积	ONE_SIDED_VOL	单侧体积
	MP_IYZ	惯量 YZ		CLEARANCE	最小间隙
	ROT_ANGL_X	质心的 X 轴角度	配合间隙	INTERFERENCE_STATUS	干涉状态(0 或 1)
	ROT_ANGL_Y	质心的 Y 轴角度		INTERFERENCE_VOLUME	干涉体积
	ROT_ANGL_Z	质心的 Z 轴角度			

表中的参数只是默认时的参数，无须记忆，用户可以自己更改。如图 2-9 所示，测量零件面积时，如选择新建分析特征，则在特征选项卡中可查看要创建的参数，也可以更改参数名称。

图 2-9　修改参数名称

2.3　敏感度分析

敏感度分析可以用来分析当模型的某一尺寸或参数在指定范围内改变时,连带引起分析特征的改变情况,利用 X-Y 图形来显示影响程度。

敏感度分析能在较短时间内,让用户知道哪些尺寸与设计目标存在较明显的关联性。

如图 2-10 所示,要研究容器的高度尺寸对容积的影响,可按以下步骤操作:

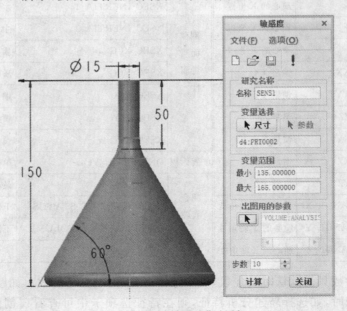

图 2-10　"敏感度"对话框

在"分析"选项卡中的"设计研究"选项区域单击"敏感度分析"工具按钮 敏感度分析，弹出"敏感度"对话框，如图 2－10 所示，单击"尺寸"按钮，单击模型，选择高度尺寸，在"变量范围"选项区域输入尺寸计算范围，在"出图用的参数"选项区域选择体积测量特征，在"步数"文本框中输入值，单击"计算"按钮，弹出"图形工具"对话框，如图 2－11 所示。

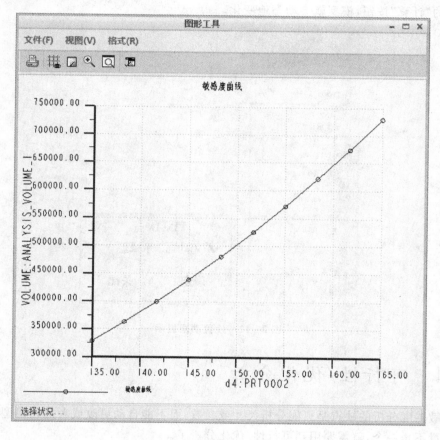

图 2－11　"图形工具"对话框

该图形描述了容器的容积与高度尺寸之间的变化关系，X 坐标表示容器的高度尺寸，Y 轴表示容器的容积。

在"灵敏度"对话框中，"变量选择"选项区域的"尺寸"按钮的作用是指定尺寸变量；其尺寸变量的变化范围可以在"变量范围"选项区域的"最小"、"最大"文本框中填写；在"出图用的参数"选项区域，可以选择与尺寸变量相关的模型；在"步数"文本框中，可以选择变量的步幅值。

灵敏度分析的目的是在所选定的尺寸变化范围之内，分析相关的变化情况，其结果是一张坐标图，坐标图中的 X 轴表示尺寸变量，Y 轴表示与尺寸变量相关的模型的变化情况。可以将该图形输出为 Excel 格式或图表格式。

为了能动态地显示在变量尺寸变化的过程中,与之相关的模型的变化情况,可以以动画的形式来显示敏感度分析的整个过程。

设置方法如图 2-12 所示,在"敏感度"对话框中选择"选项"|"首选项"选项,在弹出的"首选项"对话框中选择"用动画演示模型"复选项。此时,单击"敏感度"对话框中的"计算"按钮,模型就会动态地变化。

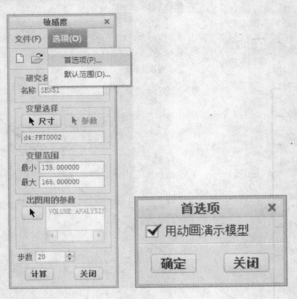

图 2-12　设置动画显示

2.4　可行性/优化分析

敏感度分析的缺点是只能分析尺寸或参数,而不能自动更改或者优化模型,如果可变量不止一个,就需要用到可行性/优化分析了。

单击"分析"选项卡中的"可行性/优化"工具按钮 可行性/优化 ,即可打开"优化/可行性"对话框,如图 2-13 所示。

在该对话框中,"研究类型/名称"选项区域有"可行性"与"优化"两个单选项,它们的区别是:"可行性"单选项实际就是分析模型在给定的变量范围内是否有可能达到用户的目标参数值,对于多个变量同时参与的模型,可能有多种参数的组合可以达到用户的目标参数,一旦软件找到其中任一种组合,便会认定目标可行并停止计算,换句话说,"可行性"分析就是从一个多解方程中找到一个解便结束;而"优化"则是从所有解中找到一个最佳解。

在该对话框中,有三大类变量:"目标"、"设计约束"和"设计变量"。只有当研究

图 2-13　"优化/可行性"对话框

类型选择"优化"时，"目标"选项才可用。设计"目标"表示最终的优化目的，可以使相应的目标函数最大化、最小化，或绝对值最大化、最小化。"设计约束"用来体现优化的边界条件，可能是单一的值，也可能是只有上限或下限。"设计变量"即自变量，优化结果的取得就是通过改变设计变量的数值来实现的，每个设计变量都有上下限，它定义了设计变量的变化范围。

2.5　案例 1——可乐瓶子

容积设计问题是常遇到的问题，其容积是抽壳前、后的体积差，但要保证指定体积却很困难，而用行为建模方法却较简单。本案例是创建一个可以装 1 500 mL 液体的可乐瓶子。

2.5.1　创建基础模型

操作步骤如下：

① 在"模型"选项卡中的"基准"选项区域单击"草绘"工具按钮 ，选择 TOP 平面为草绘平面，绘制一个直径为 100 的圆，如图 2-14 所示。

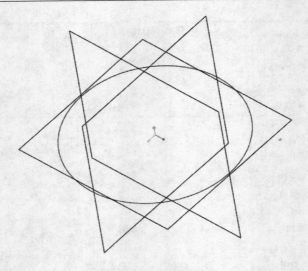

图 2-14　绘制圆

② 在"模型"选项卡中的"形状"选项区域单击"扫描"工具按钮 [🖉扫描]，弹出"扫描"选项卡，单击"可变截面"工具按钮 [🖉]，选择上一步绘制的圆为轨迹，单击"截面"工具按钮 [🖉]，进入草绘环境绘制图 2-15 所示的截面，在"工具"选项卡中的"模型意图"选项区域单击"d＝关系"工具按钮 [d＝关系]，选择草图中高度为 20 的尺寸，添加一个关系式：$sd = 20 + 5 * \sin(360 * trajpar * 5)$。单击"草图"选项卡中的"确定"按钮 [✔]，单击"扫描"选项卡中的"确定"按钮 [✔]，完成特征的创建。

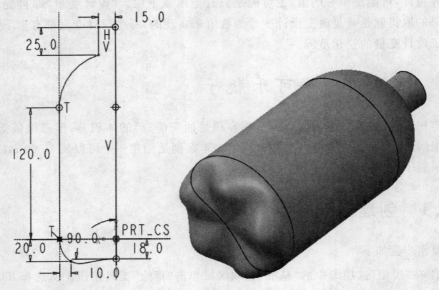

图 2-15　创建扫描特征

2.5.2　创建测量特征

操作步骤如下：

① 单击"模型"选项卡中的"平面"工具按钮 ⟋，选择瓶体的上表面为参照，在其下方创建一个距离 30 的基准平面，如图 2-16 所示。该平面其实代表了液体平面。

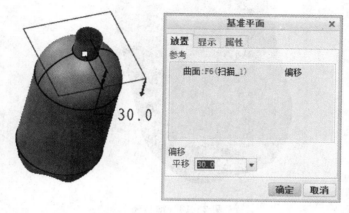

图 2-16　创建基准平面

② 在"分析"选项卡中的"测量"选项区域单击"体积"工具按钮 ▦，选择上一步创建的基准平面填入"单侧体积"选项区域的"平面"文本框中，注意模型中的箭头指向，测量的是箭头所指向一侧的体积。在对话框下方的下拉列表中选择"特征"选项，如图 2-17 所示，单击"确定"按钮 ✓。

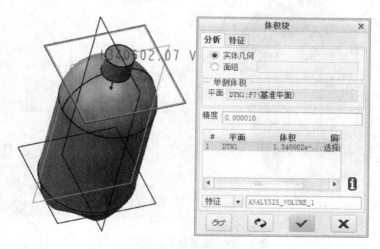

图 2-17　测量体积

③ 在"模型"选项卡中的"工程"选项区域单击"壳"工具按钮 回壳 ,选择瓶子的上表面,在"壳"选项卡中输入"厚度"为 1,如图 2-18 所示。

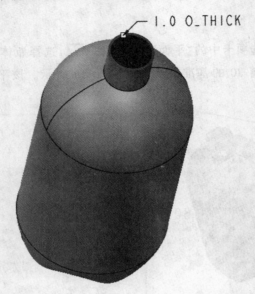

图 2-18 抽 壳

④ 在"分析"选项卡中的"测量"选项区域单击"体积"工具按钮 ,测量一下抽壳后的体积,如图 2-19 所示。

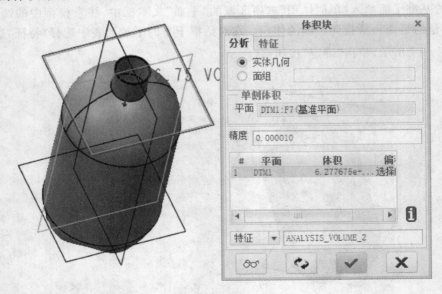

图 2-19 测量抽壳后的体积

⑤ 在"分析"选项卡中的"管理"选项区域单击"分析"工具按钮 ，弹出"分析"对话框，在"类型"选项区域选择"关系"单选项，单击"下一页"按钮，弹出"关系"对话框，输入关系式：

volume＝one_sided_vol：FID_ANALYSIS_VOLUME_1－one_sided_vol：FID_ANALYSIS_VOLUME_2

然后单击"确定"按钮，再单击"分析"对话框中的"确定"按钮 ✔，如图 2-20 所示。

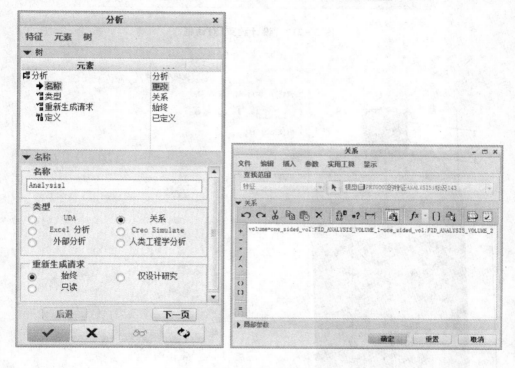

图 2-20　建立关系

2.5.3　优化分析

操作步骤如下：

① 在"分析"选项卡中的"设计研究"选项区域单击"可行性/优化"工具按钮 可行性/优化，弹出"优化/可行性"对话框，单击"设计约束"选项区域的"添加"按钮，弹出"设计约束"对话框，在"参数"下拉列表中选择参数 volume，在"值"中选择"设置"单选项，并在文本框中输入 1500000，单击"确定"按钮，如图 2-21 所示。

② 单击"设计变量"选项区域的"添加尺寸"按钮，单击模型，选择值为 120 的高度参数，在"最小"和"最大"两个文本框中输入 100 和 200，如图 2-22 所示。

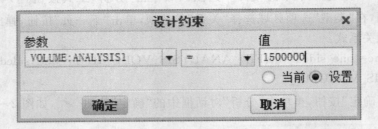

图 2-21 "设计约束"对话框

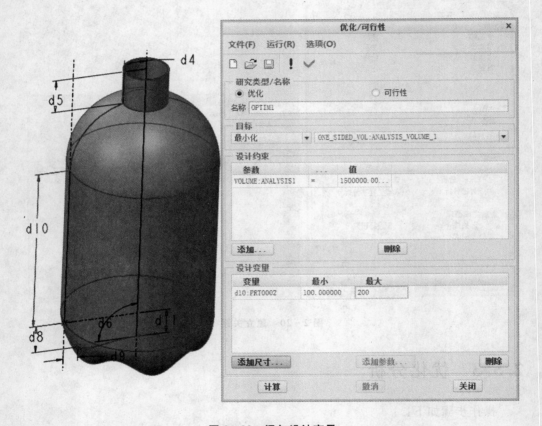

图 2-22 添加设计变量

③ 单击"优化/可行性"对话框中的"计算"按钮,弹出"图形工具"对话框。在该对话框中有一条水平直线,说明通过迭代计算找到了答案,关闭"图形工具"对话框,单击"优化/可行性"对话框中的"关闭"按钮,弹出"确认模型修改"对话框,单击"确认"按钮,如图 2-23 所示。

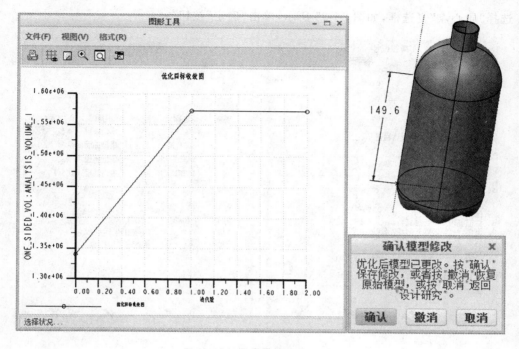

图 2-23 计算结果

2.6 案例 2——曲轴

在设计曲轴时,曲轴必须符合静态平衡,即在曲轴不转动时,若以手动方式旋转至任意位置都会停止,不会因为重力而发生旋转。所以要求曲轴的质心要与轴的旋转中心重合。

打开光盘中的文件 quzhou.prt,如图 2-24所示。

2.6.1 创建测量特征

操作步骤如下:

① 在"分析"选项卡中的"模型报告"选项区域单击"质量属性"工具按钮 🖳 质量属性,弹出"质量属性"对话框,在下拉列表中选择"特征"选项,单击"计算"工具按钮 👓 ,单击"特征"选项卡,

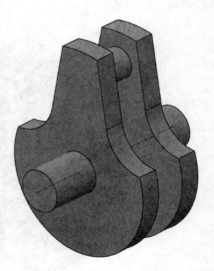

图 2-24 曲 轴

选择"质心点"复选框,如图 2 - 25 所示,单击"确定"按钮 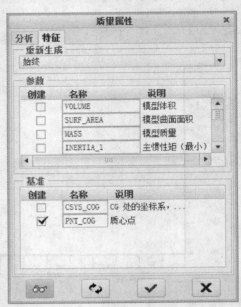 。

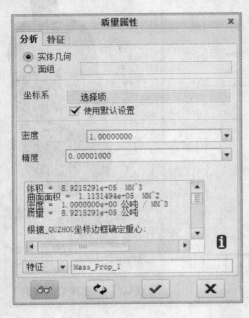

图 2 - 25　"质量属性"对话框

②在"分析"选项卡中的"测量"选项区域单击"距离"工具按钮，弹出"距离"对话框,在图中选择轴与质心点,如图 2 - 26 所示,在下拉列表中选择"特征"选项,单击"确定"按钮 。

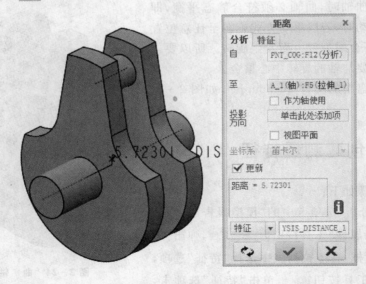

图 2 - 26　创建"距离"特征

2.6.2 敏感度分析

操作步骤如下：

在"分析"选项卡中的"设计研究"选项区域单击"敏感度分析"工具按钮
敏感度分析，弹出"敏感度"对话框，如图2-27所示，单击"尺寸"工具按钮，单击模型，
选择高度尺寸d12，在"变量范围"选项区域的文本框中输入尺寸计算范围，在"出图
用的参数"选项区域选择体积测量特征，输入"步数"，单击"计算"按钮。

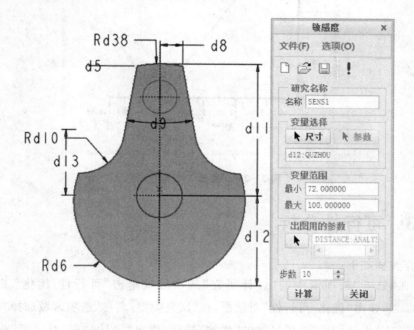

图2-27 "敏感度"对话框

弹出"图形工具"对话框，如图2-28所示，通过对话框可以看到，当尺寸d12变
化到90左右时，距离约束接近0，但不会等于0，所以通过敏感度分析可以知道，单一
修改尺寸d12达不到设计要求。

使用同样的方法分析尺寸Rd6对于距离参数的影响，在"变量范围"选项区域的
"最大"文本框中输入120，如图2-29所示。在计算过程中会弹出"输入错误"对话
框，通过"图形工具"工具栏可以清楚地看到，当尺寸Rd6大于110时，特征将会出现
错误（数字是通过目测得出的，并不精确，是估值），所以可以得出Rd6的变化上限在
110左右。

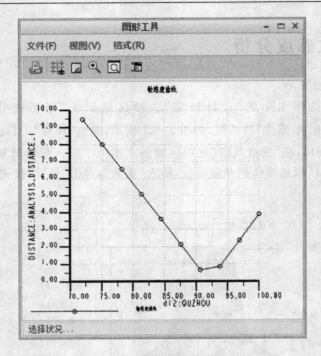

图 2 - 28 "图形工具"对话框

2.6.3 可行性分析

操作步骤如下：

① 在"分析"选项卡中的"设计研究"选项区域单击"可行性/优化"工具按钮 🔍 可行性/优化，弹出"优化/可行性"对话框，在"研究类型/名称"选项区域选择"可行性"单选项，单击"设计约束"选项区域的"添加"按钮，弹出"设计约束"对话框，在"参数"下拉列表中选择参数，在"值"中选择"设置"并在其文本框中输入 0，单击"确定"按钮。

② 单击"设计变量"选项区域的"添加尺寸"按钮，单击模型，选择参数 d12 和 d6，在"最小"和"最大"两个文本框中输入计算范围，如图 2 - 30 所示。

③ 单击"优化/可行性"对话框中的"计算"按钮，弹出"图形工具"对话框。该对话框中有一条水平直线，说明通过迭代计算找到了答案，关闭"图形工具"对话框，单击"优化/可行性"对话框中的"关闭"按钮，弹出"确认模型修改"对话框，单击"确认"按钮，如图 2 - 31 所示。

④ 在模型树中右击距离测量特征，在弹出的快捷菜单中选择"编辑定义"选项，弹出"距离"对话框，如图 2 - 32 所示，可以看到现在旋转轴到质心点的距离为 0，也就是重合在一起了，符合设计要求。

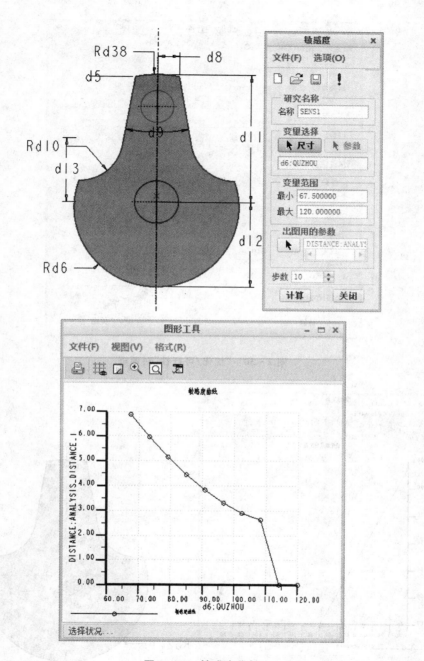

图 2-29　敏感度分析

图 2-30 "优化/可行性"对话框

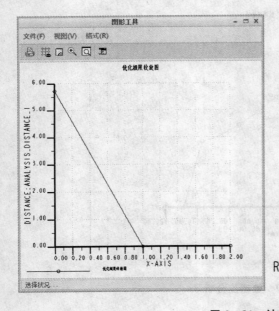

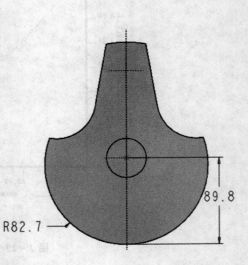

图 2-31 计算结果

图 2-32 "距离"对话框

2.7 多目标设计研究

一个设计往往需要定义许多设计变量,这些设计变量可能会与设计约束存在冲突和矛盾,此外也可能产生多个设计目标和不止一个解等复杂情况。针对类似问题,使用多重目标设计会是更好的分析方法。

多目标设计研究(Multi-objective Design Study)是专门用来处理因大量的设计变量与设计约束之间的潜在矛盾而产生众多设计目标的情况。它能够找出为数不少的解决方案,还可避免使用可行性/最佳化分析所产生的局部解。

通过多目标设计研究功能,利用建立清单(table)方式列举可能出现的解答,再经由过滤(filter)程序,筛选出满足某些设计约束的有用的解决方案。

多目标设计研究能够帮助寻找满足多个设计准则(设计目标)的最佳化解决方案,可以提供下列帮助:

➢ 帮助寻找最适合搜寻优化解决方案的设计变量的优化范围。

➢ 寻找实际上可能是相互矛盾的多个设计目标的解决方案。

➢ 如果存在多个优化解决方案,那么研究会提供结果以便选择首选解决方案。

➢ 可以展开取样设计目标的范围,或者使用不同方法分析试验中得到的数据来缩小这个范围。

2.7.1　多目标设计研究使用术语

多目标设计研究使用下列术语：

➤ 试验　一个取样事件，其目的是要达到设计变量特殊组合的设计目标。

➤ 主表　设计变量（尺寸）指定范围内所引导的所有试验记录所在的表。试验的数量取决于试验开始和结束的数量。

➤ 衍生表　为了选取能够满足一定条件的试验，而使用特殊方法从父表中衍生出来的表。

➤ 约束方法　通过指定每一个选定设计目标的最小值与最大值来创建衍生表的方法。系统通过检查父表来查找满足条件的试验。

➤ Pareto 方法　通过选取要优化（最小化或最大化）的设计目标来创建衍生表的方法。系统通过检查父表来查找其结果在优化范围内的试验。这种方法可以给出多种优化解决方案：当一个解决方案给出一个目标的最好结果时，另一个解决方案为另一个目标生成更好的结果。因为每一个 Pareto 解决方案都是最好的，所以系统会让您决定哪一个方案更可取。

2.7.2　多目标设计研究的流程

多目标设计研究由主表（master table）和衍生表（derived table）按其分层顺序组成。设计研究初期，指定设计目标（design goals）、设计变量（design variables），给定实验（experiment）次数，系统开始进行实验且将记录写入主表（master table）中，如图 2-33 所示。

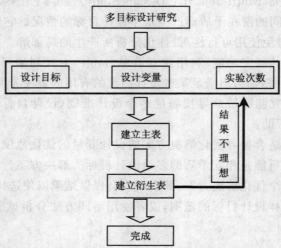

图 2-33　多目标设计研究的流程

2.8　案例 3——鼎

鼎竖直放置,在保证其质量为 3.5~6 kg,厚度限制在 1.5~5 mm 的条件下,要求铸造的铜质三足鼎重心尽可能低,如图 2-34 所示。

设计变量为三足鼎的口径、厚度和旋转半径。

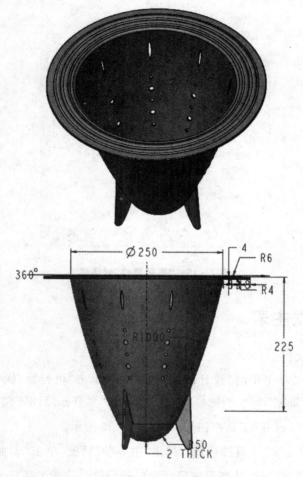

图 2-34　三足鼎

2.8.1　创建测量特征

操作步骤如下:

在"分析"选项卡中的"模型报告"选项区域单击"质量属性"工具按钮 质量属性,

弹出"质量属性"对话框,在下拉列表中选择"特征"选项,单击"计算"工具按钮 ,
单击"特征"选项卡,选择"模型质量"、"YCOG"、"质心点"复选项,如图 2-35 所示,
单击"确定"按钮。

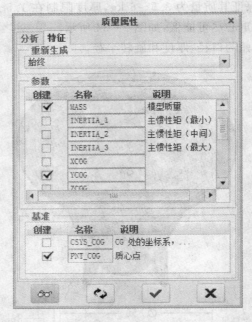

图 2-35 "质量属性"对话框

2.8.2 建立主表

操作步骤如下:

① 在"分析"选项卡中的"设计研究"选项区域单击"可行性/优化"下三角按钮,
选择"多目标设计研究" 选项,弹出"多目标设计研究"对话框,单击对
话框中的"新建设计研究"工具按钮 ,如图 2-36 所示。

② 单击"设置主表"工具按钮 ,弹出"主表"对话框,单击"添加尺寸变量"工具
按钮 ,单击模型,选择设计变量三足鼎的口径、厚度、旋转半径三个参数添加到"设
计变量"选项区域的列表中,将厚度参数的"最小"和"最大"数值改为 1.5 和 5,如
图 2-37 所示。

③ 在"主表"对话框中单击"选择目标"按钮,弹出"参数选择"对话框,在"参数"
选项区域选择两个参数:一个是质量参数,另一个是质心的 Y 坐标参数,如图 2-38
所示,单击"确定"按钮,返回"主表"对话框,再单击"确定"按钮返回"多目标设计研
究"对话框。

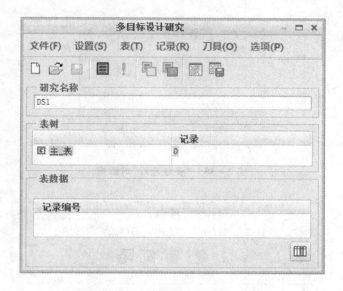

图 2 - 36　"多目标设计研究"对话框

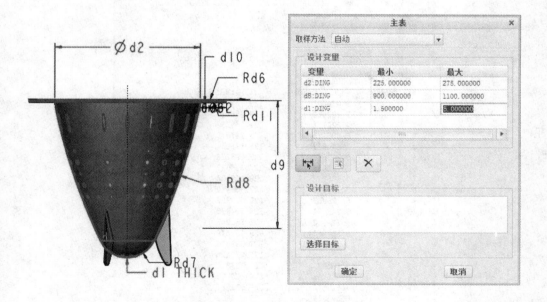

图 2 - 37　选择设计变量

④ 在"多目标设计研究"对话框中单击"计算主表"工具按钮 ！，系统提示输入生成的实验次数，输入 20，单击"接受值"按钮开始计算。

计算完成后"多目标设计研究"对话框中的"表数据"选项区域显示了 0～19 共 20 个计算结果，如图 2 - 39 所示。

图 2-38 "参数选择"对话框

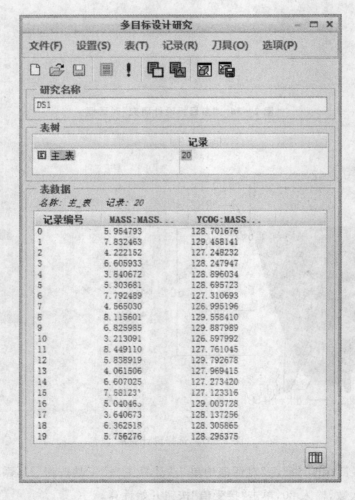

图 2-39 计算结果

2.8.3　建立衍生表

操作步骤如下：

① 在"多目标设计研究"对话框中单击"衍生新表"工具按钮，弹出"衍生表"对话框，将质量参数的"最小"和"最大"值设置为 3.5 和 6，在"表名"文本框中输入表的名字，如图 2-40 所示，单击"确定"按钮。

衍生表(主_表)		
⦿ 约束		○ 平行于
目标	**最小**	**最大**
MASS:MASS_PROP_1	3.500000	6.000000
YCOG:MASS_PROP_1	126.597992	129.887989

表名 yansheng

确定　取消

图 2-40　"衍生表(主_表)"对话框

返回"多目标设计研究"对话框可以看到"表树"选项区域在"主_表"下产生了一个衍生表，并且衍生表筛选出来的数据有 10 条，如图 2-41 所示。

图 2-41　产生了一个衍生表

② 单击"表树"选项区域的"主_表"下的衍生表,单击"衍生新表"工具按钮,弹出"衍生表"对话框,选择"平行于"单选项,在质心 Y 坐标的参数选项中选择"最小化"选项,如图 2-42 所示,单击"确定"按钮。

图 2-42 "衍生表"对话框

③ 返回"多目标设计研究"对话框可以看到"表树"选项区域新产生一个衍生表,衍生表筛选出来的数据有 1 条,并在"表数据"选项区域显示了结果,如图 2-43 所示。右击"表数据"选项区域的数据,选择"保存模型"选项,弹出"保存副本"对话框,将模型保存为一个新的文件。

图 2-43 "表数据"选项区域显示数据

④ 打开新保存的模型,检查其参数,如图 2 - 44 所示。可以观察到设计变量的三个参数都发生了改变。

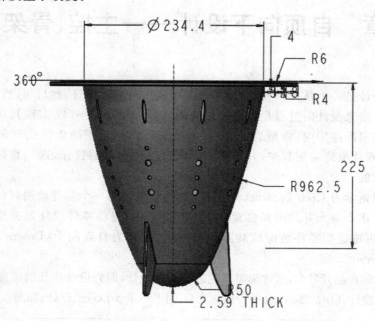

图 2 - 44　优化后的模型

第3章　自顶向下设计——主控、骨架、布局

产品设计是一个从无到有的过程，都是要先进行概念设计，然后再设计装配结构和零部件。概念设计的过程是创造性思维的过程，设计的是产品实现其功能的原理和方法。在实际应用中，将概念设计中的设计思想完整、正确地传达到每个零件当中，使这些零件最终装配起来，并能够实现概念设计预期的目标，这一直是设计人员所竭力追求的。

在一开始学习 Creo Parametric 装配时，都是先将每一个零件绘制好以后再进入装配模式下逐个调入并约束其位置。在实际设计中，先将零件设计好并绘制成三维模型，然后再将这些零件装配成装配体，这种方法称为自底向上（Down-Top）设计，如图 3 - 1 所示。

在实际的产品开发中，通常都需要先进行概念设计，即先设计产品的原理和结构，然后再进一步设计其中的零件，这种方法称为自顶向下（Top-Down）设计，如图 3 - 2 所示。

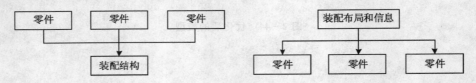

图 3 - 1　自底向上（Down-Top）设计　　　　**图 3 - 2　自顶向下（Top-Down）设计**

Top-Down 设计方法严格来说只是一个概念，在不同的软件上有不同的实现方式，只要能实现数据从顶部模型传递到底部模型的参数化过程都可以称为 Top-Down 设计方法，从这点来说实现的方法也可以多种多样。Creo Parametric 提供了各种自顶向下设计的工具，为设计人员提供了一个整体性和关联性较强的设计平台，它能够控制产品整体的设计方向并提高设计效率，比如主控模型、骨架模型和布局等，目的在于从全局出发，控制设计参数，实现并行工程，便于从总体上把握设计变更。

3.1　主控模型——电子锁壳体

主控模型是一个非常重要的设计理念，适用于大部分消费类塑胶产品。许多塑胶产品的外壳都是由多个壳体类零件构成一个完整的造型。对这些产品来说，设计时不能孤立地做每一个零件，因为产品一旦出现修改问题就会非常麻烦，而且不能保证更改后的零件曲面还能合并成一个光滑的曲面造型。

主控模型的概念是先做一个产品整体造型文件（主控文件），然后把造型文件合并到每一个零件中，分别在每一个零件里切除多余的部分，并完成零件的细节，这样，多个零件就共享一个造型文件，对造型文件的更改将会传递到每一个零件中，从而保证这些零件组合起来后的光滑连接。

3.1.1　创建主控文件

操作步骤如下：

① 设置新的工作目录，新建零件 Master.prt，模板为 mmns_part_solid。

② 在"模型"选项卡中的"形状"选项区域单击"拉伸"工具按钮 ⎚，选择平面 TOP 为草绘平面。绘制图 3-3 所示的图形，单击"草绘"选项卡中的"确定"按钮 ✔。

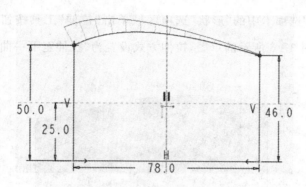

图 3-3　草绘截面

③ 单击"拉伸"选项卡中的"选项"按钮，将拉伸两侧都设置为"盲孔"，输入拉伸高度 14 和 9，单击"确定"按钮 ✔，结果如图 3-4 所示。

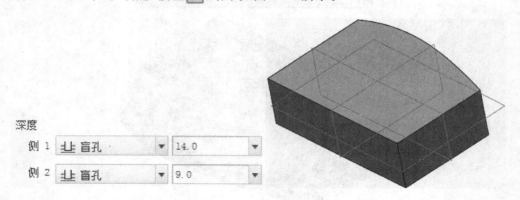

图 3-4　创建拉伸特征

④ 在"模型"选项卡中的"工程"选项区域单击"倒圆角"工具按钮 倒圆角 ▼,在上面的样条线边界上创建一个半径为 14 的圆角特征,在下面的样条线边界上创建一个半径为 9 的圆角特征,如图 3-5 所示。

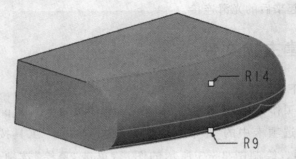

图 3-5 创建圆角特征

⑤ 在"模型"选项卡中的"形状"选项区域单击"拉伸"工具按钮 ,选择实体的上表面,绘制如图 3-6 所示的草图,拉伸方式设置为"拉伸至下一曲面" ,结果如图 3-6 所示。

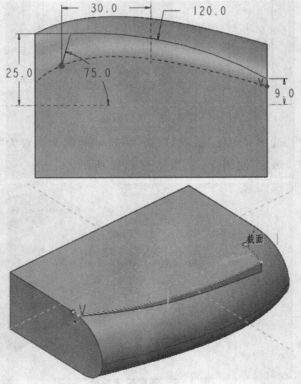

图 3-6 设置拉伸方式

⑥ 在"模型"选项卡中的"工程"选项区域单击"拔模"工具按钮，弹出"拔模"选项卡，选择实体三个侧面为拔模曲面，选择 TOP 平面为拔模枢轴，在"分割"选项列表中选择"根据拔模枢轴分割"选项，拔模角度为 3，如图 3-7 所示。

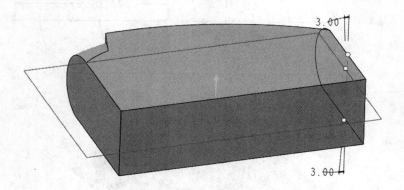

图 3-7 创建拔模特征

⑦ 在"模型"选项卡中的"工程"选项区域单击"倒圆角"工具按钮，创建一个半径为 5 的圆角，如图 3-8 所示。

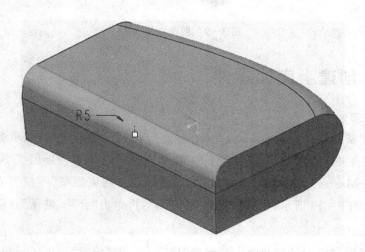

图 3-8 创建圆角特征

⑧ 在"模型"选项卡中的"形状"选项区域单击"拉伸"工具按钮，单击"拉伸"选项卡中的"曲面"工具按钮，选择 RIGHT 平面，使用"选定到"的方式定义两边的拉伸高度，分别选在两侧的拔模分界线上，如图 3-9 所示。

⑨ 保存并关闭文件。

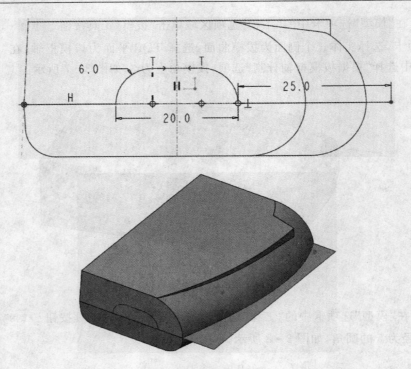

图 3-9   创建拉伸曲面

3.1.2   创建上壳体零件

操作步骤如下：

① 创建新的零件 top_housing.prt。单击"模型"选项卡中的"获取数据"下三角按钮，选择"合并/继承"选项，弹出"合并/继承"选项卡，单击"打开"工具按钮 📇，选择主控文件 Master.prt，弹出"元件放置"对话框，在"约束类型"下拉列表中选择"默认"选项，如图 3-10 所示。单击"完成"按钮 ✔，再单击"合并/继承"选项卡中的"完成"按钮 ✔。

② 选择模型中的拉伸曲面，在"模型"选项卡中的"编辑"选项区域单击"实体化"工具按钮 🗂 实体化，弹出"实体化"选项卡，单击"去除材料"工具按钮 ∠，单击"完成"按钮 ✔，使用曲面切割实体，如图 3-11 所示。

③ 在"模型"选项卡中的"工程"选项区域单击"壳"工具按钮 🔲壳，弹出"壳"选项卡，选择实体中需要去除的表面，输入厚度 2，结果如图 3-12 所示。

④ 在"模型"选项卡中的"工程"选项区域单击"倒圆角"工具按钮 ◌ 倒圆角 ▾，创建半径为 0.5 和 0.2 的圆角，如图 3-13 所示。

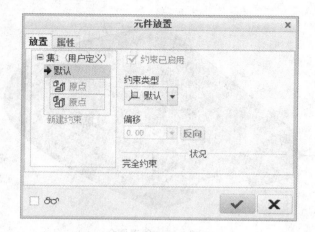

图 3 - 10 "元件放置"对话框

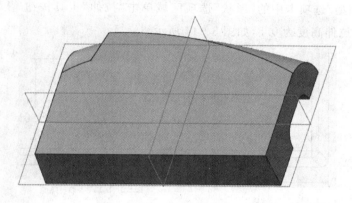

图 3 - 11 切割实体

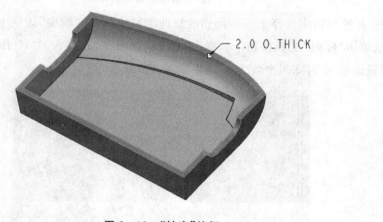

图 3 - 12 "抽壳"特征

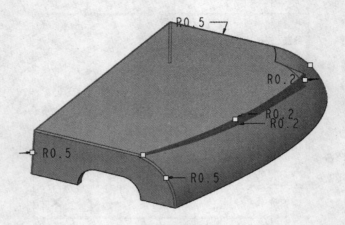

图 3-13　创建圆角

⑤ 在"模型"选项卡中的"形状"选项区域单击"拉伸"工具按钮 🔲，创建一个拉伸除料特征，拉伸高度为 0.5，如图 3-14 所示。

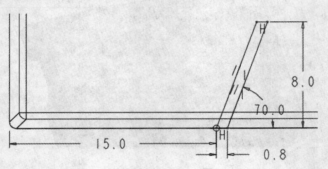

图 3-14　创建拉伸除料特征

⑥ 在模型树中选择上一步创建的拉伸除料特征，在"模型"选项卡中的"编辑"选项区域单击"阵列"工具按钮 🔡，弹出"阵列"选项卡，选择尺寸 15 作为阵列驱动尺寸，增量设置为 2，阵列个数为 8，结果如图 3-15 所示。

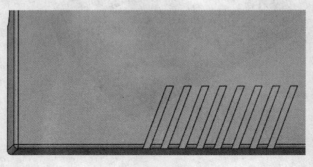

图 3-15　阵列复制特征

⑦ 在"模型"选项卡中的"基准"选项区域单击"草绘"工具按钮 ，使用"偏移"命令 偏移，创建如图 3-16 所示的草图。

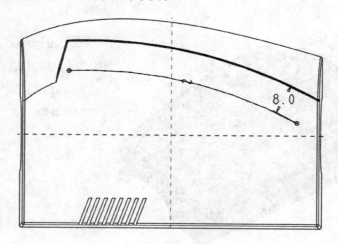

图 3-16　创建草图

⑧ 在"模型"选项卡中的"基准"选项区域单击"点"工具按钮 点，选择草绘曲线，输入距离 47，如图 3-17 所示。

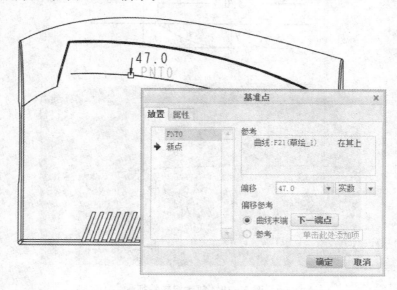

图 3-17　创建基准点

⑨ 在"模型"选项卡中的"形状"选项区域单击"旋转"工具按钮 旋转，弹出"旋转"选项卡，单击"去除材料"工具按钮 。在启动"旋转"命令的同时，在"模型"选项卡中的"基准"选项区域单击"平面"工具按钮 ，弹出"基准平面"对话框，按住 Ctrl

键选择 FRONT 基准平面和创建的基准点,单击"确定"按钮,如图 3 - 18 所示。单击"旋转"选项卡,进入草绘环境,绘制如图 3 - 19 所示的草图,草图必须封闭,创建旋转除料特征。

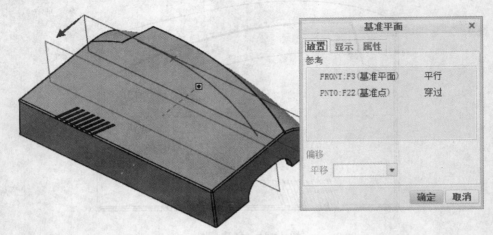

图 3 - 18　创建临时基准平面

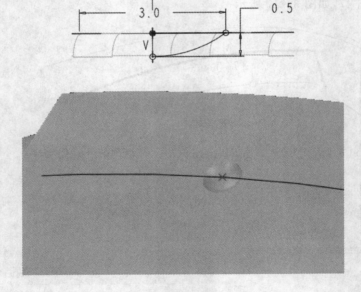

图 3 - 19　创建旋转特征

⑩ 按住 Ctrl 键,在模型树中选择基准点特征和旋转除料特征,右击,在弹出的快捷菜单中选择"组"选项。

⑪ 在模型树中选择"组"特征,在"模型"选项卡中的"编辑"选项区域单击"阵列"工具按钮,选择尺寸 47 作为阵列增量尺寸,输入增量值 -10,选择直径尺寸作为

增量尺寸,输入增量值－0.5,在"阵列"选项卡中输入阵列数量 4,结果如图 3－20 所示。

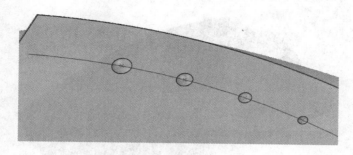

图 3－20　阵列复制

⑫ 保存并关闭窗口。

3.1.3　编辑下壳体零件

操作步骤如下:

① 创建新的零件 bottom_housing. prt,单击"模型"选项卡中的"获取数据"下三角按钮,选择"合并/继承"选项,弹出"合并/继承"选项卡,单击"打开"工具按钮 ,选择主控文件 Master. prt,弹出"元件放置"对话框,在"约束类型"下拉列表中选择"默认"选项,单击"完成"按钮 ,单击"合并/继承"选项卡中的"完成"按钮 。

② 选择模型中的拉伸曲面,在"模型"选项卡中的"编辑"选项区域单击"实体化"工具按钮 实体化,弹出"实体化"选项卡,单击"去除材料"工具按钮 ,单击"完成"按钮 ,使用曲面切割实体,如图 3－21 所示。

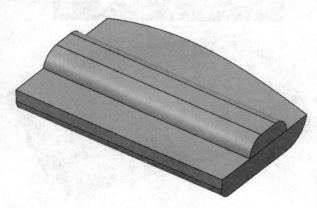

图 3－21　切割实体

③ 在"模型"选项卡中的"工程"选项区域单击"壳"工具按钮 回 壳 ,弹出"壳"选项卡,选择实体中需要去除的表面,输入厚度 2,结果如图 3-22 所示。

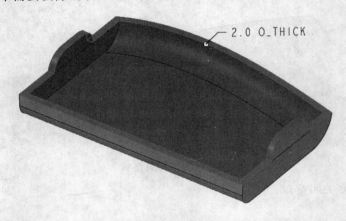

图 3-22　创建抽壳特征

④ 在"模型"选项卡中的"形状"选项区域单击"拉伸"工具按钮 📄 ,创建一个拉伸除料特征,拉伸高度为 0.3,如图 3-23 所示。

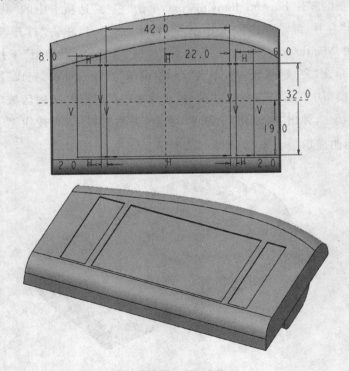

图 3-23　创建拉伸除料特征

⑤ 在"模型"选项卡中的"工程"选项区域单击"倒圆角"工具按钮 倒圆角 ，创建圆角特征，如图 3 - 24 所示。

图 3 - 24　创建圆角特征

⑥ 保存并关闭窗口。

3.1.4　创建止口

操作步骤如下：

① 创建名为 Media_key. asm 的装配文件，模板为 mmns_asm_design。在"模型"选项卡中的"元件"选项区域单击"装配"工具按钮 ，将上壳体零件 top_housing. prt 和下壳体零件 bottom_housing. prt 以"默认"约束装配到环境中，如图 3 - 25 所示。

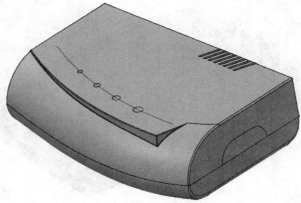

图 3 - 25　装配上、下壳体

② 在"模型"选项卡中的"切口和曲面"选项区域单击"拉伸"工具按钮 ，绘制草图，单击"相交"按钮，取消选择"自动更新"选项，在"设置显示级"中选择"零件级"选项，结果如图 3-26 所示。

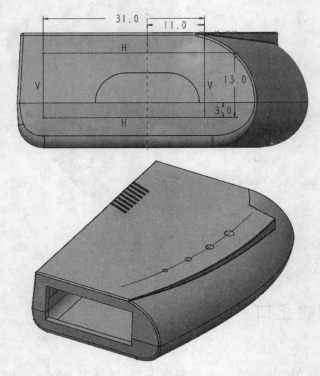

图 3-26 拉伸切割

③ 在模型树中右击 bottom_housing. prt，在弹出的快捷菜单中选择"打开"选项，进入零件环境，如图 3-27 所示。

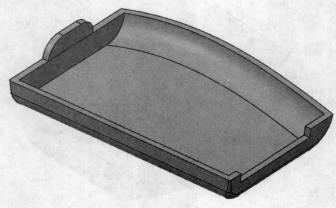

图 3-27 下壳体零件

④ 给切口的两个侧面添加一个拔模特征，以 TOP 平面为拔模中枢，拔模角度为 3°，如图 3 - 28 所示。

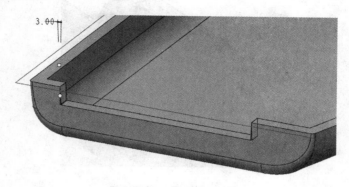

图 3 - 28　创建拔模特征

⑤ 选择实体表面，在"模型"选项卡中的"编辑"选项区域单击"偏移"工具按钮 ，选择偏移类型为"具有拔模特征" ，绘制草图，拔模角度为 3°，偏移高度为 1.5，如图 3 - 29 所示。

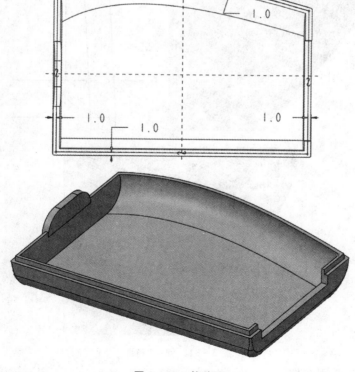

图 3 - 29　偏移面

图 3-30 中的侧面存在倒扣，以 TOP 平面为拔模中枢，添加一个 0°的拔模特征。

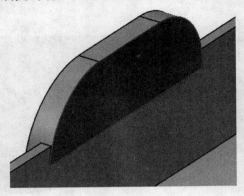

图 3-30　添加拔模特征

⑥ 选择实体表面，在"模型"选项卡中的"编辑"选项区域单击"偏移"工具按钮 偏移，选择偏移类型为"展开特征" ，绘制草图，偏移高度为 1.5，注意偏移的方向，如图 3-31 所示。

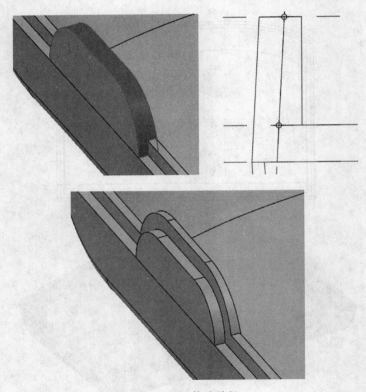

图 3-31　偏移特征

⑦ 保存并关闭文件。

⑧ 在装配环境的模型树中右击 top_housing. prt,在弹出的快捷菜单中选择"打开"选项,进入零件环境,如图 3-32 所示。

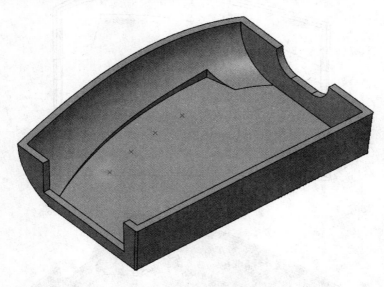

图 3-32　打开上壳体文件

⑨ 给切口的两个侧面添加一个拔模特征,以 TOP 平面为拔模中枢,拔模角度为 3°,如图 3-33 所示。

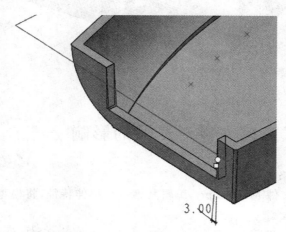

3.00

图 3-33　添加拔模特征

⑩ 选择实体表面,在"模型"选项卡中的"编辑"选项区域单击"偏移"工具按钮偏移,选择偏移类型为"具有拔模特征",绘制草图,拔模角度为 3°,向下偏移 1.5,如图 3-34 所示。

⑪ 保存并关闭文件。

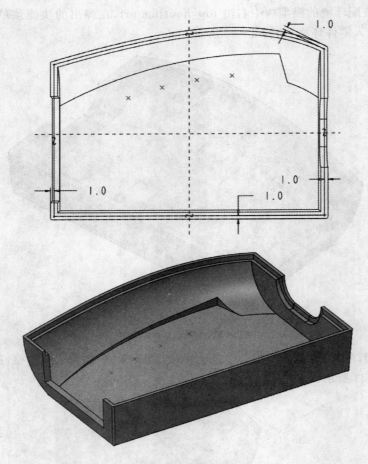

图 3-34 偏移止口

3.1.5 测试主控文件对产品的影响

操作步骤如下:

① 打开主控文件 Master. prt,编辑其第一个拉伸特征,将模型的长度改为 120,如图 3-35 所示。

② 激活装配文件 Media_key. asm,单击"模型"选项卡中的"再生"工具按钮，主控文件中的尺寸更改自动传递到了上、下两个壳体零件中,装配随之更新,如图 3-36 所示。

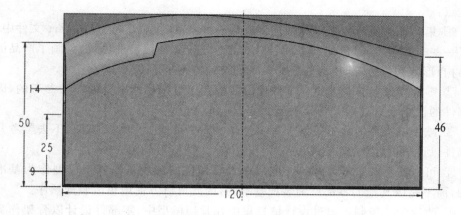

图 3 - 35　修改模型

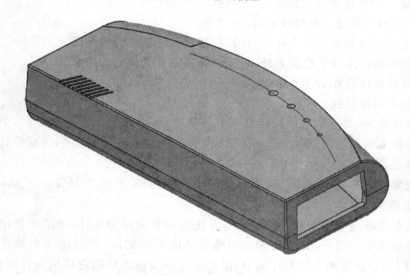

图 3 - 36　更改模型

3.2　骨架模型——打孔机

　　当用户建立大型装配件时,会因零部件过多而难以处理,造成这种困难的原因可能是彼此间的限制条件相冲突,或者是因为零部件繁杂而忽略了某些小的地方,也可能是从原始设计时,建立的条件就已经出现错误等诸如此类的原因。因此,在 Creo Parametric 中提供了一个骨架模型的功能,允许用户在设计零件之前,先设计好每个零件在空间中的静止位置,或者运动时的相对位置的结构图。设计好结构图后,可以利用结构将每个零件装配上去,以避免不必要的装配限制冲突。

　　骨架模型不是实体文件,在装配的明细表中也不包括骨架模型。骨架模型有以下优点：

① 集中提供设计数据　骨架模型就是一种.part 文件。在这个.part 文件中，定义了一些非实体单元，例如参考面、轴线、点、坐标系、曲线和曲面等，勾画了产品的主要结构、形状和位置等，作为装配的参考和设计零部件的参考。

② 零部件位置自动变更　零部件的装配是以骨架模型中基准作为参考的，因此零部件的位置会自动跟着骨架模型变化。

③ 减少不必要的父子关系　因为设计中要尽可能参考骨架模型，不去参考其他零部件，所以可以减少父子关系。

④ 可以任意确定零部件的装配顺序　零部件的装配是以骨架模型作为基准装配的，而不是以其他的零部件为装配基准的，因此可以方便地更改装配顺序。

⑤ 改变参考控制　通过设计信息集中在骨架模型中，零部件设计以骨架作为参考，可以减少对外部参考的依赖。

骨架模型文件是一种特殊的.part 文件：

① 是装配中的第一个文件，并且排在默认参考基准面的前面。

② 自动被排除在工程图之外，工程图不显示骨架模型的内容。

③ 可以被排除在 BOM 表之外。

④ 没有质量属性。

默认状态下，每个装配件只能有一个骨架模型，当产品比较复杂时，一个骨架模型需要包括太多的信息，因此可以采用多个骨架模型相互配合分工，完成设计信息的提供和参考。

如果要使用多个骨架模型，需要更改 Config. pro 文件的 Multiple_skeletons_allowed 选项为 yes。

在装配件环境中用新建骨架模型的方法创建骨架模型文件，系统才能把它自动识别为骨架模型。另外，骨架模型可以像普通的零件那样，先创建一个普通的零件.prt 文件，然后直接调入装配环境中，但系统并不能自动地把它识别为骨架模型，而应当按照如下步骤创建：

① 新建一零件，名称任意，调整好基准面、基准轴等一些组件需要的参照，全部建立好后保存，这就是骨架原模型。

② 在装配模式下单击"模型"选项卡中"模型"选项区域的"创建"工具按钮 创建，弹出"元件创建"对话框。

③ 在"元件创建"对话框中选择"骨架模型"选项，名称可以更改，单击"确定"按钮，弹出"创建选项"对话框，选择"复制现有"选项，单击"浏览"按钮，找到先前创建的骨架模型，单击"确定"按钮。骨架模型就被调入组件了。

如何将骨架模型的参照传递到零件中去呢？看下面的案例——打孔机，如图 3-37 所示，这是一个很普通的小产品，但作为 Top-Down 骨架建模设计案例却是非常经典的。

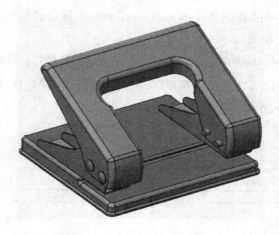

图 3 - 37　打孔机

3.2.1　创建骨架模型

操作步骤如下:

① 设置新的工作目录,新建装配文件 punch.asm,模板为 mmns_asm_design。

② 在"模型"选项卡中的"模型"选项区域单击"创建"工具按钮 创建,弹出"元件创建"对话框,如图 3 - 38 所示,在"类型"选项区域选择"骨架模型"单选项,单击"确定"按钮,弹出"创建选项"对话框,如图 3 - 39 所示,单击"确定"按钮。

图 3 - 38　"元件创建"对话框

图 3 - 39　"创建选项"对话框

③ 右击模型树中的骨架文件 punch_skel. pat,在弹出的快捷菜单中选择"打开"选项,进入零件设计环境。

④ 在"模型"选项卡中的"形状"选项区域单击"拉伸"工具按钮，选择平面 FRONT 为草绘平面。选择"对称拉伸"方式，输入拉伸长度 105,单击"确定"按钮，结果如图 3 - 40 所示。

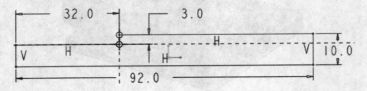

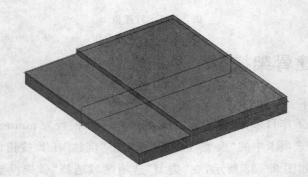

图 3 - 40　创建拉伸特征

⑤ 在"模型"选项卡中的"形状"选项区域单击"拉伸"工具按钮，选择 TOP 平面绘制草图,单击"拉伸"选项卡中的"去除材料"工具按钮，创建一个拉伸除料特征,如图 3 - 41 所示。

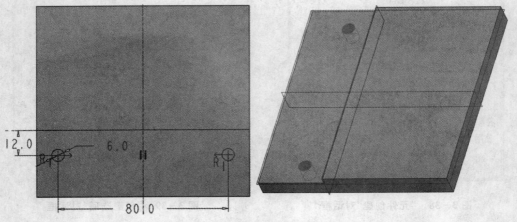

图 3 - 41　创建拉伸除料特征

⑥ 在模型树中右击拉伸特征,在弹出的快捷菜单中选择"编辑"选项,模型将显示草图尺寸,选择草图尺寸,右击,在弹出的快捷菜单中选择"属性"选项,弹出"尺寸属性"对话框,在"名称"文本框中修改尺寸名称。使用这种方法修改孔直径、孔边距、纸张厚度、孔间距,如图3-42所示。

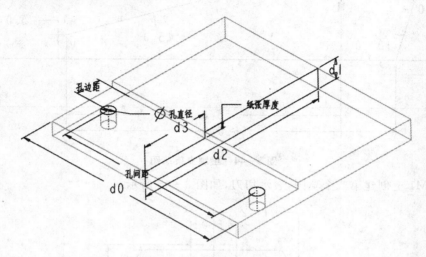

图3-42 修改尺寸名称

⑦ 在"模型"选项卡中的"基准"选项区域单击"平面"工具按钮 ▱,创建一个新的基准平面,如图3-43所示。

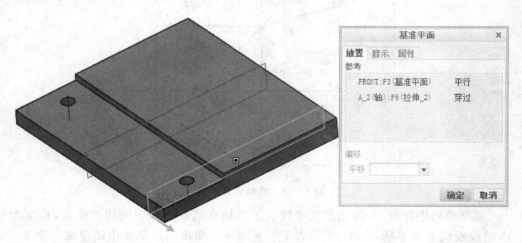

图3-43 创建基准平面

⑧ 在"模型"选项卡中的"基准"选项区域单击"草绘"工具按钮 ⬚,选择新创建的基准平面DTM1绘制草图,该草图表示打孔机的支架,如图3-44所示。

⑨ 单击"模型"选项卡中的"基准"选项区域单击"草绘"工具按钮 ⬚,在基准平

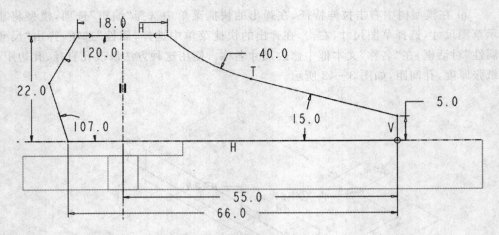

图 3 - 44 绘制支架草图

面 DTM1 上创建第二个草图,表示切刀,如图 3 - 45 所示。

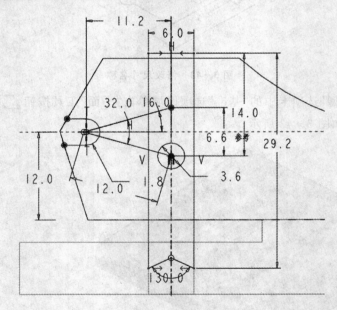

图 3 - 45 绘制切刀草图

这个草图中标有 16°的角度尺寸代表了手柄在运动过程中的初始位置,长度为 12 的线段代表了手柄,尺寸 32°代表了手柄的运动角度。在草图中还存在一个 6.6 参考,该尺寸是用来绘制固定销子长孔的参考尺寸。

⑩ 双击切刀直径尺寸 6.0,输入"孔直径",系统会自动添加一个关系式。

使用前面介绍的方法修改重要尺寸的名字、初始角度、驱动角度、行程、刀长、间距,如图 3 - 46 所示。

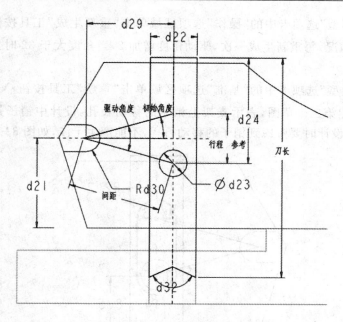

图 3-46 修改尺寸名称

⑪ 单击"模型"选项卡中的"模型意图"下三角按钮，选择"d＝关系"选项，弹出"关系"对话框，如图 3-47 所示，输入以下关系式来模拟打孔动作：

驱动角度＝驱动角度＋2

if 驱动角度＞32

驱动角度＝0

endif

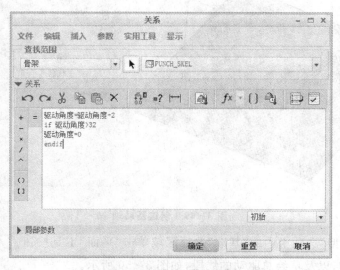

图 3-47 "关系"对话框

⑫ 在"模型"选项卡中的"操作"选项区域单击"重新生成"工具按钮，测试一下机构运动情况，每重新生成一次，驱动角度增加2，当角度大于32时又变成0重新向下运动。

⑬ 在"模型"选项卡中的"基准"选项区域单击"草绘"工具按钮，在基准平面DTM1上创建第三个草图，表示支架上销子的移动长孔，设计中销子是在长形孔中移动的，所以设计时要考虑到销子的移动行程，不能产生干涉，如图3-48所示。

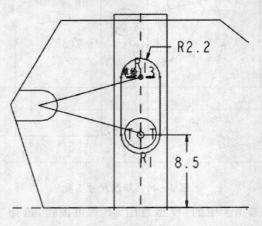

图3-48　绘制长形孔

⑭ 在"模型"选项卡中的"基准"选项区域单击"轴"工具按钮，选择线段的端点以及FRONT平面，如图3-49所示。

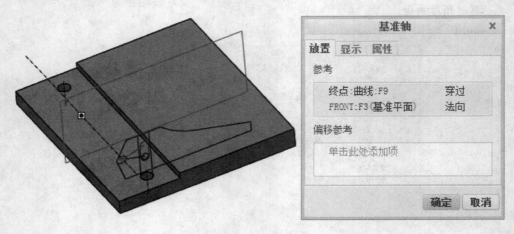

图3-49　创建基准轴

⑮ 在"模型"选项卡中的"基准"选项区域单击"平面"工具按钮，选择上一步创建的基准轴，以及草绘总驱动的线段，如图3-50所示。

⑯ 保存并关闭骨架模型。

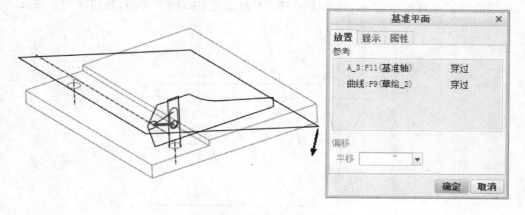

图 3-50　创建基准平面

3.2.2　创建支架

操作步骤如下：

① 在装配环境中，单击"模型"选项卡中"模型"选项区域的"创建"工具按钮 创建，弹出"元件创建"对话框，在"类型"选项区域选择"零件"选项，输入文件名 Bracket.prt，单击"确定"按钮，弹出"创建选项"对话框，选择 templates 文件夹中的模板文件 mmns_part_solid.pat，单击"确定"按钮。

② 单击"元件放置"选项卡中的"完成"按钮 ✓，如图 3-51 所示。

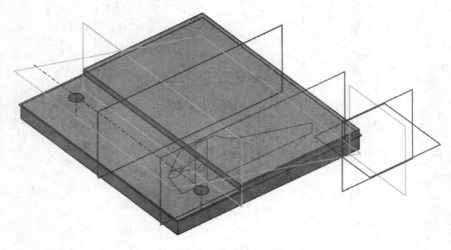

图 3-51　创建新的零件

⑥ 在模型树中右击 Bracket. prt,在弹出的快捷菜单中选择"激活"选项,单击"模型"选项卡中"形状"选项区域的"拉伸"工具按钮 ⬚,选择零件 Bracket. prt 中 FRONT 平面为草绘平面。使用骨架草图中的几何图元为参考,如图 3-54 所示,使用对称拉伸的方式,拉伸高度为 17,单击"草绘"选项卡中的"确定"按钮 ✔。

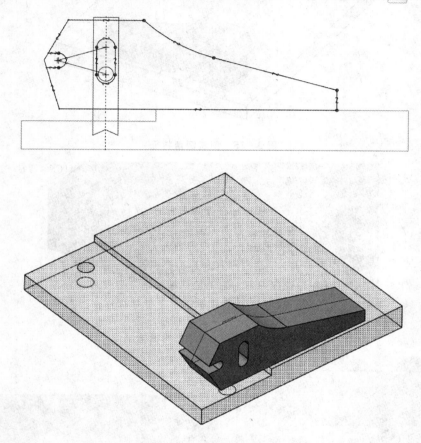

图 3-54　创建拉伸特征

⑦ 在"模型"选项卡中的"工程"选项区域单击"倒圆角"工具按钮 ⬚ 倒圆角 ▾,创建半径为 3 和 1.2 的圆角,如图 3-55 所示。

⑧ 在"模型"选项卡中的"工程"选项区域单击"壳"工具按钮 ⬚壳,弹出"壳"选项卡,选择实体中需要去除的表面,输入厚度 1,结果如图 3-56 所示。

⑨ 在"模型"选项卡中的"形状"选项区域单击"拉伸"工具按钮 ⬚,创建一个拉伸除料特征,使用骨架文件中的图元,如图 3-57 所示。

⑩ 保存零件文件 Handle. prt,在装配环境中单击"模型"选项卡中"模型"选项区域的"创建"工具按钮 ⬚创建,弹出"元件创建"对话框,在"类型"选项区域选择"零件"

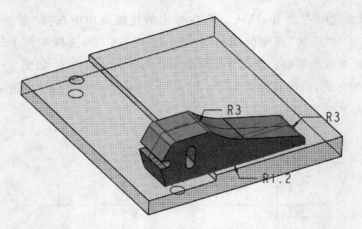

图 3 – 55　创建倒角特征

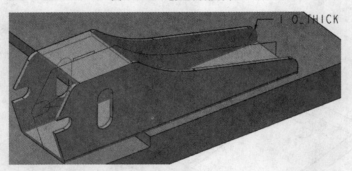

图 3 – 56　创建抽壳特征

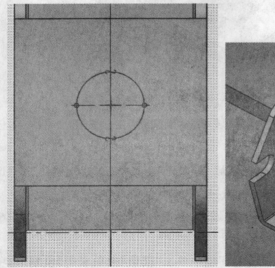
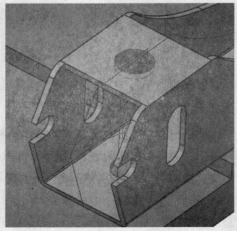

图 3 – 57　创建拉伸除料特征

单选项,在"子类型"选项区域选择"镜像"单选项,输入文件名 Bracket2,单击"确定"按钮,弹出"镜像零件"对话框,选择"零件参考"为 Bracket.prt,选择装配环境中的"平面参考"为 ASM_FRONT 平面,单击"确定"按钮,结果如图 3-58 所示。

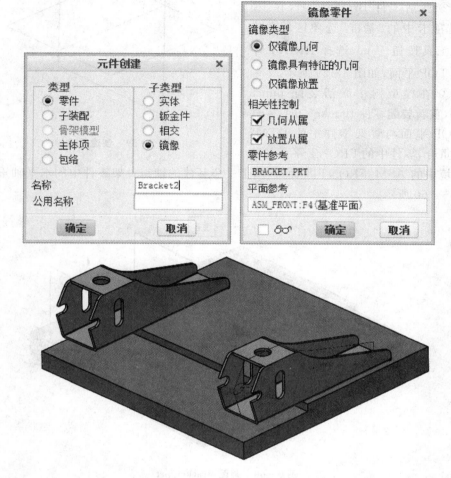

图 3-58　创建镜像零件

3.2.3　创建手柄

操作步骤如下:

① 在装配环境中,单击"模型"选项卡中"模型"选项区域的"创建"工具按钮 ，弹出"元件创建"对话框,在"类型"选项区域选择"零件"单选项,在"子类型"选项区域选择"零件"单选项,输入文件名 Handle.prt,单击"确定"按钮,弹出"创建选项"对话框,在"复制自"选项区域单击"浏览"按钮,选择 templates 文件夹中的模

板文件 mmns_part_solid.pat,单击"确定"按钮。单击"元件放置"选项卡中的"完成"按钮 ✔。

② 激活零件 Bracket.prt,在"模型"选项卡中的"基准"选项区域单击"轴"工具按钮 ✔ 轴,选择 RIGHT 平面和 TOP 平面,如图 3-59 所示。

③ 在模型树中激活装配 punch.asm,重新装配零件 Bracket.prt,零件的 TOP 平面与骨架零件中的 DTM2 平面重合,零件中的 FRONT 平面与装配环境中的 ASM_FRONT 平面重合,上一步新建的轴与骨架零件中的水平轴重合,如图 3-60 所示。

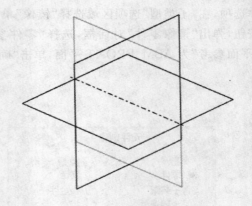

图 3-59 创建基准轴

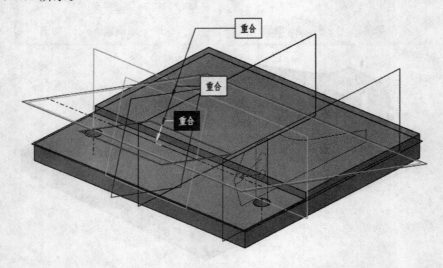

图 3-60 装配 Bracket.prt

④ 在模型树中激活零件 Bracket.prt,单击"模型"选项卡中"形状"选项区域的"拉伸"工具按钮 ⬚,选择平面 FRONT 为草绘平面。选择"对称拉伸"方式 ⬚,输入拉伸长度 100,单击"确定"按钮 ✔,结果如图 3-61 所示。

⑤ 在"模型"选项卡中的"工程"选项区域单击"倒圆角"工具按钮 ⬚ 倒圆角 ▾,创建半径为 3 和 6 的圆角,如图 3-62 所示。

⑥ 在"模型"选项卡中的"形状"选项区域单击"拉伸"工具按钮 ⬚,选择零件的TOP 平面为草绘平面,创建拉伸除料特征,结果如图 3-63 所示。

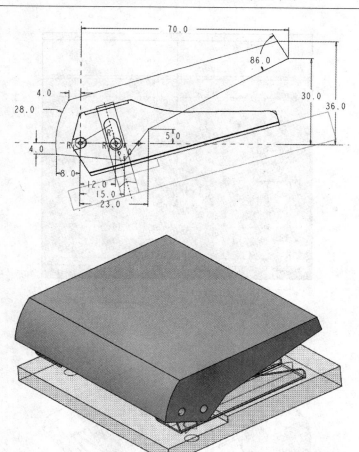

图 3 - 61　创建拉伸特征

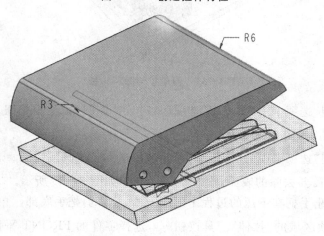

图 3 - 62　创建圆角

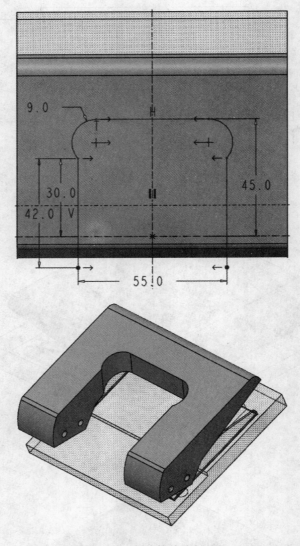

图 3 - 63　创建拉伸除料特征

⑦ 在"模型"选项卡中的"工程"选项区域单击"倒圆角"工具按钮 倒圆角 ，创建半径为 3 的圆角，如图 3 - 64 所示。

⑧ 在"模型"选项卡中的"工程"选项区域单击"壳"工具按钮 壳 ，弹出"壳"选项卡，选择实体中需要去除的表面，输入厚度 1，结果如图 3 - 65 所示。

⑨ 为了防止手柄在下压的过程中形成干涉，要修剪把手底部。单击"模型"选项卡中"形状"选项区域的"拉伸"工具按钮 ，选择零件的 FRONT 平面为草绘平面，创建拉伸除料特征，结果如图 3 - 66 所示。

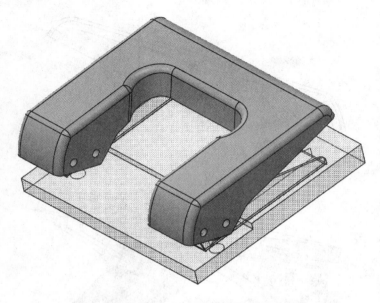

图 3 - 64　创建圆角

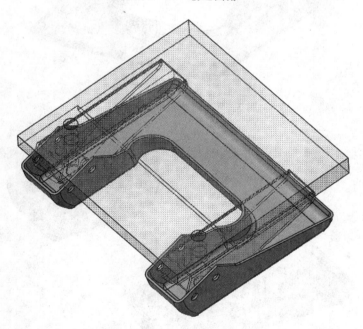

图 3 - 65　添加抽壳特征

⑩ 单击"模型"选项卡中"工程"选项区域的"倒圆角"工具按钮 倒圆角 ，创建半径为 4 的圆角，如图 3 - 67 所示。

⑪ 保存零件文件 Handle.prt。

113

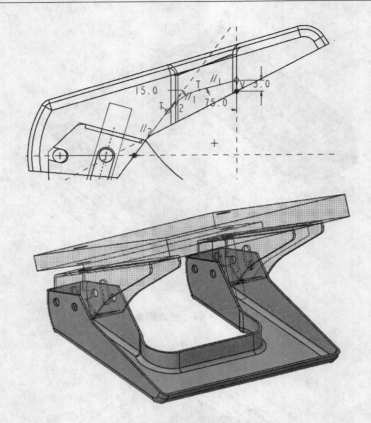

图 3-66 添加拉伸除料特征

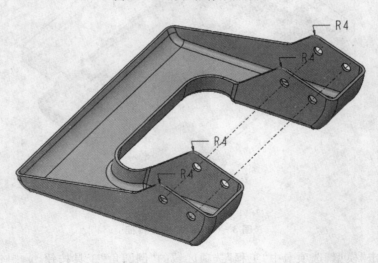

图 3-67 添加圆角特征

3.2.4　创建底座

操作步骤如下：

① 在装配环境中，单击"模型"选项卡中"模型"选项区域的"创建"工具按钮 🔲创建，弹出"元件创建"对话框，在"类型"选项区域选择"零件"单选项，在"子类型"选项区域选择"零件"单选项，输入文件名 Base.prt，单击"确定"按钮，弹出"创建选项"对话框，在"复制自"选项区域单击"浏览"按钮，选择 templates 文件夹中的模板文件 mmns_part_solid.pat，单击"确定"按钮。使用"默认"的方式装配该零件。

② 在模型树中激活零件 Base.prt，单击"模型"选项卡中"获取数据"选项区域的"复制几何"工具按钮 🔲复制几何，弹出"复制几何"选项卡，取消选择"仅限发布几何"工具按钮 🔲，选择骨架文件中底座的所有曲面，单击"确定"按钮 ✓。

③ 在模型树中右击 Base.prt，在弹出的快捷菜单中单击"打开"按钮，如图 3 - 68 所示。

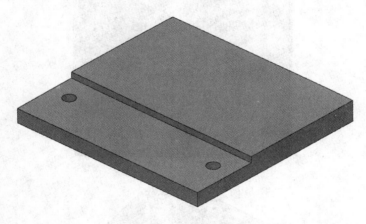

图 3 - 68　打开零件

④ 选中所有曲面，单击"编辑"选项区域的"实体化"工具按钮 🔲实体化，将曲面转换为实体。

⑤ 单击"模型"选项卡中"工程"选项区域的"倒圆角"工具按钮 🔲倒圆角 ▼，创建半径为 4 的圆角，如图 3 - 69 所示。

⑥ 在"模型"选项卡中的"形状"选项区域单击"拉伸"工具按钮 🔲，选择零件的上表面为草绘平面，创建拉伸除料特征，拉伸高度为 9，结果如图 3 - 70 所示。

⑦ 在"模型"选项卡中的"工程"选项区域单击"倒圆角"工具按钮 🔲倒圆角 ▼，创建半径为 1 和 2 的圆角，如图 3 - 71 所示。

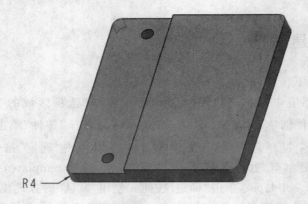

图 3-69　绘制圆角

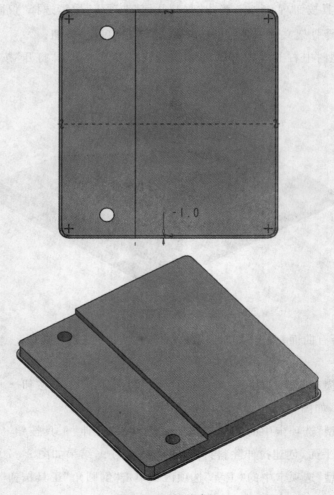

图 3-70　拉伸高度

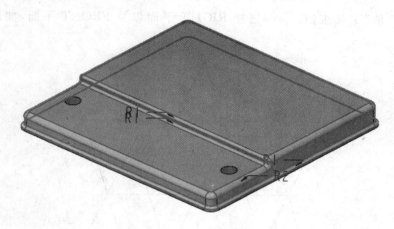

图 3 - 71　创建圆角

⑧ 单击"模型"选项卡中"工程"选项区域的"壳"工具按钮 回壳 ，弹出"壳"选项卡，选择实体中需要去除的表面，输入厚度 1，结果如图 3 - 72 所示。

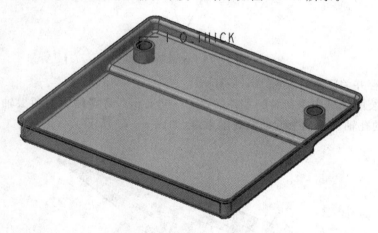

图 3 - 72　创建抽壳特征

⑨ 关闭并保存零件文件 Base. prt。

3.2.5　创建切刀

操作步骤如下：

① 在装配环境中单击"模型"选项卡中"模型"选项区域的"创建"工具按钮 创建 ，创建零件文件 Unch_pin. prt，模板文件 mmns_part_solid. pat。在"元件放置"选项卡中单击"完成"按钮 ✔ 。

② 在模型树中将零件文件 Unch_pin. prt 打开，单击"模型"选项卡中"基准"选

117

项区域的"轴"工具按钮 ⫽ 轴，选择 RIGHT 平面以及 FRONT 平面，如图 3 - 73 所示。

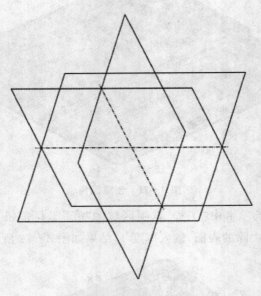

图 3 - 73　创建基准轴

③ 保存并关闭零件文件 Bracket. prt。

④ 在装配环境中重新装配零件文件 Bracket. prt，将零件中的两根轴，分别与骨架文件中的孔轴及手柄中运动的孔轴重合，如图 3 - 74 所示。

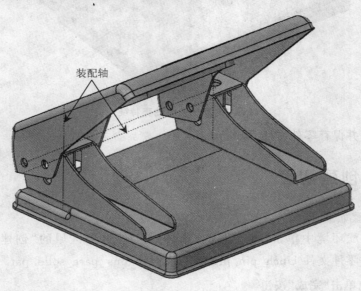

装配轴

图 3 - 74　装配参照

⑤ 在装配环境中将部分零件隐藏，单击"模型"选项卡中"形状"选项区域的"旋转"工具按钮 ⊶旋转，创建旋转特征，如图 3-75 所示。

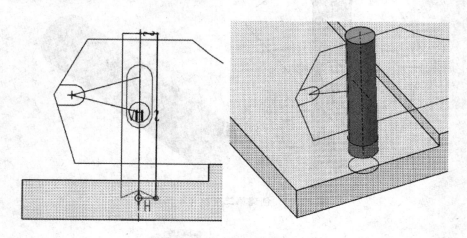

图 3-75　创建旋转特征

　　⑥ 单击"模型"选项卡中"形状"选项区域的"拉伸"工具按钮 ⬠，创建拉伸除料特征，结果如图 3-76 所示。

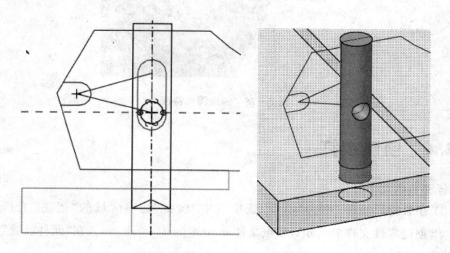

图 3-76　创建拉伸除料特征

　　⑦ 创建第二个拉伸除料特征，如图 3-77 所示。

　　⑧ 单击"模型"选项卡中"工程"选项区域的"倒圆角"工具按钮 ▽倒圆角 ▾，创建半径为 0.5 的圆角，如图 3-78 所示。

　　⑨ 关闭并保存零件文件 Unch_pin.prt。

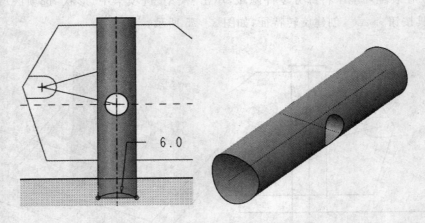

图 3－77　创建第二个拉伸除料特征

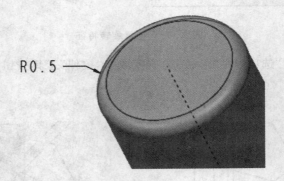

图 3－78　创建圆角特征

3.2.6　创建销钉

操作步骤如下：

① 在装配环境中，单击"模型"选项卡中"模型"选项区域的"创建"工具按钮 ⬛创建，创建零件文件 Pin. prt，模板文件 mmns_part_solid. pat。在"元件放置"选项卡中单击"完成"按钮 ✓。

② 在装配环境中将部分零件隐藏，单击"模型"选项卡中"形状"选项区域的"旋转"工具按钮 ⬠旋转，创建旋转特征，如图 3－79 所示。

③ 关闭并保存零件文件 Pin. prt。

④ 在装配环境中重新装配零件文件 Pin. prt 以及另一个切刀零件 Unch_pin. prt，过程比较简单不再详细讲述，结果如图 3－80 所示。

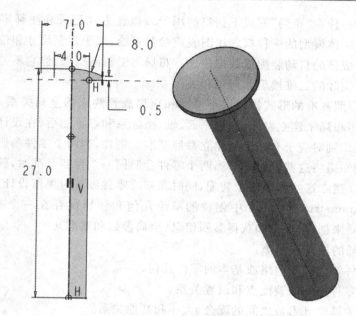

图 3-79　创建旋转特征

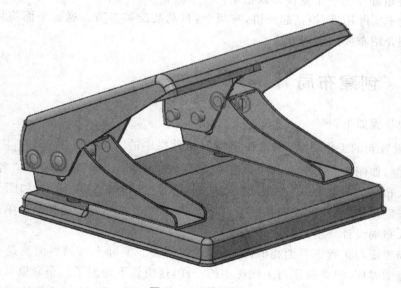

图 3-80　装配销钉

3.3　布　局

布局(layout)是设计中的一个有效的工具,特别是在一些大型设计场合,配合其他一些设计方法如骨架、主控模型等,可以很好地管理数据,优化设计流程。

布局,是一种在"布局"模式下创建的用于以概念方式记录和注释零件及组件的二维草绘,是实体模型的一种概念块图表或参照草绘,用于建立尺寸和位置的参数和关系,以便于成员的自动装配或数据传递。布局与工程图类似,但它不是精确比例的绘图,而且与实际的三维模型几何不相关。

　　布局以参照基准的形式提供用于尺寸和全局放置约束的全局关系,从而满足目的要求。先用布局来建立参照、基准平面、轴、坐标系和点。然后,在设计和装配零件时,软件就会识别对应于布局中所建立参照基准。例如,当两个零件参照同一个参照轴时,软件就知道将这些轴对齐。当两个零件参照同一个参照基准时,软件知道将这些曲面对齐。建立这些参照便于装配,同时在修改零件细节时保留设计意图。

　　Creo Parametric 会将布局中创建的草绘几何和注释保存在一个布局文件里。用户通过布局来创建、保存和获得参照信息(全局参数和基准)。

　　创建布局的用处有四个:

➢ 为元件零件开发包络或基本的零件几何。

➢ 定义零件之间的装配点和放置关系。

➢ 确定关键设计参数之间的配合、大小和其他关系。

➢ 将组件作为一个整体加以记录。

　　而对于实际用处,概括起来讲,有两个:自动装配和参数传递。下面将用一个简单的案例介绍布局的应用方法。

3.3.1　创建布局

　　操作步骤如下:

　　① 设置新的工作目录,单击快速访问工具栏中的"新建"工具按钮，弹出"新建"对话框,如图 3 - 81 所示,在"类型"选项区域选择"笔记本"单选项,在"名称"文本框中输入布局的名字 buju,单击"确定"按钮,弹出"新记事本"对话框,如图 3 - 82 所示,在"指定模板"选项区域选择"空",在"标准大小"下拉列表中选择 A4,单击"确定"按钮进入布局设计环境。

　　布局界面与工程图界面相似,工具栏也差不多。实际上布局界面就是一个简化了的工程图界面,很多操作与工程图中的一样,这里就不详述了。布局里可以自己绘制草图,也可以读入 DWG、DXF 文件,这样,就可以把二维 CAD 软件绘制的设计草稿、设计布局等转入 Creo Parametric 中使用。

　　② 单击"草绘"选项卡中各种绘图工具,绘制图 3 - 83 所示图形。

　　③ 单击"注释"选项卡中"注释"选项区域的"尺寸"工具按钮，选择需要标注的图元,在放置位置上单击鼠标中键,输入标注符号及相应的参数值,如图 3 - 84 所示。

注：也可以不输入参数值,此时输入的参数值对布局中的图元不起任何约束作用。

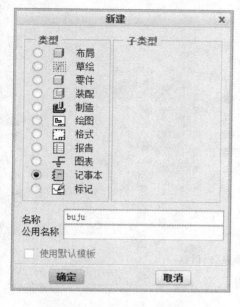

图 3-81　"新建"对话框

图 3-82　"新记事本"对话框

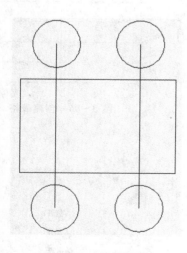

图 3-83　绘制图元

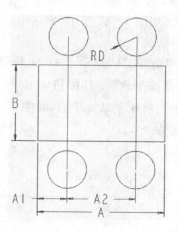

图 3-84　标注尺寸

④ 单击"工具"选项卡中"模型意图"选项区域的"参数"工具按钮 [ ]参数,弹出"参数"对话框。在该对话框中可以看到标注的参数添加到了参数列表中,重新输入参数值,如图 3-85 所示。

⑤ 单击"表"选项卡中"表"选项区域的"表"工具按钮 ⊞,创建一个 2×6 的表

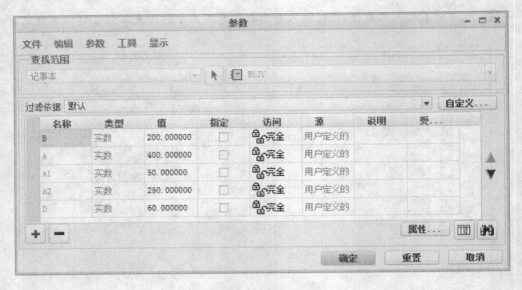

图 3-85 "参数"对话框

格,双击单元格,弹出"注释属性"对话框,输入注释文字,如图 3-86 所示。

⑥ 双击表格中"值"一列单元格,弹出"注释属性"对话框,输入关系参数,格式为符号 &+参数,如图 3-87 所示,表格中将显示此时参数对应的值。

⑦ 单击"注释"选项卡中"注释"选项区域的"绘制基准平面"工具按钮 ▱ 绘制基准平面,在绘图区域绘制水平基准平面,如图 3-88 所示,基准名称为 AA。

参数	值
A	
A1	
A2	
B	
D	

图 3-86 创建表格

参数	值
A	400.000
A1	50
A2	250.000
B	200.000
D	60.000

图 3-87 输入参数

图 3-88　绘制基准平面

⑧ 在"注释"选项卡中的"注释"选项区域单击"绘制基准轴"工具按钮 $\boxed{\text{绘制基准轴}}$，在绘图区域绘制垂直基准轴，如图 3-89 所示，基准名称为 BB。

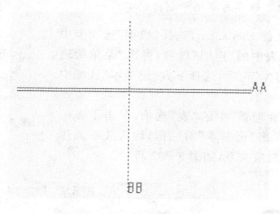

图 3-89　创建基准轴

以上创建的基准轴与基准平面用于实现布局自动装配功能。布局实现自动装配的原理是在布局文件中绘制一些必要的基准元素(基准平面、基准轴、基准点、坐标系)，并分别赋予它们唯一的命名，再将要相互装配的两个零件声明到这个布局文件中，把两个零件中要重合/对齐的基准元素都命名为布局文件中的基准元素的名字。装配时，当系统发现两个零件都声明到同一个布局文件时，就自动检查是否有三个相同的基准名(两个零件各一个、布局文件中一个)，如果有，则提示可以自动装配，如果接受自动装配，则系统将两个零件中的同名基准对齐/重合，成为一个约束。当两个零件具有足够的约束时，相互位置就确定了。

注：要启用自动装配，则需要将配置文件中的 auto_assembly_with_layouts 设置为 YES。

3.3.2　添加声明

操作步骤如下：

① 打开零件文件 lun1.prt，单击"模型"选项卡中的"设计意图"下拉列表，选择"声明"选项，弹出"菜单管理器"，单击"声明记事本"选项，选择下方"记事本"区域的 BUJU 选项，如图 3-90 所示。

② 单击"菜单管理器"中的"声明名称"选项,选择 FRONT 平面,单击"确定"按钮,输入全局名称 AA。

③ 继续单击"菜单管理器"中的"声明名称"选项,选择模型中的中心轴,输入全局名称 BB。单击"列出声明"选项,弹出"信息窗口",可以看到声明的列表,如图 3 – 91 所示。

注意:这里输入的名称要与布局中创建的基准一致。

④ 打开零件文件 chejia. prt,选择"模型"选项卡中"设计意图"下拉列表中的"声明"选项,弹出"菜单管理器",单击"声明记事本"选项,选择下方"记事本"区域中的 BUJU 选项。

⑤ 单击"菜单管理器"中的"表"选项,单击下方的"修改参考"选项,弹出"记事本"对话框,输入关系式建立基准之间的装配对应关系,如图 3 – 92 所示。

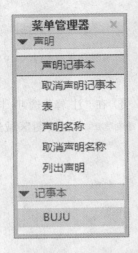

图 3 – 90   菜单管理器

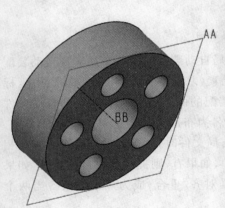

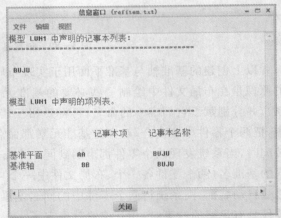

图 3 – 91   信息窗口

关系式如下:

DTM2＝AA,A_1＝BB
DTM2＝AA,A_3＝BB
DTM3＝AA,A_1＝BB
DTM3＝AA,A_3＝BB

⑥ 关闭并保存记事本。

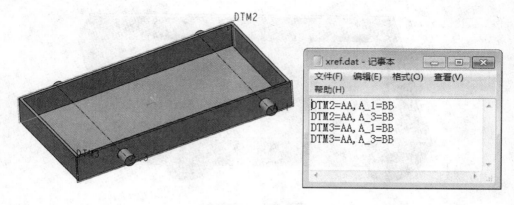

图 3 - 92　记事本

3.3.3　自动装配

操作步骤如下：

① 创建一个新的装配文件,模板为 mmns_asm_design。

② 单击"模型"选项卡中"元件"选项区域的"装配"工具按钮，以"默认"的方式装配零件 chejia. prt,如图 3 - 93 所示。

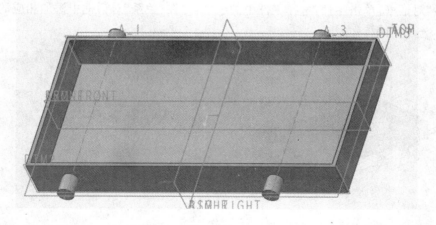

图 3 - 93　装配零件 chejia. prt

③ 单击"模型"选项卡中"元件"选项区域的"装配"工具按钮，选择零件文件 lun1. prt,弹出"菜单管理器",选择"自动"选项,如图 3 - 94 所示。

图 3 - 94 自动装配

3.3.4 创建尺寸关系

操作步骤如下：

① 在装配环境中单击"文件"下拉菜单，选择"管理文件"|"声明"选项，弹出"菜单管理器"，单击"声明记事本"选项，选择下方"记事本"区域中的 BUJU 选项。

② 单击"模型"选项卡中"模型意图"选项区域的"关系"工具按钮 ，弹出"关系"对话框，单击零件，选择零件中的尺寸，并在"关系"对话框中添加相应的关系，如图 3 - 95 所示。

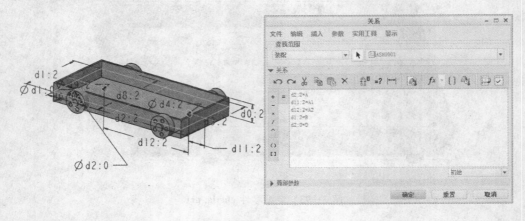

图 3 - 95 添加关系

"关系"如下：

$$d2:2 = A$$

$$d11:2 = A1$$

d12:2＝A2

d1:2＝B

d2:0＝D

③ 添加完关系后检查一下效果,激活布局文件,双击列表中的 A2 参数,输入新值 100,激活装配文件,单击"模型"选项卡中"操作"选项区域的"更新生成"工具按钮，结果如图 3-96 所示。

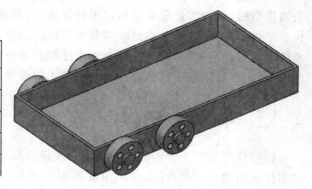

参数	值
A	400.000
AI	50.000
A2	100.000
B	200.000
D	60.000

图 3-96　更新模型

第 4 章　高级特征的运用

在创建模型的过程中,用户通常使用比较常用的特征来建立模型。而在建立复杂的模型时,就会大量重复使用常用特征命令,因而降低了工作效率。其实,软件中包含了许多高级特征,它们是一些基本特征的组合,使用起来并不复杂且可以加快建模速度。另外,一些常用的特征命令中还存在着一些不常用的用法,可以衍生出不同的造型效果,熟练使用这些命令将会提高工作效率。

4.1　拔模特征

拔模特征是一个常用的工程特征。拔模就是为了帮助模件或者铸件顺利脱模而在零件表面增加一些角度,拔模角度范围在 $-30°$ 和 $+30°$ 之间。拔模特征通常用于零件中的平面或者圆柱面,可以增加或者移除材料。拔模特征中存在四个名词:拔模曲面、拔模枢轴、拖动方向、拔模角度。

① 拔模曲面:通过拔模特征改变角度的零件平面或者圆柱面。曲面边的边界周围有圆角时不能拔模。不过,可以先拔模,然后对边进行圆角过渡。

② 拔模枢轴:可以是面也可以是线。有了拔模枢轴才可以与拔模曲面构成角度。可以把拔模曲面和拔模枢轴看成具有角度的两条边,其中一条边不可动即拔模枢轴,而另一条边可以通过改变两线之间的角度来改变位置即拔模曲面。注意改变两条边位置的角度参数并不是特征中的拔模角度,这里只是打个比方。

③ 拖动方向:用于测量拔模角的方向。通常为模具开模的方向,可通过选择平面(在这种情况下拖动方向垂直于此平面)、直边、基准轴或坐标系的轴来定义它。

④ 拔模角度:拔模方向与生成的拔模曲面之间的角度。如果拔模曲面被分割,则可为拔模曲面的每侧定义两个独立的角度。拔模角度必须在 $-30°$ 和 $+30°$ 之间。

4.1.1　拔模分割

拔模曲面可按拔模曲面上的拔模枢轴或不同的曲线进行分割,如与面组或草绘曲线的交线。如果使用不在拔模曲面上的草绘分割,系统会以垂直于草绘平面的方向将其投影到拔模曲面上。利用分割拔模,用户可将不同的拔模角度应用于曲面的不同部分。如果拔模曲面被分割,用户可以:

➤ 为拔模曲面的每一侧指定两个独立的拔模角度。

> 指定一个拔模角度,第二侧以相反方向拔模。
> 仅拔模曲面的一侧(两侧均可),另一侧仍位于中性位置。此选项不可用于使用两个枢轴的分割拔模。

在零件环境中创建模型,单击"模型"选项卡中"工程"选项区域的"拔模"工具按钮  选择好拔模曲面和拔模枢轴后,单击"拔模"选项卡中的"分割"按钮,在"分割选项"下拉列表中选择"根据拔模枢轴分割"选项,在"侧选项"下拉列表中列出了四个选项,如图 4－1 所示。

图 4－1　"分割"选项卡

> "独立拔模侧面":为拔模曲面的每一侧指定两个独立的拔模角。
> "从属拔模侧面":指定一个拔模角,第二侧以相反方向拔模。此选项仅在拔模曲面以拔模枢轴分割或使用两个枢轴分割拔模时可用。
> "只拔模第一侧":仅拔模曲面的第一侧面(由分割对象的正拖拉方向确定),第二侧面保持中性位置。此选项不适用于使用两个枢轴的分割拔模。"只拔模第二侧"选项与之相反。

图 4－2 所示为"根据拔模枢轴分割"的"侧选项"示例。

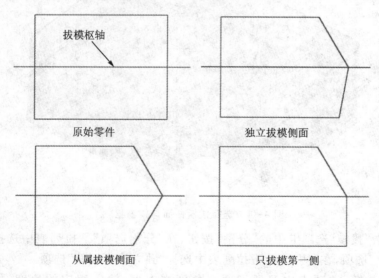

图 4－2　"根据拔模枢轴分割"的示例

示　例

原始零件如图 4－3 所示。它是在 TOP 基准平面两侧对称创建的实体拉伸特征,所有竖直侧边上均有倒圆角。

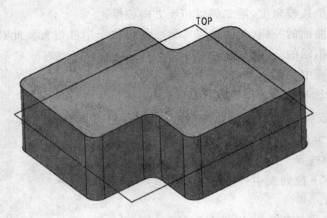

图 4-3 原始零件

操作步骤如下：

① 单击"模型"选项卡中"工程"选项区域的"拔模"工具按钮 ⊅ 拔模，弹出"拔模"选项卡，选取任意侧面，右击，在弹出的快捷菜单中选择"拔模枢轴"选项，选择 TOP平面，如图 4-4 所示。

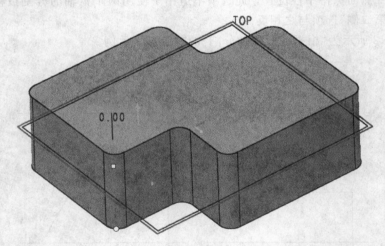

图 4-4 选择拔模曲面与拔模枢轴

② 单击"拔模"选项卡中的"分割"按钮，在"分割选项"下拉列表中选择"根据拔模枢轴分割"选项，在"侧选项"下拉列表中选择"独立拔模侧面"选项。

③ 在"拔模"选项卡中显示了两个角度文本框，输入相应的角度，如图 4-5所示。

④ 单击"拔模"选项卡中"角度"文本框左侧的"反转拖拉方向"工具按钮 ⅔，来更改拔模侧，单击"完成"按钮 ✓，结果如图 4-6 所示。

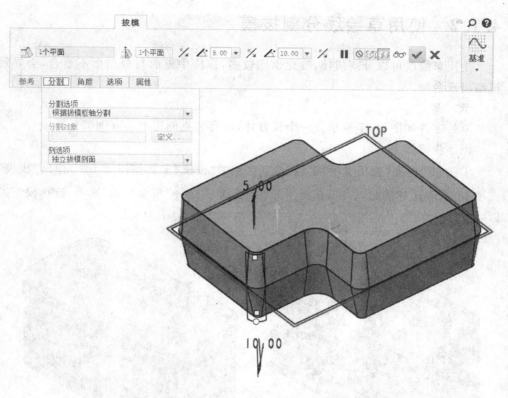

图 4-5 输入拔模角度

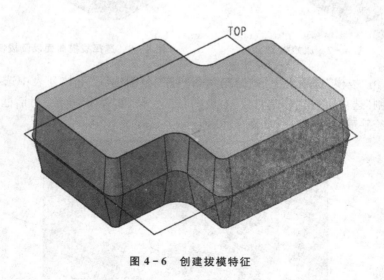

图 4-6 创建拔模特征

4.1.2 使用草绘线分割拔模

使用草绘线可以分割拔模,变化也比较多,拔模中枢面与分型面不重合,会导致模型出现台阶。

示 例

原始零件如图4-7所示。一个长方体,所有竖直侧边上均有倒圆角。

操作步骤如下:

① 单击"模型"选项卡中"工程"选项区域的"拔模"工具按钮 ⟋拔模,弹出"拔模"选项卡,选取任意侧面,右击,在弹出的快捷菜单中选择"拔模枢轴"选项,选择模型底面,如图4-8所示。

图4-7 原始模型

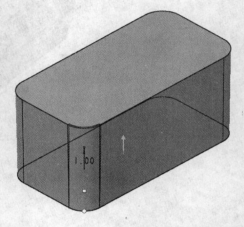

图4-8 选择拔模曲面以及拔模枢轴

② 单击"拔模"选项卡中的"分割"按钮,在"分割选项"下拉列表中选择"根据分割对象分割"选项,单击"分割对象"右侧的"定义"按钮,弹出"草绘"对话框,选择一个侧面为草绘平面,绘制草图,如图4-9所示。

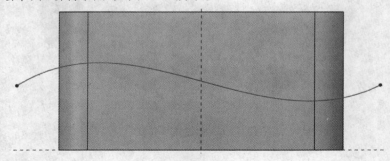

图4-9 绘制草图

③ 在"拔模"选项卡中显示了两个角度文本框,输入相应的角度,如图 4 - 10 所示。

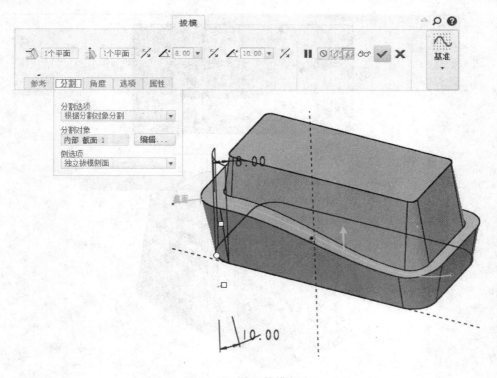

图 4 - 10　输入拔模角度

④ 单击"拔模"选项卡中"角度"文本框左侧的"反转拖拉方向"工具按钮 ,来更改拔模侧,单击"完成"按钮 ,结果如图 4 - 11 所示。

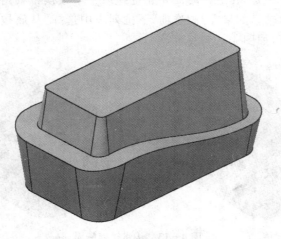

图 4 - 11　创建拔模特征

根据草绘图形的不同拔模结果也有很大的不同,变化多样,图 4-12 是另一种草绘图形所获得的拔模结果。

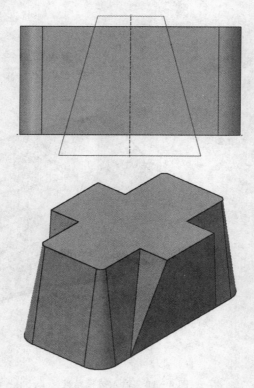

图 4-12 另一种草绘

"分割对象"可以是草绘图形也可以是曲面、基准平面或拔模枢轴,且拔模枢轴可以同时指定两个。但是,在选择时需要先选择第一个拔模枢轴,指定为分割对象,再选择第二个拔模枢轴。如果在"侧选项"下拉列表中选择"从属拔模侧面"选项,将不会出现台阶的效果,如图 4-13 所示。

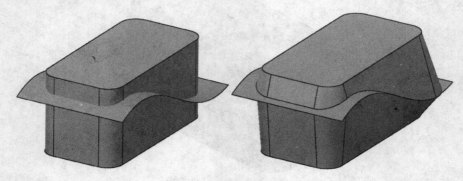

图 4-13 从属拔模侧面

4.1.3　相交拔模

　　在创建拔模特征的过程中,如果生成的拔模曲面会遇到模型边,则可使用"相交"拔模选项。系统会调整拔模几何,以与现有边相交。也可使用"延伸相交曲面"选项,将拔模延伸到模型的相邻曲面。如果拔模不能延伸到相邻的模型曲面,则模型曲面会延伸到拔模曲面中。如果两种情况都不存在,或如果未选取"延伸相交曲面"选项,则系统将在模型边的上方创建一个拔模曲面,如图 4-14 所示。

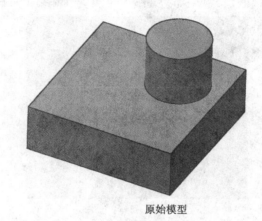

原始模型

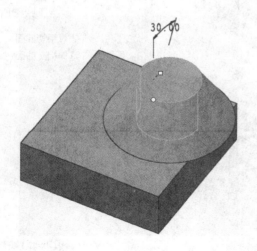

30.00

选项

排除环

☑ 拔模相切曲面
☐ 延伸相交曲面

图 4-14　延伸相交曲面

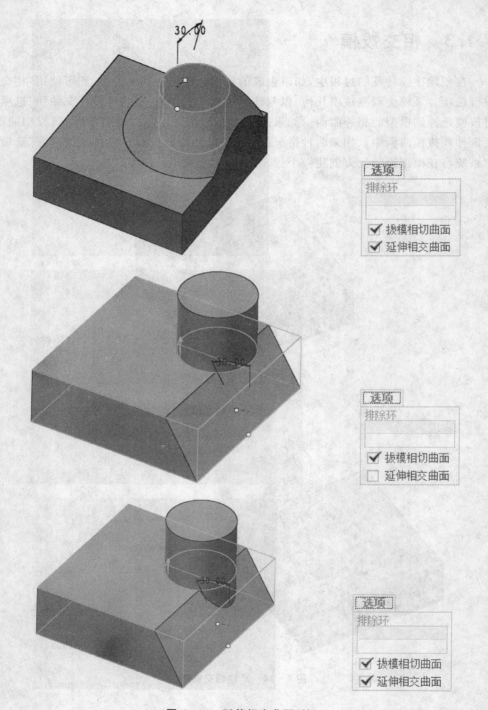

图 4 - 14 延伸相交曲面(续)

4.1.4　可变拖拉方向拔模

"可变拖拉方向拔模"功能可沿拔模曲面将可变拔模角度应用于各控制点,有以下两种情况:

➢ 如果拔模枢轴是曲线,则角度控制点位于拔模枢轴上。

➢ 如果拔模枢轴是平面,则角度控制点位于拔模曲面的轮廓上。

示　例

原始零件如图 4-15 所示。该模型是由两个拉伸特征组成,比较简单。

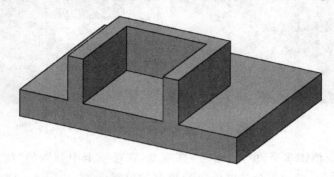

图 4-15　原始模型

操作步骤如下:

① 单击"模型"选项卡中的"拔模"工具按钮 ⬦ 拔模 ▾ 的下三角按钮,然后单击"可变拖拉方向拔模"工具按钮 🖌,弹出"可变拖拉方向拔模"选项卡。

② 选择模型的顶面为"拖拉方向参考曲面"添加到"可变拖拉方向拔模"选项卡中的 🖌 选择框中,选择一条边线为拔模枢轴,如图 4-16 所示。

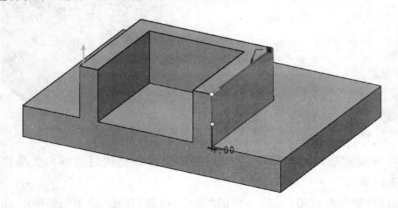

图 4-16　选择方向参考曲面以及拔模枢轴

③ 在模型中的拔模枢轴起点圆形标志或者角度拖动方形标志上右击,在弹出的快捷菜单中选择"添加角度"选项,如图 4-17 所示。

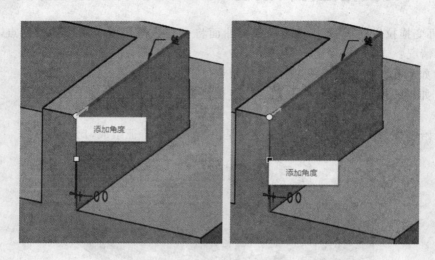

图 4-17 "添加角度"快捷菜单

④ 角度可以添加多个,单击"参考"选项卡,在选项卡中列表的"位置"栏中可以输入位置比率数值,指定每个角度值以及角度的位置参数,如图 4-18 所示。当然,角度值和位置参数也可以在模型中显示的相应参数中直接双击输入。注意:拔模枢轴所选择链的两端点角度位置不可改变。

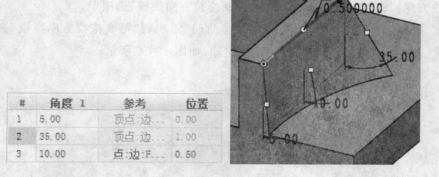

#	角度 1	参考	位置
1	5.00	顶点:边…	0.00
2	35.00	顶点:边…	1.00
3	10.00	点:边:F…	0.50

图 4-18 添加角度

⑤ 选择拔模枢轴时可以指定多条链,可以对多条链同时进行可变拖拉方向拔模,如图 4-19 所示。

⑥ 单击"可变方向拔模"选项卡中的"选项"按钮,弹出"选项"选项卡,在"附件"选项区域指定拔模特征生成实体或者曲面,如图 4-20 所示。

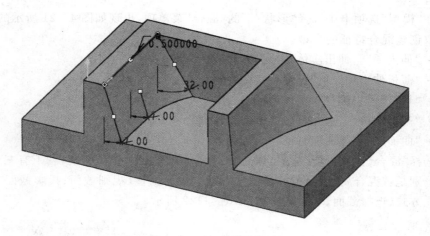

图 4 - 19　多条拔模枢轴

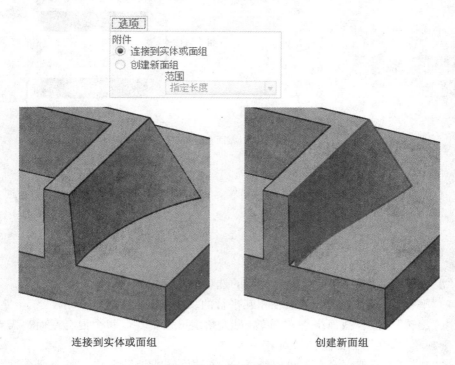

连接到实体或面组　　　　　　　　创建新面组

图 4 - 20　生成实体或曲面

4.2　混合特征

　　混合特征是将多个不同截面按照关系链接而形成的实体,其中用混合特征生成或去除材料的实体特征,称为实体混合特征。

在"模型"选项卡中选择"形状"下的"混合"菜单项,出现如图 4-21 所示的菜单,可选取创建混合特征的类型。

➤ "伸出项" 伸出实体特征。
➤ "薄板伸出项" 伸出薄壁实体特征。
➤ "切口" 去除材料实体特征。
➤ "薄板切口" 去除材料薄壁实体特征。
➤ "曲面" 创建曲面特征。

选择"混合"|"伸出项"选项,弹出"菜单管理器"。在"菜单管理器"下有三个控制属性分别是:"混合属性(平行、旋转、常规)"、"截面属性(规则截面、投影截面)"、"截面获取方式(选择截面、草绘截面)",如图 4-22 所示。

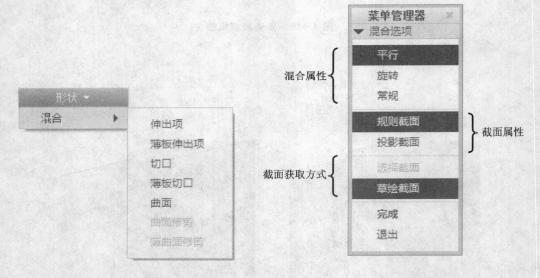

图 4-21 "混合"下拉菜单　　　　　图 4-22 "菜单管理器"

"混合属性"区域用于定义混合类型的选项如下:

➤ "平行" 所有的混合截面在相互平行的多个平行面上。
➤ "旋转" 混合截面绕 Y 轴旋转,最大角度可达 120°。每个混合截面都需要单独草绘,并用截面坐标系对齐。
➤ "常规" 一般混合截面可以绕 X、Y、Z 轴旋转或沿轴平移。每个混合截面都需要单独草绘,并用截面坐标系对齐。

"截面属性"区域用于定义混合特征截面类型的选项如下:

➤ "规则截面" 以绘制的截面或选取特征的表面为混合截面。
➤ "投影截面" 特征截面使用选定曲面上的截面投影。该命令只用于平行混合。

"截面获取方式"区域用于定义截面来源的选项如下：

➤ "选择截面"　选取截面为混合截面。该选项对平行混合无效。

➤ "草绘截面"　草绘截面图元。

> **注意：** 在创建混合特征时，各混合截面中图元的数量要相同。当截面的边数不相同时，可以使用草绘模块中的"分割"命令将图元打断。

4.2.1　特殊点

1. 混合顶点

混合特征由多个截面连接而成，构成混合特征的各个截面必须满足一个基本要求：每个截面的顶点数必须相同。

在实际设计中，如果创建混合特征所使用的截面不能满足顶点数相同的要求，则可以使用混合顶点功能。混合顶点就是将一个顶点当做两个顶点来使用，该顶点与其他截面上的两个顶点相连。

如图 4-23 所示为两个混合截面，分别为五边形和四边形。四边形明显比五边形少一个顶点，因此需要在四边形上添加一个混合顶点。通过所创建完成的混合特征可以看到，混合顶点与五边形上的两个顶点相连。

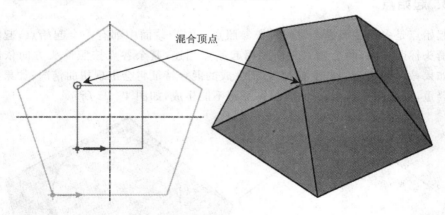

图 4-23　混合顶点

创建混合顶点非常简单，在草绘环境中创建截面时，选中所要创建的混合顶点，然后右击，在弹出的快捷菜单中选择"混合顶点"选项，所选点就成为混合顶点。封闭环的起始点不能有混合顶点。

2. 截断点

对于像圆形这样的截面，上面没有明显的顶点。如果需要与其他截面混合生成实体特征,就必须在其中加入与其他截面数量相同的顶点。这些手动添加的顶点就是截断点。

如图 4 - 24 所示,两个截面分别是五边形和圆形。圆形没有明显的顶点,因此需要手动加入顶点。在草绘环境中创建截面时,使用"编辑"选项区域的"分割"命令 ✏分割 即可将一条曲线分为两段,中间加上顶点。图中的圆形截面上,一共加入了 5 个截断点。

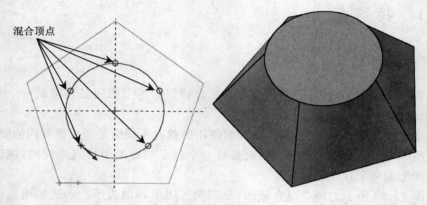

图 4 - 24   截断点

3. 起始点

起始点是多个截面混合时的对齐参照点。每个截面中都有一个起始点,起始点上用箭头标明方向,两个相邻截面间用起始点相连,其余各点按照箭头方向依次相连。如果截面间的起始点没有对齐,则生成的混合特征将会出现扭曲情况;如果扭曲过为严重,则会产生自相交的情况,特征将不能生成,如图 4 - 25 所示。

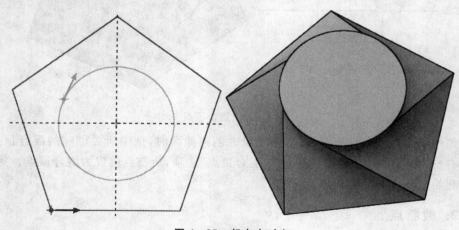

图 4 - 25   起点未对齐

通常，系统自动取草绘时所创建的第一个点作为起始点，而箭头所指方向由草绘截面中各边线的环绕方向决定。

如果用户对系统默认生成的起始点不满意，可以手动设置起始点。选中将要作为起始点的点后，右击，在弹出的快捷菜单中选择"起始点"选项，选中的点就成为起始点。

用户还可以自定义箭头的指向，选中起始点后，右击，在弹出的快捷菜单中选择"起始点"选项，箭头则会立刻反向。

4. 点截面

创建混合特征时，点可作为一种特殊的截面与各种截面混合，这时可以把点看做是只有一个点的截面，称为点截面，如图 4-26 所示。点截面可以与不同截面的所有顶点相连，构成混合特征。

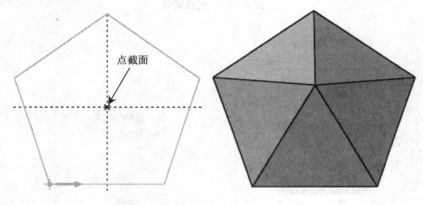

图 4-26　点截面

4.2.2　平行混合

"平行混合"特征的各个截面间是相互平行的，这一点最简单，也最容易理解。在创建混合特征过程中，在"菜单管理器"中会出现截面间的连接过渡属性，如图 4-27 所示。

➢ "直"　用直线段连接不同截面的顶点，截面的边用平面连接。
➢ "平滑"　用光滑曲线连接不同截面的顶点，截面的边用曲面光滑连接。

示　例

操作步骤如下：

① 单击"模型"选项卡中的"形状"下拉按钮，选择"混合"|"薄板伸出项"选项，弹出"菜单管理器"，选择"平行"|"规则截面"|"草绘截面"|"完成"选项，弹出下一级"菜单管理器"，选择"平滑"|"完成"选项，如图 4-28 所示。

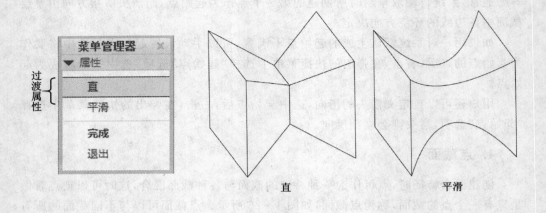

图 4 - 27　过渡属性

图 4 - 28　"菜单管理器"

② 选择 TOP 平面为草绘平面,单击"菜单管理器"中"方向"选项区域的"确定"选项,在下一级"菜单管理器"中的"草绘视图"选项区域选择"默认"选项,如图 4 - 29 所示,进入草绘环境。

③ 在草绘环境中,利用"调色板"工具 创建一个边长为 40 的六边形,在绘图区域的空白区域右击,在弹出的快捷菜单中选择"切换截面"选项,绘制一个外接圆,并将其打断为六等分;在绘图区域的空白区域右击,在弹出的快捷菜单中选择"切换截面"选项,绘制一个边长为 80 的六边形为第三个截面,如图 4 - 30 所示。

④ 在第三个截面中,选择一个顶点,右击,在弹出的快捷菜单中选择"起点"选项,结果如图 4 - 31 所示。

146

图 4 - 29 "菜单管理器"

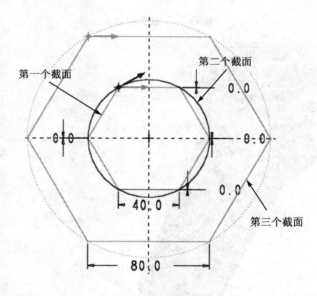

图 4 - 30 绘制截面

⑤ 单击草绘环境中的"确定"按钮 ✔，在"菜单管理器"中选择薄板厚度延伸方向，选择"两者"选项，输入薄板厚度为5，在"菜单管理器"中选择"盲孔"|"完成"选项，输入第一个截面与第二个截面之间的距离为100，输入第二个截面到第三个截面之间的距离为200，单击"伸出项"对话框中的"确定"按钮完成特征的创建，结果如图 4 - 32 所示。

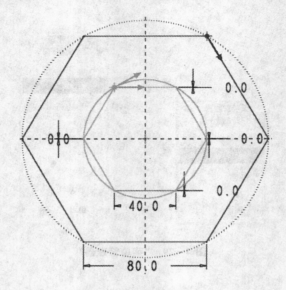

图 4-31   改变起始点

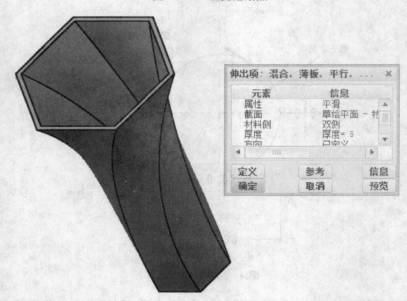

图 4-32   平行混合

4.2.3   旋转混合

混合截面绕 Y 轴旋转,最大角度可达 120°。每个混合截面都需要单独草绘,使用截面坐标系对齐。

示　例

操作步骤如下：

① 单击"模型"选项卡中的"形状"下拉按钮，选择"混合"|"薄板伸出项"选项，弹出"菜单管理器"，选择"旋转"|"规则截面"|"草绘截面"|"完成"选项，弹出下一级"菜单管理器"，选择"平滑"|"完成"选项。

② 选择 TOP 平面为草绘平面，绘制第一个截面草图，包括一个边长为 200 的正六边形和一个坐标系，两者间的距离为 500，如图 4-33 所示。

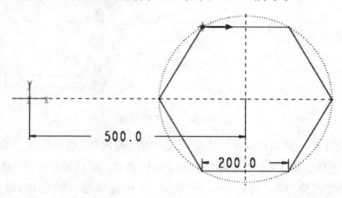

图 4-33　第一个截面

③ 绘制好第一个截面后，单击草绘环境中的"确定"按钮 ✔，在"菜单管理器"中选择薄板厚度延伸方向，选择"两者"选项，输入第一个截面与第二个截面之间的旋转角度 90，如图 4-34 所示。

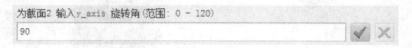

图 4-34　输入旋转角度

④ 输入角度后，系统会单独打开一个草绘窗口，绘制第二个截面草图，截面图元包括一个直径为 250 的圆和一个坐标系。注意，由于混合特征各个截面的顶点数必须相等，因此要在圆周上添加 6 个截断点，如图 4-35 所示。

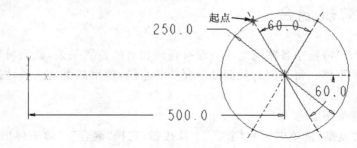

图 4-35　第二个截面

⑤ 绘制好第二个截面后,单击草绘环境中的"确定"按钮 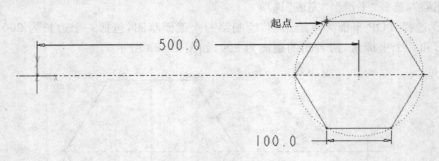,在"菜单管理器"中选择薄板厚度延伸方向,选择"两者"选项,弹出"确认"对话框,单击"是"按钮。输入第二个截面与第三个截面之间的旋转角度90。进入草绘环境绘制第三个截面草图,该草图也包括一个六边形和一个坐标系,注意起点的位置,如图4-36所示。

起点

500.0

100.0

图 4-36 第三个截面

⑥ 绘制好第三个截面后,单击草绘环境中的"确定"按钮 ,在"菜单管理器"中选择薄板厚度延伸方向,选择"两者"选项,弹出"确认"对话框,单击"否"按钮。输入薄板宽度20,单击"伸出项"对话框中的"确定"按钮完成特征的创建,结果如图4-37所示。

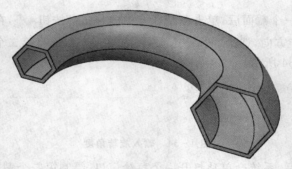

图 4-37 旋转混合

4.2.4 常规混合

"常规混合"特征中各截面之间并没有任何相对的位置关系,截面可以绕 X、Y、Z 轴旋转或沿轴平移。每个混合截面都需要单独草绘,使用截面坐标系对齐。

示 例

操作步骤如下:

① 单击"模型"选项卡中的"形状"下拉按钮,选择"混合"|"薄板伸出项"选项,弹出"菜单管理器",选择"常规"|"规则截面"|"草绘截面"|"完成"选项,弹出下一级"菜

单管理器",选择"直"|"完成"选项。

② 选择 FRONT 平面为草绘平面,绘制第一个截面草图,包括一个长为 52、宽为 20 的矩形,并且中心处添加一个坐标系,如图 4-38 所示。

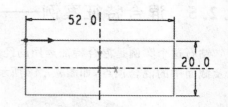

图 4-38　绘制第一个截面草图

③ 绘制好第一个截面后,单击草绘环境中的"确定"按钮✔,输入第一个截面与第二个截面之间的 Y 轴旋转角度 30,X 和 Y 轴的旋转角度为 0,如图 4-39 所示。

图 4-39　输入截面旋转角度

④ 输入角度后,系统会单独打开一个草绘窗口,绘制第二个截面草图,包括一个长为 60、宽为 20 的矩形,并且中心处添加一个坐标系,如图 4-40 所示。

图 4-40　绘制第二个截面草图

⑤ 绘制好第二个截面后,单击草绘环境中的"确定"按钮✔,弹出"确认"对话框,单击"否"按钮。单击"伸出项"对话框中的"确定"按钮完成特征的创建,结果如图 4-41 所示。

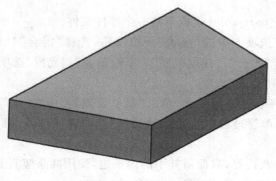

图 4-41　常规混合

4.2.5　混合特征案例——钻石

钻石这个案例是混合特征运用的经典案例,其中利用了混合截面间的关系特点以及截面中的混合顶点,如图 4－42 所示。

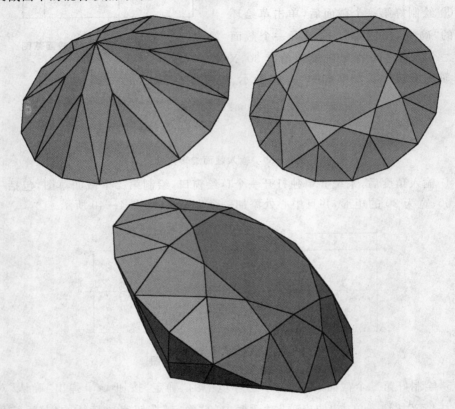

图 4－42　钻石模型

操作步骤如下:

① 使用 mmns_part_solid 模板新建一个零件文件。

② 单击"模型"选项卡中的"形状"下拉按钮,选择"混合"|"伸出项"选项,弹出"菜单管理器",选择"平行"|"规则截面"|"草绘截面"|"完成"选项,弹出下一级"菜单管理器",选择"直"|"完成"选项。

③ 选择 TOP 平面为草绘平面,单击"菜单管理器"中"方向"选项区域的"确定"按钮,在下一级"菜单管理器"中的"草绘视图"选项区域选择"默认"选项,进入草绘环境。

④ 绘制一个正八边形,只保留其中的四条边,使用两条竖直直线封闭,将起点设置在两条竖直直线的连接处,如图 4－43 所示。

⑤ 选择截面图形的端点,右击,在弹出的快捷菜单中选择"混合顶点"选项,顶点上将添加一个圆形标志,如图 4 - 44 所示。

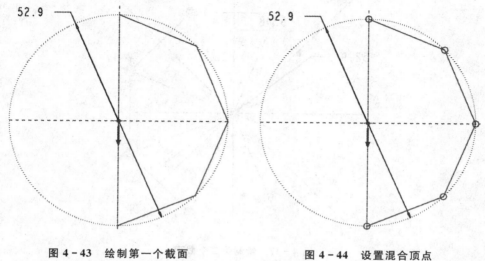

图 4 - 43　绘制第一个截面　　　　　　　　图 4 - 44　设置混合顶点

⑥ 使用同样的方法,在三个顶点上再一次设置"混合顶点",顶点上将显示两个圆形标志,如图 4 - 45 所示。

⑦ 绘制多条中心线,中心线要经过多边形外接圆圆心以及多边形角点或边的中心点,使用"分割"工具 分割,在中心线和多边形各边相交处单击,打断各边,如图 4 - 46 所示。

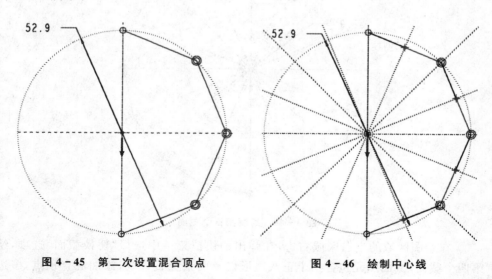

图 4 - 45　第二次设置混合顶点　　　　　　图 4 - 46　绘制中心线

⑧ 在绘图区域的空白区域右击,在弹出的快捷菜单中选择"切换截面"选项,截

153

面图形与第一个截面基本相同,只是正八边形的摆放角度不同而已,如图 4 - 47
所示。

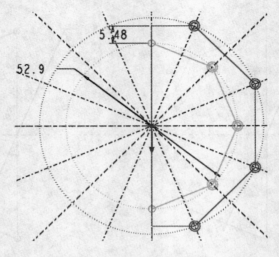

图 4 - 47 绘制第二个截面

⑨ 在绘图区域的空白区域右击,在弹出的快捷菜单中选择"切换截面"选项,绘
制半个正十六边形,使用两段竖直直线封闭,添加混合顶点,如图 4 - 48 所示。

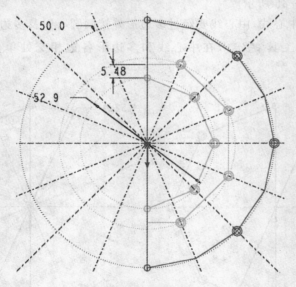

图 4 - 48 绘制第三个截面

⑩ 在绘图区域的空白区域右击,在弹出的快捷菜单中选择"切换截面"选项,绘
制第四个截面,截面图元包含半个正八边形以及两条竖直直线,添加混合顶点,多边
形的边在与中心线相交处被打断,如图 4 - 49 所示。

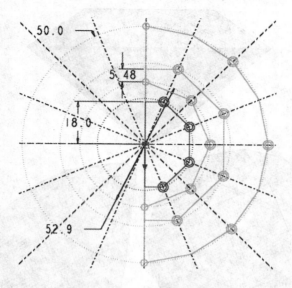

图 4-49　绘制第四个截面

　　⑪ 在绘图区域的空白区域右击,在弹出的快捷菜单中选择"切换截面"选项,最后一个截面图元只是一个点,添加到多边形外接圆的圆心处。

　　⑫ 单击草绘环境中的"确定"按钮✔,在"菜单管理器"中选择"盲孔"|"完成"选项,输入截面间的距离分别为 3.77、12.43、27.84、15.66,单击"伸出项"对话框中的"确定"按钮完成特征的创建,结果如图 4-50 所示。

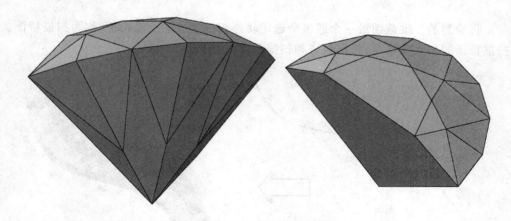

图 4-50　创建混合特征

　　⑬ 在模型树中选择混合特征,单击"模型"选项卡中"编辑"选项区域的"镜像"工具按钮 ⅅⅼ 镜像,选择镜像平面,镜像复制出钻石模型的另一半,如图 4-51 所示。

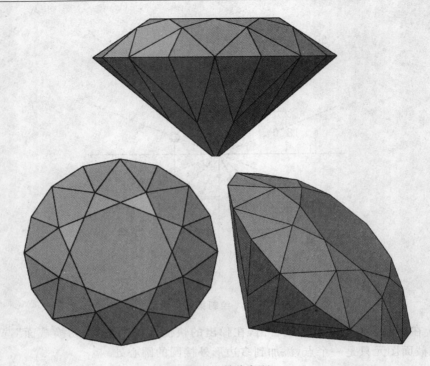

图 4-51 镜像复制

4.3 扫描特征

将绘制的二维截面沿一个或多个选定轨迹扫描生成的三维特征,称为扫描特征。扫描特征的两大要素是:扫描轨迹和扫描截面,如图 4-52 所示。

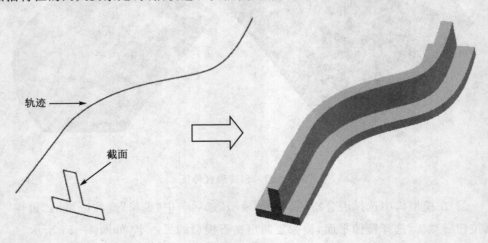

图 4-52 扫描特征

单击"模型"选项卡中"形状"选项区域的"扫描"工具按钮 ，出现如图 4 - 53 所示的"扫描"选项卡。

图 4 - 53 "扫描"选项卡

扫描特征分为"恒定截面"和"可变截面"两种。

➤ "恒定截面" ⊢：在沿轨迹扫描的过程中，草绘截面的形状不变。仅截面所在框架的方向发生变化。

➤ "可变截面" ↗：将草绘图元约束到其他轨迹（中心平面或现有几何），或使用由 trajpar 参数设置的截面关系来使草绘截面发生改变。草绘截面图形所约束到的参考可更改截面形状。

4.3.1 扫描轨迹

在扫描特征中有两类轨迹，首先是原点轨迹，也就是用户选择的第一条轨迹。原点轨迹必须是一条相切的曲线链。除了原点轨迹外，其他的都是轨迹，一个"扫描"指令可以有多条轨迹，并且轨迹可以不是相切的曲线链。

截面的定向依赖于两个方向的确定：Z 方向和 X 方向。

按住 Ctrl 键选择扫描轨迹，选择草绘曲线或者实体边，但是要注意轨迹线不能存在自相交。单击"参考"按钮，弹出"参考"选项卡，如图 4 - 54 所示，在"轨迹"列表中显示了所选择的轨迹链，其中"原点"代表的是原始轨迹，其他轨迹用"链"表示。在每条轨迹后面都有三个可选项分别用 X、N 和 T 作标题。

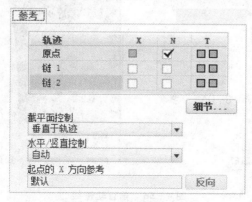

图 4 - 54 "参考"选项卡

➢ X：将轨迹设置为 X 向量轨迹线，即定义截面的 X 轴方向，用来定义在扫描过程中，剖面 X 轴的走向，如图 4-55 所示。注意，选择的第一个轨迹不能是 X 轨迹。

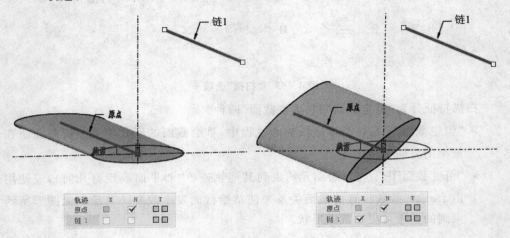

图 4-55　X 向量轨迹

➢ N：将轨迹设置为垂直轨迹线，即定义截面的 Z 轴方向，用来指定在扫描过程中，剖面垂直于此轨迹线，如图 4-56 所示。

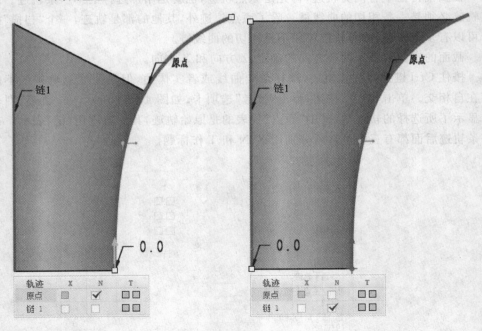

图 4-56　垂直轨迹线

➢T：将轨迹设置为相切轨迹。如果轨迹存在一个或多个相切曲面，则选择 T 复
　　选框。

注意：

　　① 除了原点轨迹外的其他轨迹，在单击 X、N 或 T 复选框前，默认情况下都是
辅助轨迹。

　　② 只有一个轨迹可以是 X 轨迹。

　　③ 只有一个轨迹可以是法向轨迹。

　　④ 同一轨迹可同时为法向和 X 轨迹。

　　⑤ 任何具有相邻曲面的轨迹都可以是相切轨迹。

　　⑥ 不能移除原点轨迹，但可以替换原点轨迹。

　　在"参考"选项卡中的"截平面控制"下拉列表中，用于选择截面的定向方法默认
是"垂直于轨迹"，如图 4－57 所示。

➢"垂直于轨迹"：由轨迹来确定截面的定向。

➢"垂直于投影"：截面垂直于轨迹在平面上的投影。

➢"恒定法向"：截面始终垂直于一个恒定的平面参考。

　　单击"扫描"选项卡中的"选项"按钮，弹出"选项"选项卡，如图 4－58 所示。

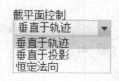

图 4－57　"截平面控制"下拉列表

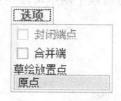

图 4－58　"选项"选项卡

➢"封闭端点"：封闭扫描特征的每一端。适用于具有封闭环截面和开放轨迹的
　　曲面扫描。

➢"合并端"：将实体扫描特征的端点连接到邻近的实体曲面而不留间隙。

➢"草绘放置点"：指定原点轨迹上的点来草绘截面。不影响扫描的起始点。如
　　果"草绘放置点"为空，则将扫描的起始点用做草绘截面的默认位置。

4.3.2　可变截面扫描

　　在"扫描"选项卡中单击工具按钮 ✓ 将创建可变截面扫描，表明在扫描过程中截
面严格按照在草绘中的约束和尺寸来生成扫描过程的截面形状，所以截面形状是可
变的，不变的是截面的约束和尺寸。图 4－59 中草绘的截面是使用拉伸圆柱的边界
而得到的圆，那么在扫描过程中因为草绘平面的定位改变，因而"使用边界"得到的就
可能是椭圆（因为"使用边界"约束维持不变），所以会得到图 4－59 中右图的形状。

而如果使用"恒定截面"选项 ——，那么扫描过程中系统就会维持原来的截面形状不变（本例中是正圆），如图 4-59 中左图所示。

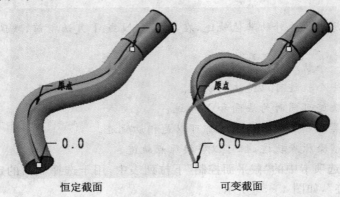

恒定截面　　　　　　　　可变截面

图 4-59　恒定截面与可变截面

在扫描特征创建过程中，选择两条或两条以上轨迹时，将会自动激活工具按钮 ——，进行变截面扫描，如图 4-60 所示，示例中选择两条扫描轨迹，截面圆经过两条轨迹，从下面的两个图中可以很明显地看到可变截面和恒定截面的不同之处。

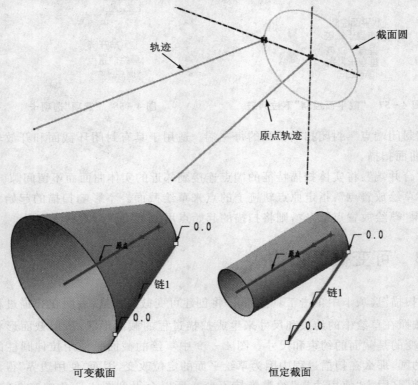

可变截面　　　　　　　　恒定截面

图 4-60　两条轨迹两种扫描

4.3.3　参数控制

在变截面扫描过程中,截面除了随着轨迹变化外,还可以使用关系式搭配 trajpar 参数来控制截面的变化,trajpar 是从 0 到 1 的一个变量,在扫描的起始点为 0,结束点为 1。

图 4-61 中选择直线为轨迹,单击"扫描"选项卡中的"草绘截面"工具按钮 ⬜,绘制一个圆为截面,单击"工具"选项卡中"模型意图"选项区域的"关系"按钮,弹出"关系"对话框,选择截面圆形的直径尺寸 sd5,输入 sd5＝30＋trajpar＊20,单击"确定"按钮,关闭"关系"对话框,单击"草绘"选项卡中的"确定"按钮 ✔。从结果中可以看到,扫描起点处的截面直径为 30,在扫描过程中直径发生了渐变,终点处的截面直径为 50。

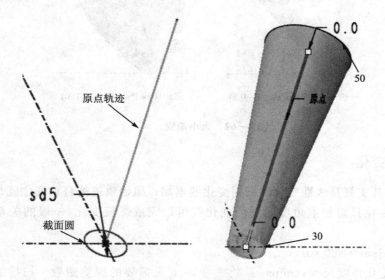

图 4-61　添加参数 trajpar

利用 trajpar 参数和不同数学函数的组合即可生成各种规则的变化。而很多复杂的变化其实就是一些简单变化的累加。

1. 大小渐变

尺寸实现从某个值渐变到另一个值(变大或变小),常用的有两种关系(当然用任何关系都可以),线性变化和正弦变化:

线性　sd＃＝V0＋Vs＊trajpar

正弦　sd＃＝V0＋Vs＊sin(trajpar＊90)

其中:V0 是初始值;Vs 是变化幅度,它决定变化的速度和终了值(V0＋Vs),Vs 为正

值则增大,为负值则为减小。如果要实现先变小再变大然后再变小的峰状变化,则可以用

$$sd\# = V0 + Vs * abs(trajpar - 0.5)\ 或\ sd\# = V0 + Vs * sin(trajpar * 180)$$

如图 4 − 62 所示,其中参数 sd5 指的是截面圆直径。

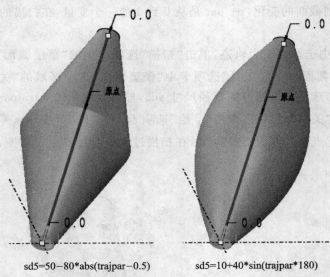

$$sd5 = 50 - 80 * abs(trajpar - 0.5) \qquad sd5 = 10 + 40 * sin(trajpar * 180)$$

图 4 − 62　大小渐变

2. 螺旋变化

螺旋变化其实就是线性变化和圆周变化的累加。原始轨迹的自动变化就是线性变化,截面的变化只需加上角度的圆周变化就可以完成螺旋变化,一般的关系形式如下:

$$sd\# = trajpar * 360 * n$$

其中:sd♯是变化角度尺寸;trajpar 是轨迹参数;n 是需要的螺旋圈数。扫描的结果如图 4 - 63 所示,效果类似沿轨迹的的螺旋效果。

3. 周期变化

正弦(sin)或余弦(cos)可以实现截面的周期变化,基本的关系表现形式如下:

$$sd\# = Vs * sin(trajpr * 360 * n) + V0$$

其中:V0 是基准值;Vs 是幅度值(变化幅度);n 是周期数。图 4 - 64 中,原点轨迹为直线,截面为正圆,关系添加在截面圆的直径尺寸参数上。这个关系表明在扫描过程中圆的直径 sd4 的值以 80 为基准,20 为幅度在扫描过程中做 4 个周期的变化。所以,不难想象,结果如下所示:最小的直径为 80,最大的直径为 100,总共发生 4 个周期的变化。

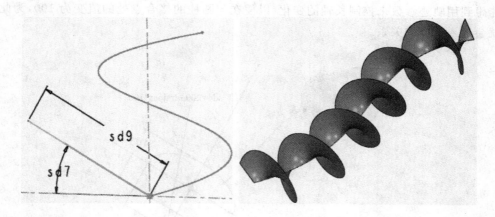

图 4-63 螺旋变化

sd3=20*sin(trajpar*360*4)+80

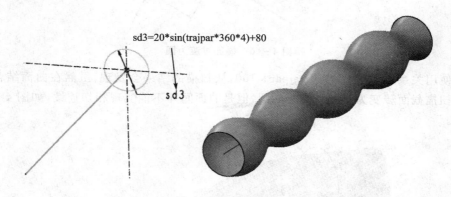

图 4-64 周期变化

如果把原点轨迹换成圆周的,那么就实现了圆周和周期变化的叠加,得到结果如图 4-65 所示。

4. 椭圆和圆之间的过渡变化

在模型的创建过程中会遇到很多椭圆和圆之间的过渡变化问题,这时要注意的是长短轴相等的椭圆就是正圆,而当轨迹相切时,要实现形状的连接相切就要保证截面形状在端点处的导数连续。

下面举例说明:如图 4-66 所示,要实现长轴为 200、短轴为 100 的椭圆到直径 100 的圆柱曲面间的顺接。或许很多人都

图 4-65 以圆为轨迹

能想到用轨迹参数来控制长轴的变化,以使在与圆柱的接合点处的值变为 100,为此就会加入下面的关系。

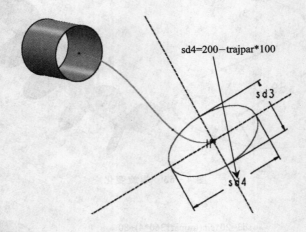

图 4-66   椭圆过渡为圆

使用关系式 sd4＝200－trajpar＊100,从扫描的结果会发现,虽然在曲面结合的地方扫描截面转变为直径为 100 的圆,但是曲面间却不能实现相切连续,如图 4-67 所示。

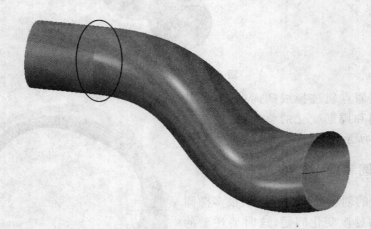

图 4-67   曲面不相切

曲面间不连续的原因是截面的变化是线性的。也就是说,如果把 trajpar 作为一个变量来看待,那么截面在连接点处的导数值就为－100,而圆柱的导数则为 0,所以导数不连续不能实现相切。但是,如果关系改为 sd4＝200－100＊sin(trajpar＊90),就可以实现曲面连续了,如图 4-68 所示。

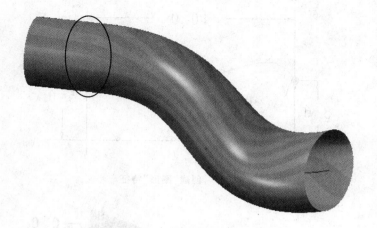

图 4 - 68　曲面相切

4.3.4　图形特征的运用

在扫描过程中,截面的变化是可以利用"图形"工具控制的。"图形"特征不会在零件模型上的任何位置显示,它不是零件几何,通常与计算函数 evalgraph 结合使用,才可在扫描过程中将"图形"特征中的信息传递到截面中来。

evalgraph 函数用于曲线表计算,使用户能够使用"图形"特征中的曲线来表示特征,并通过关系来驱动尺寸。尺寸可以是草绘、零件或组件尺寸,其格式如下:

evalgraph("graph_name",x)

其中:graph_name 是"图形"特征的名称;
x 是沿图形 X 轴的值,返回 y 值。

图 4 - 69 所示,假设有一条名字为"GR1"的图形特征,要计算它在横坐标 x 处对应的值,那么就可用 evalgraph("GR1",x)来获得,函数返回的就是这条曲线在 x 处的纵坐标值。

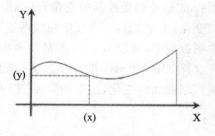

图 4 - 69　"GR1"的图形特征

单击"模型"选项卡中的"基准"下三角按钮,选择"图形" 图形,在弹出的文本框中输入一个图形特征的名字 GR1,弹出草绘环境绘制草图,绘制的过程中要注意添加坐标系,如图 4 - 70 所示。

创建"扫描"特征,轨迹为一条直线,截面也为一条直线,直接扫描可以创建一个长方形曲面,如图 4 - 71 所示。

要想使用已经创建的"图形"特征来控制截面形状,就需要在草绘截面中添加关系

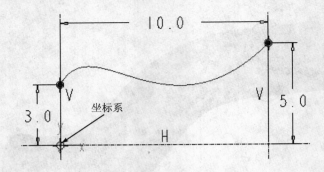

图 4 - 70 创建"图形"特征

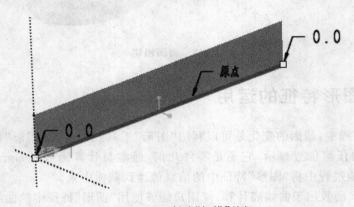

图 4 - 71 创建"扫描"特征

sd3＝evalgraph("GR1", trajpar ＊ 10)

其中：sd3 是希望受控制的变量，是截面直线的长度参数；trajpar ＊ 10 表示 0～10 连续的变化，由于"图形"特征中曲线两点之间的距离为 10，要将曲线从 0 到 10 的变化反映到截面中，所以 trajpar 参数后要乘以 10。

这样，GR1 图形基准特征 X 方向的变化，会将对应的 y 值返回给 sd3，从而可精确地控制截面的变化，结果如图 4 - 72 所示。

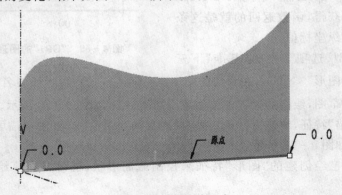

图 4 - 72 添加关系式

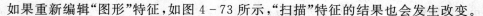

如果重新编辑"图形"特征,如图 4-73 所示,"扫描"特征的结果也会发生改变。

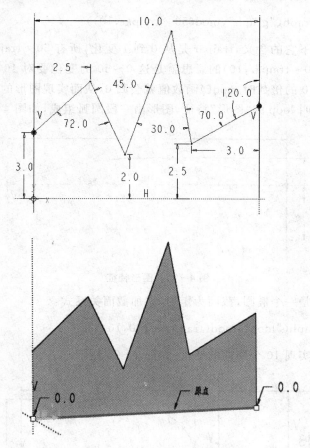

图 4-73　修改图形特征

4.3.5　循环利用图形特征

在扫描过程中可以循环利用已有的图形特征。要实现循环利用图形特征,必须在可变扫描过程中,有方法在某个值归零后重新计算图形对应的值,那么 mod()函数是非常恰当的实现方式。

mod()函数:求第一个参数除以第二个参数得到的余数。如:

mod(10,3)=1

mod(10.5,3)=1.5

mod(10.5,3.1)=1.2

假设的图形 X 宽度为 10,若在可变扫描过程中循环利用 5 次,那么就可以使用

167

mod()函数来进行如下的关系编写：

sd＃＝evalgraph("graph",mod(50 * trajpar,10))

简单说明一下它的含义，trajpar 是从 0 到 1 变化，所有 50 * trajpar 的变化就是 0～50，而 mod(50 * trajpar,10)的意思就是这 0～50 的变化要对 10 进行求余，换句话说，当变化到 10 的倍数时 mod()函数值就会归 0，从而实现图形的循环利用。

创建一个名叫 loop 的"图形"特征，图形由一段圆弧组成，如图 4-74 所示。

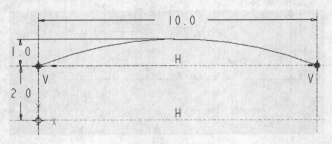

图 4-74　图形特征

扫描的轨迹是一个椭圆，截面为矩形，添加截面关系式：

sd3＝evalgraph("loop",mod(trajpar * 100,10))

椭圆上将会实现 10 个周期的变化，如图 4-75 所示。

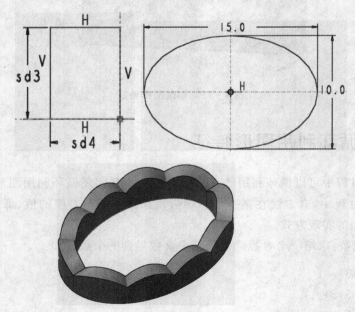

图 4-75　扫描特征

在循环利用图形特征的过程中还要注意几个要点：

① 图形的起点和终点高度必须一致，因为这样才能保证图形归零能与上一个周期连接上。

② 图形特征中的几何图元只能有一个，如果将图 4-74 中的圆弧打断，分成两个图元，特征将生成失败。如果图形特征中存在多个图元，可以将多个相互连接的图元转化为样条，这样就可以成功生成特征了。

4.3.6　扫描特征案例——雨伞

雨伞这个案例是一个典型的扫描案例，截面与轨迹相交，雨伞手柄位置有一个正弦的周期变化，如图 4-76 所示。

图 4-76　雨　伞

操作步骤如下：

① 单击"模型"选项卡中"基准"选项区域的"草绘"工具按钮，选择 TOP 平面为草绘平面，绘制一个边长为 60 的正八边形，以及一个直径为 4 的圆，如图 4-77 所示。

② 单击"模型"选项卡中"形状"选项区域的"扫描"工具按钮，弹出"扫描"选项卡，单击"可变截面"工具按钮，按住 Ctrl 键依次选择圆为原点轨迹，选择正八多边形为轨迹，单击"草绘截面"工具按钮，绘制截面，如图 4-78 所示。

③ 在绘制截面的草绘环境中，单击"工具"选项卡中"模型意图"选项区域的"关系"按钮，弹出"关系"对话框，选择下方样条曲线高度尺寸为 sd54，输入 sd54=3+0.4 * sin(trajpar * 360 * 8)，如图 4-79 所示，单击"确定"按钮，关闭"关系"对话框。

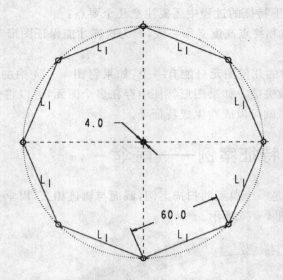

图 4-77　绘制草图

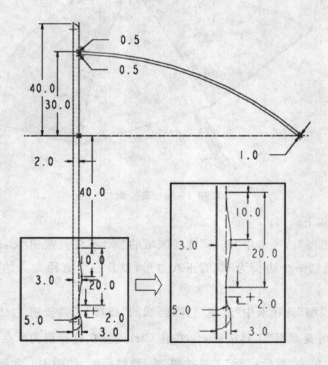

图 4-78　绘制截面

④ 单击"草绘"选项卡中的"确定"按钮 ✔。返回"扫描"选项卡，单击"完成"按钮 ✔，结果如图 4-80 所示。

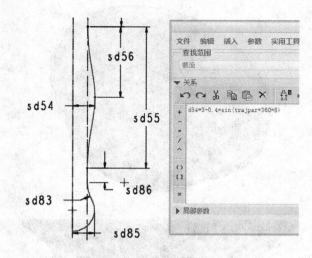

图 4-79　添加关系

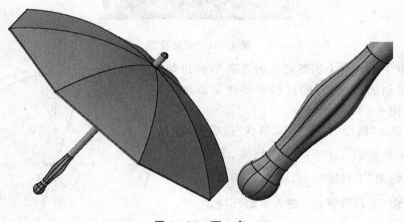

图 4-80　雨　伞

4.3.7　扫描特征案例——花盆

　　花盆这个案例是一个综合性比较强的扫描特征案例。案例中使用了"图形"以及 mod 求余函数,所构建出来的模型也是比较复杂,使用一般的建模命令很难制作出来,如图 4-81 所示。

　　操作步骤如下:

　　① 单击"模型"选项卡中"基准"选项区域的"草绘"工具按钮 ,选择 TOP 平面为草绘平面,绘制一个边长为 100 的圆,如图 4-82 所示。

　　② 单击"模型"选项卡中的"基准"下三角按钮,选择"图形" 图形选项,在弹出

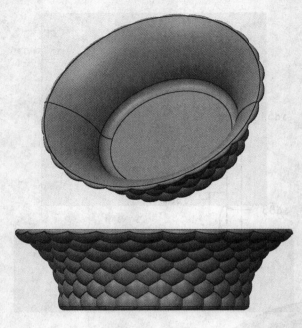

图 4 - 81　花盆模型

的文本框中输入一个图形特征的名字 1,弹出草
绘环境绘制图形,绘制的过程中要注意添加坐
标系,如图 4 - 83 所示。

　　③ 单击"模型"选项卡中"形状"选项区域的
"扫描"工具按钮 🖋扫描,弹出"扫描"选项卡,单
击"可变截面"工具按钮 ∠,选择圆为轨迹,单击
"草绘截面"工具按钮 ✍,进入草绘环境。

　　④ 绘制一个半径为 45 的圆弧,如图 4 - 84
所示。

　　⑤ 绘制六条过圆心的中心线,如图 4 - 85
所示。

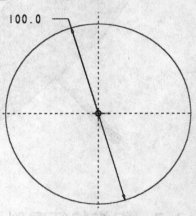

图 4 - 82　绘制草图

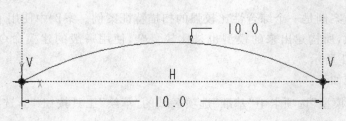

图 4 - 83　创建图形特征

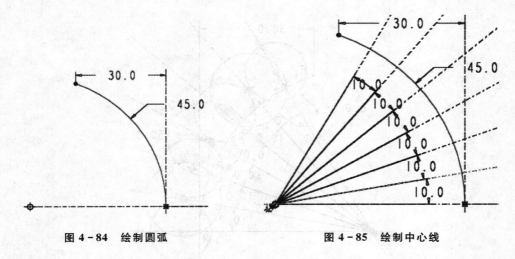

图 4-84　绘制圆弧　　　　　　　　　　图 4-85　绘制中心线

⑥ 单击"草绘"选项卡中"草绘"选项区域的"构造模式"工具按钮，绘制一个半径为 50 的圆弧，如图 4-86 所示。

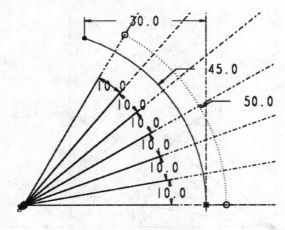

图 4-86　绘制圆弧

⑦ 绘制半径为 8 和 10 的圆，如图 4-87 所示。

⑧ 修剪圆弧，如图 4-88 所示。

⑨ 绘制三条直线，如图 4-89 所示。

⑩ 绘制三个圆角，如图 4-90 所示。

⑪ 单击"工具"选项卡中"模型意图"选项区域的"关系"按钮，弹出"关系"对话框，输入：

sd30＝8＋evalgraph("1",mod(trajpar＊250,10))＊1.5

sd31＝8＋evalgraph("1",mod(trajpar＊250＋5,10))＊1.5

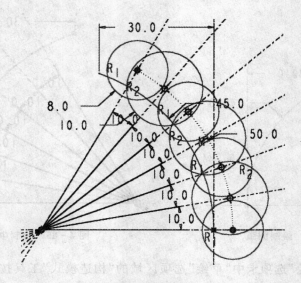

图 4 - 87　绘制圆

前半部分绘制完成了，单击"草绘"面板中的"圆心和点"命令绘制圆，其结果如图 4-87 所示。

单击鼠标中键取消圆命令，如图 4-88 所示，对圆进行修剪。

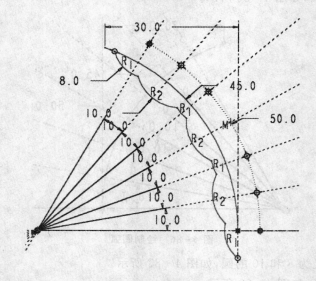

图 4 - 88　修剪圆弧

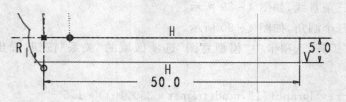

图 4 - 89　绘制直线

174

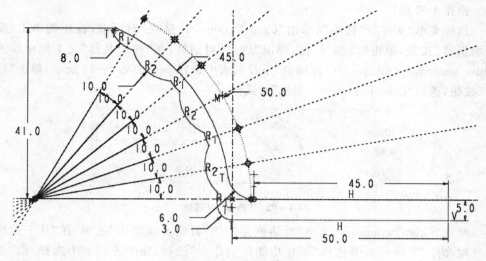

图 4 - 90　绘制圆角

其中:sd30 尺寸参数指的是半径为 8 的圆弧尺寸;sd31 尺寸参数指的是半径为 10 的圆弧尺寸。

⑫ 单击"确定"按钮,关闭"关系"对话框,单击"草绘"选项卡中的"确定"按钮,返回并关闭"扫描"选项卡,如图 4 - 91 所示。

图 4 - 91　完成模型

4.4　轴特征

在 Creo Parametric 零件设计环境中添加配置选项 allow_anatomic_features,将会允许创建剖面圆顶、半径圆顶、唇、局部推拉、槽、法兰、环形槽、耳、轴等特征。这些特征都是一些基本特征的组合,使用起来并不复杂,而且可以提高建模效率。

操作步骤如下：

选择菜单"文件"|"选项"，弹出"Creo Parametric 选项"对话框，在左侧单击"配置编辑器"按钮，单击"添加"按钮，弹出"选项"对话框，在"选项名称"文本框中输入 allow_anatomic_features，在"选项值"下拉列表中选择 yes，如图 4-92 所示，单击"确定"按钮，返回"Creo Parametric 选项"对话框。

图 4-92 "选项"对话框

单击"Creo Parametric 选项"对话框左侧的"自定义功能区"选项，在"从下列位置选取命令"下拉列表中选择"不在功能区的命令"选项，在下方列表中选择"轴"选项，右击右侧树状结构图中"模型"下的"工程"复选项，在弹出的快捷菜单中选择"添加新组"选项，树状结构图中将会新建一个组，选择该组，单击"添加"按钮，如图 4-93 所示。单击"确定"按钮，将改动保存到 config.pro 文件。

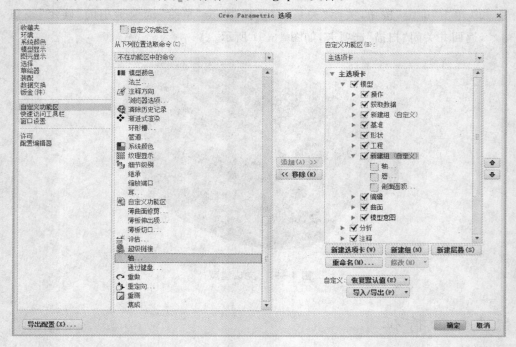

图 4-93 "Creo Parametric 选项"对话框

轴特征必须创建在已有的实体特征上，单击"模型"选项卡中"新建组"选项区域的"轴"按钮，弹出"轴"对话框及"菜单管理器"，如图 4-94 所示。

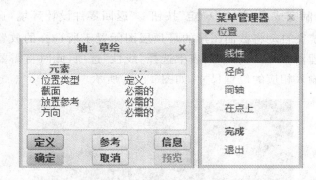

图 4 - 94 "轴"对话框及"菜单管理器"

在"菜单管理器"中的"位置"列表中显示了四种定位类型"线性"、"径向"、"同轴"、"在点上",选择其中一个选项单击"完成"选项,进入草绘环境绘制轴特征截面轮廓。

➢ "线性":通过一个放置平面、两个线性尺寸确定轴特征的位置。确定线性尺寸时需要选择参考平面。

➢ "径向":通过一个放置平面及一个线性和角度尺寸确定轴特征的位置。确定线性和角度尺寸时需要选择参考平面。

➢ "同轴":通过一个放置平面和基准轴确定轴特征的位置。当参考曲面、基准平面或轴时,可以使用此类型。

➢ "在点上":通过一个放置平面和基准点确定轴特征的位置。

在草绘环境中绘制截面轮廓与绘制旋转特征的截面轮廓一样,要绘制一条旋转轴,轮廓图形要封闭,并且截面图形只能在旋转轴一侧绘制,如图 4 - 95 所示。

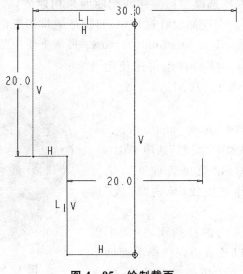

图 4 - 95 绘制截面

177

截面图形绘制完成后，单击"确定"按钮 ✔ 返回零件设计环境，选择轴特征的放置平面，注意系统会自动将截面图形的最顶层图元置于所选择的放置平面上。如果先前在"菜单管理器"中的"位置"列表中选择"线性"选项，此时将需要选择两个线性尺寸参照，并且输入相应的位置尺寸，如图 4-96 所示。

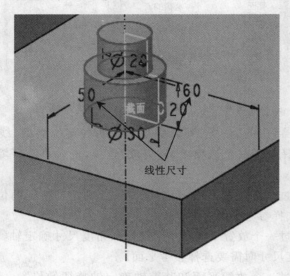

图 4-96　添加线性尺寸

4.5　唇特征

唇特征是通过沿着所选模型边偏移匹配曲面来构建的，唇特征即可以是除料特征，也可以是加料特征。在产品设计过程中，唇特征通常用于创建凸凹止口。唇命令是要通过加载配置选项 allow_anatomic_features 来调出使用的。

下面使用一个壳体类零件详细讲述使用唇特征来创建凹止口，如图 4-97 所示。

操作步骤如下：

通过加载配置选项 allow_anatomic_features，将唇特征按钮添加到"模型"选项卡中。

单击"唇"按钮，弹出"菜单管理器"，选择"链"选项，选择模型外侧边线，单击"完成"选项，如图 4-98 所示。

选择模型环形端面为偏移曲面，在文本框中输入偏移高度值 3，以及从边到拔模曲面的距离 5，选择模型环形端面为拔模参照曲面，输入

图 4-97　壳体类零件

178

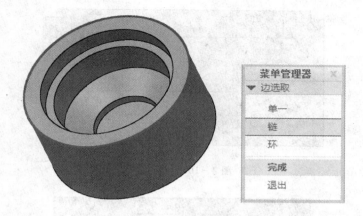

图 4 - 98　选择边线

拔模角度 10,结果如图 4 - 99 所示。

当偏移高度值为正值时,唇特征为加料特征;如果唇特征高度值为负值,则为减料特征。

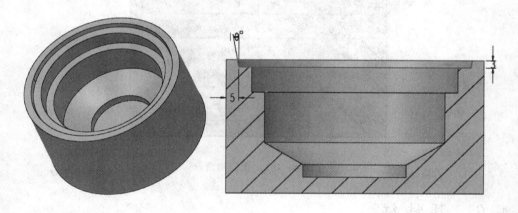

图 4 - 99　凹止口

如果唇特征的偏移曲面是平面,那么偏移曲面也可以作为拔模的参照平面。本例的偏移曲面就是拔模参照平面。如果偏移曲面不是平面,那么将选择其他平面为拔模参照平面;如果唇特征的创建方向不垂直于偏移曲面,那么特征将会发生扭曲,而偏移曲面的法线与参照平面的法线的夹角越小,唇特征几何扭曲就越小。

使用同样的方法创建凸止口,唇特征中的偏移高度为 -3,其他尺寸与凹止口一样,如图 4 - 100 所示。

创建一个装配文件,将凸止口和凹止口零件装配在一起,可以看到,零件在止口处完全吻合,如图 4 - 101 所示。

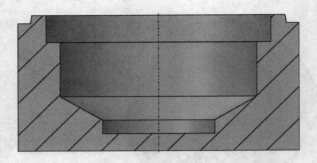

图 4 - 100　凸止口

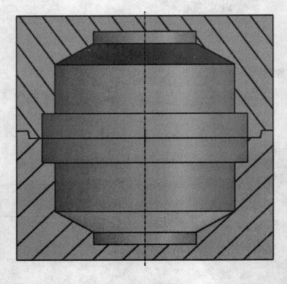

图 4 - 101　止口吻合

4.6　耳特征

耳特征是附着在模型某个特征的表面上,并从该表面的边线处向外产生一个特征,类似拉伸特征。该特征在边线处可以折弯,类似钣金折弯。

图 4 - 102 所示的板材类零件中的 T 形卡槽就是使用耳特征创建的。

创建耳特征前需要先创建一个拉伸特征,因为耳特征需要附着在模型某个特征的表面上,如图 4 - 103 所示。

操作步骤如下:

通过加载配置选项 allow_anatomic_features,将"耳"命令按钮添加到"模型"选项卡中。单击"耳"按钮,弹出"菜单管理器",如图 4 - 104 所示。

➢ "可变":特征以用户指定的、可修改的角度折弯。

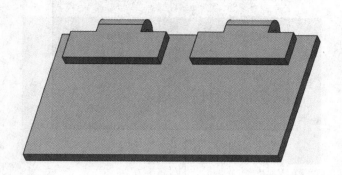

图 4 - 102　T 型卡槽

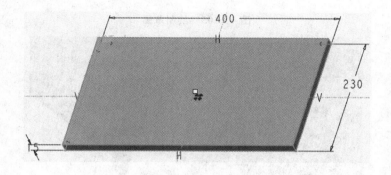

图 4 - 103　拉伸特征

> "90 度角"：指定特征以 90°折弯。

选择"菜单管理器"中的"可变"选项单击"完成"选项，选择一个实体表面为草绘平面，在"菜单管理器"中选择"确定"|"默认"选项，进入草绘环境，绘制草图，如图 4 - 105 所示。

耳特征的草绘平面可以与特征附着面成任意角度。草绘截面必须是开放的，其端点应与附着面的边线对齐，并且与该边线连接的两条直线必须与该边垂直。草绘特征的长度必须要足够用来折弯。

图 4 - 104　"菜单管理器"

绘制完草图后单击草绘环境中的"确定"按钮，按照系统提示输入耳的深度为 15，耳的折弯半径为 10，耳的折弯角为 180，结果如图 4 - 106 所示。

最后，使用"镜像"命令复制出另一个耳特征。

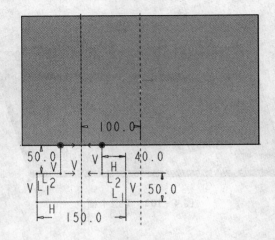

图 4 - 105　绘制草图

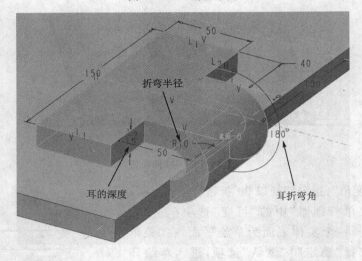

图 4 - 106　创建耳特征

4.7　环形折弯特征

　　环形折弯特征可以改变模型的形状,将实体、非实体曲面或基准曲线变换成环形形状。该特征可以对几何进行两次折弯操作,例如使用此功能将平整几何特征转变为具有环形特征的汽车轮胎,或瓶子、包络徽标等。

　　轮胎是一个典型的环形折弯创建实例,如图 4 - 107 所示。

　　操作步骤如下:

　　① 需要创建基础的平整几何,使用拉伸命令创建一个长度为 600 的长方体,如图 4 - 108 所示。

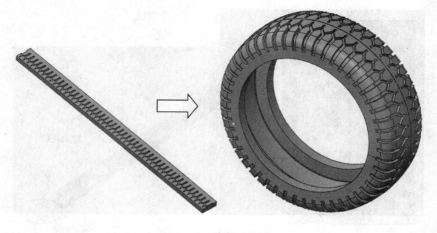

图 4 - 107　轮胎模型

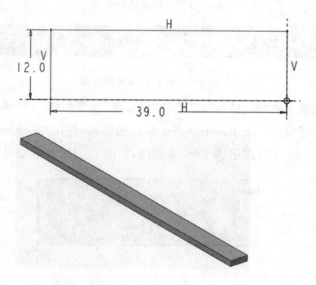

图 4 - 108　绘制长方体

② 使用拉伸除料特征创建轮胎花纹,花纹深度为 3,如图 4 - 109 所示。

③ 选择拉伸除料特征,单击"编辑"选项卡中的"阵列"工具按钮,选择值为 6 的尺寸,输入 12,在"阵列"第一方向数量文本框中输入 50,结果如图 4 - 110 所示。

④ 单击"模型"选项卡中的"工程"下拉按钮,选择"环形折弯"选项,弹出"环形折弯"选项卡,单击"参考"按钮,在弹出的选项卡中单击"实体几何"单选钮,单击"轮廓截面"选项区域右侧的"定义内部草绘"按钮,选择模型的端面为草绘平面,进入草绘环境。

⑤ 定义"轮廓截面"草绘。在绘制时要注意,首先要添加一个坐标系,使用的命

183

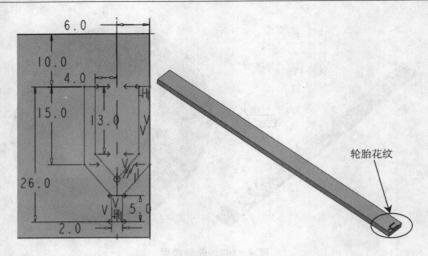

图 4-109　创建轮胎花纹

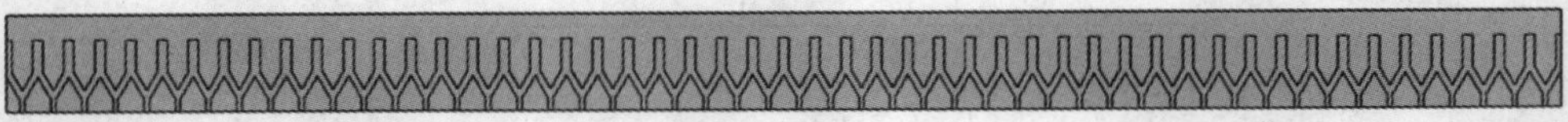

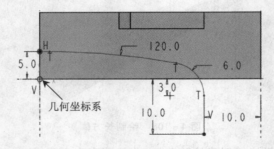

图 4-110　阵列复制轮胎花纹

令不是"草绘"选项卡中"草绘"选项区域的"坐标系"工具按钮 _✗坐标系，因为该坐标系为构造坐标系。截面要求使用的坐标系是几何坐标系，使用"草绘"选项卡中"基准"选项区域的"坐标系"工具按钮 _✗坐标系 来创建，如图 4-111 所示。

图 4-111　绘制"轮廓截面"草图

⑥ 在草绘环境中单击"确定"按钮退出草绘环境。在"环形折弯"选项卡中的"折弯类型"列表中选择"360 度折弯"选项，然后选择实体模型折弯后相连接的两个端面，单击"完成"按钮 ✓，结果如图 4-112 所示。

➤ "折弯半径"：设置坐标系原点与折弯轴之间的距离。

➤ "折弯轴"：按照指定轴折弯。

➤ "360 度折弯"：设置完全折弯（360°）。指定两个用于定义要折弯的几何的平面。折弯半径等于两个平面间的距离除以 2π。

图 4 - 112　环形折弯

⑦ 使用"平面"命令 ▱ 创建一个位于模型端面的基准平面,如图 4 - 113 所示。

⑧ 单击"模型"选项卡中的"操作"下三角按钮,选择"特征操作"选项,弹出"菜单管理器",选择"复制"|"镜像"|"所有特征"|"完成"选项,选择上一步创建的基准平面,最后单击"完成"按钮,结果如图 4 - 114 所示。

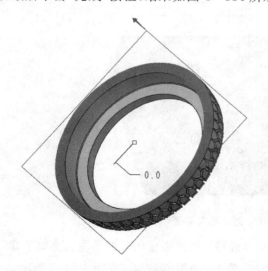

图 4 - 113　创建基准平面

图 4 - 114　镜像复制模型

4.8　局部推拉特征

局部推拉特征是通过拉伸或拖移曲面上的圆或矩形区域,而对模型表面进行局部变形。"局部推拉"命令是要通过加载配置选项 allow_anatomic_features 来调出使用的。

操作步骤如下:

① 创建一个矩形拉伸特征,如图 4 - 115 所示。

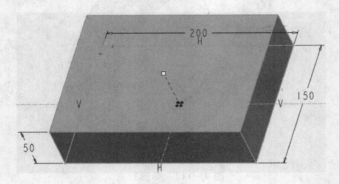

图 4 - 115　创建拉伸特征

② 单击"模型"选项卡中"基准"选项区域的"平面"工具按钮 ▱,创建一个基准平面,如图 4 - 116 所示。

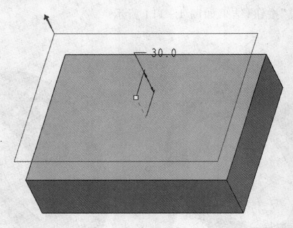

图 4 - 116　创建基准平面

③ 单击"局部推拉"命令,弹出"菜单管理器",选择创建的基准平面为草绘平面,选择"默认"选项,进入草绘环境,绘制一个圆,单击"完成"按钮 ✓,如图 4 - 117 所示。

④ 选择实体的表面,结果如图 4 - 118 所示。

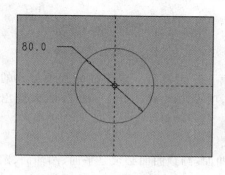

图 4-117　绘制草图

图 4-118　局部推拉特征

⑤ 在模型树区域右击"局部推拉"特征，在弹出的快捷菜单中选择"编辑"选项，将尺寸 20 修改为 5，如图 4-119 所示。

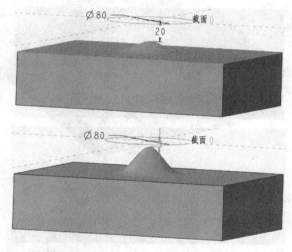

图 4-119　修改尺寸参数

⑥ 如果将尺寸改为 50，凸起将会变为凹陷，如图 4-120 所示。

图 4-120　凹陷效果

4.9　半径圆顶特征

半径圆顶特征可以对模型表面或者曲面上产生具有一定半径的圆顶盖状的变形。"半径圆顶"命令也要通过加载配置选项 allow_anatomic_features 来调出使用的。

操作步骤如下：

单击"半径圆顶"按钮,选择需要圆顶的曲面,圆顶曲面必须是平面、圆环面、圆锥或圆柱。选择基准平面、平面曲面或边作为参照,输入圆顶半径,结果如图 4 - 121 所示。

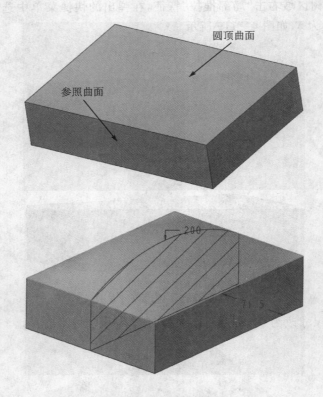

圆顶曲面

参照曲面

图 4 - 121　半径圆顶

如果半径值为负值,将会生成凹的圆顶,如图 4 - 122 所示。

在模型树中右击"半径圆顶"选项,在弹出的快捷菜单中选择"编辑"选项,模型中显示两个参数尺寸,即圆顶弧半径值及该圆弧到参照平面的距离。

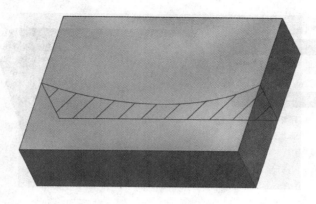

图 4 - 122　凹的圆顶

4.10　剖面圆顶特征

剖面圆顶特征可以对模型表面或者曲面上产生具有一定剖面形状的圆顶变形，根据圆顶的剖面形状，剖面圆顶分为扫描类型的剖面圆顶和混合类型的剖面圆顶。"剖面圆顶"命令也要通过加载配置选项 allow_anatomic_features 来调出使用的。

4.10.1　扫描类型

扫描截面圆顶使用轨迹和截面创建类似于扫描特征的圆顶，如图 4 - 123 所示。

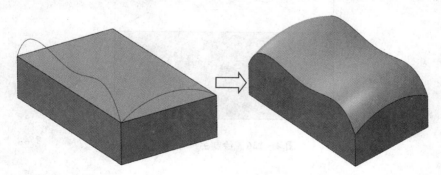

图 4 - 123　扫描截面圆顶

操作步骤如下：

① 单击"剖面圆顶"按钮，弹出"菜单管理器"，选择"扫描"|"一个轮廓"|"完成"选项，选择模型中需要圆顶的曲面，如图 4 - 124 所示。

② 选择侧面为草绘平面，在"菜单管理器"中选择"确定"|"默认"选项，进入草绘环境绘制草图，单击"确定"按钮，如图 4 - 125 所示。

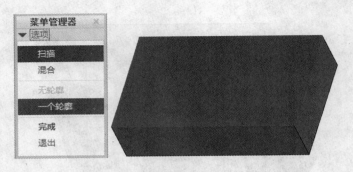

图 4 - 124　选择需要圆顶的曲面

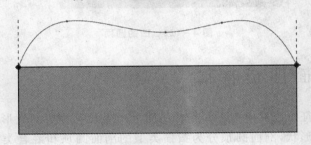

图 4 - 125　绘制草图

③ 选择另一个侧面为草绘平面,在"菜单管理器"中选择"确定"|"默认"选项,进入草绘环境绘制草图,单击"确定"按钮,如图 4 - 126 所示。

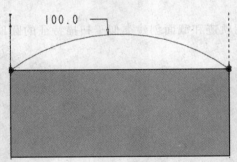

图 4 - 126　绘制另一个截面

4.10.2　混合类型

混合截面圆顶使用两个截面创建圆顶,如图 4 - 127 所示。

操作步骤如下:

① 单击"剖面圆顶"按钮,弹出"菜单管理器",选择"混合"|"无轮廓"|"完成"选项,选择模型中需要圆顶的曲面,如图 4 - 128 所示。

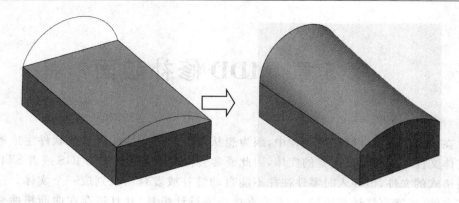

图 4 - 127　混合截面圆顶

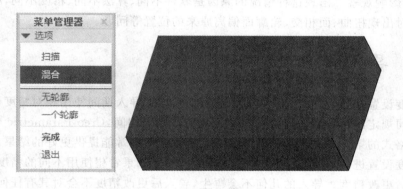

图 4 - 128　选择要圆顶的曲面

　　② 选择侧面为草绘平面，在"菜单管理器"中选择"确定"|"默认"选项，进入草绘环境绘制草图，单击"确定"按钮，如图 4 - 129 所示。

　　③ 按照系统提示输入第二个截面的距离，输入距离 200，绘制草图，单击"确定"按钮，如图 4 - 130 所示。

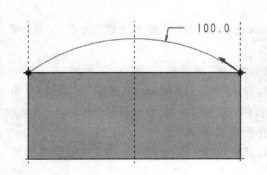

图 4 - 129　绘制第一个截面

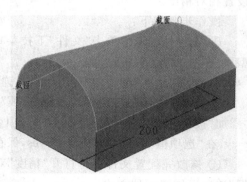

图 4 - 130　完成剖面圆顶特征

第 5 章　IDD 修补破面

在使用三维设计软件的过程中,因为想从高版本的文件或者其他软件生成的三维实体文件中获得自己需要的实体,因此通常会将实体文件转换为 IGS 或者 STP 等通用格式的文件,但导入时零件往往不能自动缝补或者自动识别成一个实体。这种三维文件,不能直接计算质量,也不能直接用来设计模具,并且还存在曲面扭曲变形等情况,影响观察。出现这种情况的原因是软件不同、算法不同、精度不同,所以在格式转换时出现扭曲、面相交、轮廓面偏离原来的位置等问题。

5.1　导入精度

精度设置在导入几何的质量方面起重要作用。导入期间使用相对精度可产生比使用公司规定的精度值更高质量的导入几何。导入期间,Creo Parametric 可将精度与某些格式的第三方文件的精度相匹配。精度匹配通常能提供更好的结果。尝试以不同精度设置进行导入,并选择质量更高的模型。如果希望使用不同的精度值,可在导入之后更改精度。导入的几何不会再生,导入后更改精度不会对其有任何影响。

5.1.1　精度设置

Creo Parametric 中的导入精度分为相对精度和绝对精度两种,默认情况下可以设置相对精度。

操作步骤如下:

① 在零件环境中单击"文件"下拉菜单,选择"准备"|"模型属性"选项,弹出"模型属性"对话框,如图 5-1 所示。

② 单击"精度"选项的"更改"按钮,弹出"精度"对话框,如图 5-2 所示。

③ 单击"文件"下拉菜单,选择"选项",弹出"Creo Parametric 选项"对话框,单击"添加"按钮,弹出"选项"对话框,在"选项名称"文本框中输入 enable_absolute_accu-racy,在"选项值"下拉列表中选择 yes,保存配置文件。

④ 修改完配置文件后再打开"精度"对话框,如图 5-3 所示。在"指定精度的依据"选项区域有两种方式:

➢ "输入值":以输入值的方式确定模型的精度。

➢ "从模型复制值":使用选定模型的精度值。

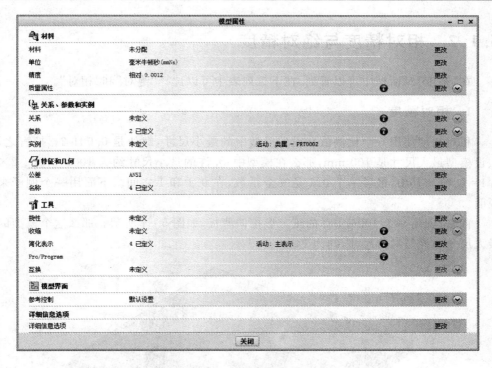

图 5-1　"模型属性"对话

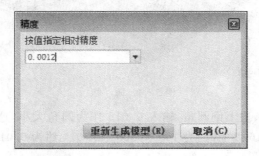

图 5-2　"精度"对话框

图 5-3　指定精度类型

5.1.2　相对精度与绝对精度

在"精度"对话框中可以看到,在下拉列表中可以选择"绝对"和"相对"。

1. 相对精度

相对精度使用一个比例值来设置模型中的最小尺寸,默认是 0.001 2。换言之,假设模型最大尺寸是 100 mm,那么在模型中,允许的最小尺寸约为 100×0.001 2×0.1＝0.01。其中,最后一个 0.1 是安全系数,在 0.1 和 1 之间。下面用一个例子来说明。

首先,创建一个 100×100 的正方形拉伸薄板,如图 5-4 所示。那么这个模型的最大尺寸应该是对角尺寸,约为 140。

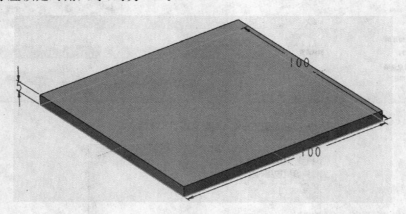

图 5-4　薄　板

然后,在其中一条边上倒圆角,输入 0.015 作为圆角大小,这时系统就会提示最小的圆角必须是 0.016 以上(因为 140×0.001 2×0.1 约为 0.016),如图 5-5 所示,

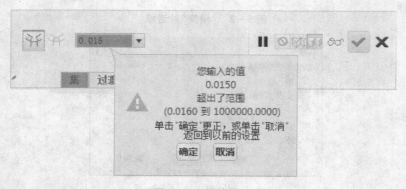

图 5-5　系统提示

在这里 0.016 就是这个模型可以辨别的最小尺寸,凡是小于这个尺寸的几何都会认为是零值,比如圆角、间隙、短边等。

2. 绝对精度

相对于相对精度,绝对精度对于最小尺寸的定义与模型的大小无关,也就是说,不管模型尺寸如何,当设定绝对精度后,模型的最小尺寸就只与绝对精度有关而与模型无关,这就是绝对精度名称的来由。

绝对精度一般用于装配的零件间有几何参考的情况,为了避免因为不同零件的精度不同而导致在复制几何时出现不必要的非理性失败,通常就会使用绝对精度以保持不同零件之间具有相同的精度。

两种精度各有特点。使用相对精度,系统自动根据模型的大小设定最小尺寸界限,这样在大多数兼顾模型的情况下,可减少计算资源的损耗,并提高系统运算速度。因为在一般的情况下,一个大模型不太可能有很小的特征,比如一个十几米的机床上恐怕找不到一个 1 mm 的孔或 5 mm 的倒角,但某些特殊情况下还是会存在的,比如 2 m 的汽车内饰件上就很可能有 R1 的圆角,在这种情况下,使用相对精度就会带来麻烦。

5.2　Import DataDoctor

Creo Parametric 中提供了 Import DataDoctor(IDD)修复工具,Import DataDoctor 可用于修复、修改或特征化导入的几何。修复工具用于生成几何实体或改进导入的曲面和边的质量。修改工具支持在导入特征中移动、替换和处理现有几何。特征化工具可将非解析几何转换为解析几何,并可在导入特征中创建曲线和曲面。

新建一个零件文件,单击"获取数据"下三角按钮,选择"导入"选项,弹出"打开"对话框,选择 IGS 文件,弹出"文件"对话框,默认所有选项,单击"确定"按钮即可,如图 5-6 所示。

文件导入后,系统会弹出"导入"选项卡,单击选项卡中的"进入 IDD 环境"工具按钮 ,弹出 Import DataDoctor 选项卡,如图 5-7 所示。该选项卡中包含了"分析"、"结构"、"约束"、"修复"、"编辑"、"创建"几个选项区域。

> "分析":分析缺陷几何、曲线的质量、距离、长度和二面角,并将分析结果与模型一起保存。计算曲面的曲率以及曲线和曲面偏差。
> "结构":允许通过分组、组合与合并几何和拓扑结构(GTS)树中的几何节点,对导入几何的拓扑结构进行操控。可以激活、分离、分割、组合、合并、折叠、包含、排除或隐藏节点或几何和拓扑结构树中节点的几何。将规则曲面转换为程序化曲面,包括拉伸、旋转、平面和圆柱。
> "约束":将线框创建为曲面之间的拓扑连接,向线框添加切线并对导入的几

图 5-6 "文件"对话框

图 5-7 Import DataDoctor 选项卡

何应用冻结约束。定义间隙或薄片,并将其添加到线框中。冻结曲面以防止不需要的更改和重新参数化,特别是在几何的修复过程中。向线框中添加和移除相切约束。

> "修复":修复不满足要求的拓扑连接、相切条件和问题曲面。关闭间隙并从导入面组中移除不需要的薄片曲面。使曲面延伸并相交以填充边界环。

> "编辑":编辑曲面、边和曲线的几何。移动曲面的顶点,修改并替换曲面边界,将解析曲面转换为自由形式曲面,修改自由形式曲面和解析曲面的属性,并通过外推法延伸或收缩曲面的自然域。延伸面组的边界或边,修剪面组,并将曲线与其他曲线和曲面以及曲面的自然边界对齐。实现导入数据的设计意图、操控表示设计元素的面组的变换和操控表示设计元素的面组的移除。

> "创建":创建各种曲线,例如,草绘曲线、通过点的 3D 曲线以及通过投影、相交、点和等值线创建的 UV 曲线。创建边界混合曲面和基准图元,例如,基准平面、基准轴、基准点和基准坐标系。

几何和拓扑结构(GTS)树显示导入特征的几何结构,而不显示 IDD 中的"模型树"。该结构显示所导入特征的几何、拓扑、程序和逻辑组成。它将各曲面组合在一起并允许管理基准和曲线。

此外,在"图形"工具栏中可以使用下列显示和拾取框选择选项:

:显示线框。

:显示激活曲面的冻结状态。

:显示激活曲面的顶点。

:显示激活曲面的相切约束。

:允许拾取框选择位于定义的框内和穿过定义的框的几何。

5.3　修补破面案例 1

操作步骤如下:

① 新建一个零件文件,单击"获取数据"下三角按钮,选择"导入"选项,弹出"打开"对话框,选择 anli1. IGS 文件,弹出"文件"对话框,默认所有选项,单击"确定"按钮。

② 系统导入文件并弹出"导入"选项卡,单击选项卡中的"进入 IDD 环境"工具按钮 ,弹出 Import DataDoctor 选项卡。

③ 将环境的显示模式切换为"线框",如图 5 - 8 所示,可以看到环境中的模型线框有两种颜色,分别是紫色和黄色。紫色代表完好的曲面边界,黄色代表有问题的边界,这样几何实体的错误一目了然。

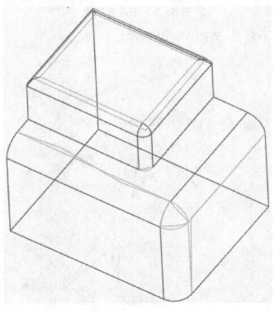

图 5 - 8　"线框"显示模式

5.3.1　分析问题模型

仔细观察几何模型黄色的线框,会发现模型存在以下问题:
① 曲面的顶点不对齐,如图 5-9 所示。

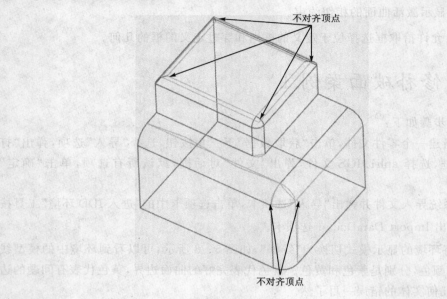

不对齐顶点

不对齐顶点

图 5-9　不对齐顶点

② 曲面的边界不对齐,如图 5-10 所示。

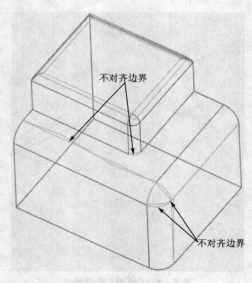

不对齐边界

不对齐边界

图 5-10　不对齐边界

5.3.2　对齐曲面顶点

首先处理不对齐顶点的问题,单击 Import DataDoctor 选项卡中"编辑"选项区域的"移动顶点"工具按钮 移动顶点 ,选择同一曲面上两条单侧边的公共顶点。将顶点拖动至曲面上的所需位置,顶点即会自动吸附到新位置,如图 5-11 所示。

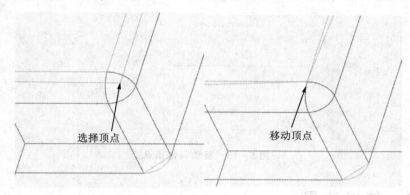

选择顶点　移动顶点

图 5-11　移动顶点

移动顶点时,IDD 会自动从顶点的关联单侧边创建双侧边,并在可能时让相邻的单侧边或相邻曲面接壤。每次移动都会发生上述情况,系统会在退出"移动顶点"工具之前动态创建双侧边。要避免此行为,请在使用"移动顶点"工具之前先分离曲面;然后,在 IDD 尝试创建任何新双侧边之前,可以不受限制地使用顶点的拖放移动来精调顶点放置。分离的曲面其实就是将曲面从拓扑结构(GTS)树面组中移动到面组外,如图 5-12 所示的曲面就是分离后的曲面。调整好顶点的位置后,将曲面"粘贴"回几何和拓扑结构树的原始元件中。无论相关曲面的冻结状态或其相切约束如何,都可以移动顶点。

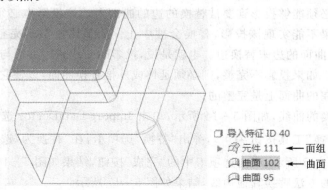

☐ 导入特征 ID 40
▶ 🗗 元件 111　◀━ 面组
☐ 曲面 102　◀━ 曲面
☐ 曲面 95

图 5-12　分离曲面

使用移动顶点的方法,移动其他顶点,结果如图 5 - 13 所示。

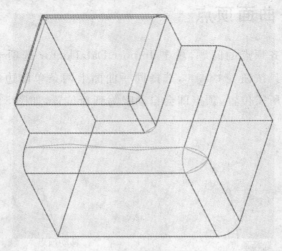

图 5 - 13　移动其他顶点

5.3.3　替换边界

用户从其他 CAD 系统导入的数据可能在导入之前就已损坏。另外,导入数据的边定义可能也不够精确。这些质量较差的边可能会导致导入时无法缝合边,从而形成非实体数据。在 Creo Parametric Import DataDoctor 模块中可以使用"替换"工具来修复这些质量较差的边,以帮助实现导入特征的实体化;并且可以在曲面上创建高质量的 3D 或 UV 曲线来替换这些曲面上质量较差的边。

在替换过程中需要确保选定要被替换的单侧边是连续且邻接的。同样,被选定作为替换项的边链或曲线链也必须是连续且邻接的。也就是说,曲线或边段的选择顺序必须是连续的,以便边链或曲线链在几何上是连续且相连的。此外,用于替换的边链或曲线链必须能够投影到要被替换的边的曲面上。该投影也必须是完整、连续且邻接的。如果不能实现该投影,替换会被中止。如果该投影不完整,则不能使用3D 曲线或其他曲面的边来替换边。也就是说,投影的曲线或边必须与选定要被替换的相邻边相交。如果投影不完整,则必须延伸或外推替换曲面,以便它的边的投影在要替换的边所在的曲面上是完整的。

选择要替换的曲线,如图 5 - 14 所示,单击 Import DataDoctor 选项卡中"编辑"选项区域的"替换"工具按钮，弹出"替换"选项卡,在"替换为"选择框中选择替换曲线,如图 5 - 15 所示,单击选项卡中的"完成"按钮,结果如图 5 - 16 所示。

使用同样的方法替换其他边线,结果如图 5 - 17 所示。

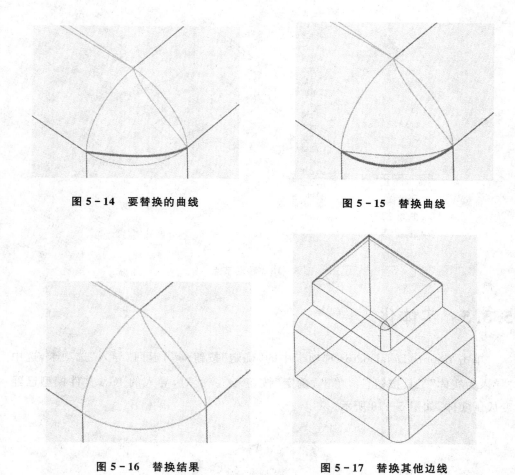

图 5-14　要替换的曲线　　　　　　　图 5-15　替换曲线

图 5-16　替换结果　　　　　　　图 5-17　替换其他边线

5.3.4　移动拓扑结构树中的节点

通过观察可以看到曲面已经拼接修改完毕，但是曲面线框的颜色还是有两种，说明现在的曲面名没有合并为一体，不能使用"实体化"命令生成实体。

观察拓扑结构树，发现有两个曲面排除在元件曲面面组之外，如图 5-18 左图所示。按住 Ctrl 键，选择两个单独的曲面，拖动曲面到元件面组之上，待在此处 2 s，则元件面组会自动展开，然后再放入其中，结果如图 5-18 右图所示，移动后的曲面线框同时改变了颜色。

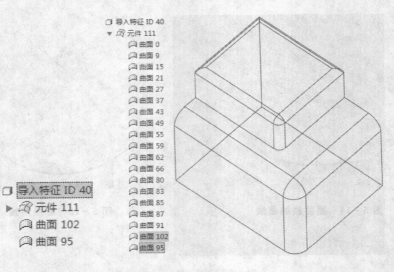

图 5 - 18　移动节点

5.3.5　实体化

单击 Import DataDoctor 选项卡中的"确定"按钮 ✔，返回"导入"选项卡，选中"导入为实体"工具按钮 ☐，单击"确定"按钮 ✔。此时，导入的 IGS 文件模型已经变成了实体，如图 5 - 19 所示。

图 5 - 19　实体模型

5.4　修补破面案例 2

操作步骤如下：

① 新建一个零件文件,将环境的显示模式切换为"线框",单击"获取数据"下三角按钮,选择"导入"选项,弹出"打开"对话框,选择 anli2. IGS 文件,弹出"文件"对话框,默认所有选项,单击"确定"按钮。

② 系统导入文件并弹出"导入"选项卡,如图 5 - 20 所示。单击选项卡中的"进入 IDD 环境"工具按钮,弹出 Import DataDoctor 选项卡。

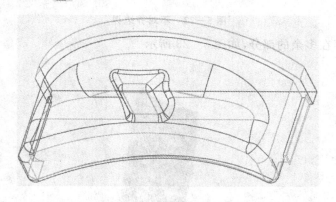

图 5 - 20　导入 IGS 文件

5.4.1　分析问题模型

仔细观察几何模型黄色的线框,会发现模型存在以下问题：

① 曲面的顶点不对齐,如图 5 - 21 所示。

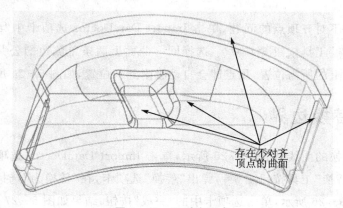

存在不对齐
顶点的曲面

图 5 - 21　不对齐顶点

② 曲面的边界不对齐,如图 5 - 22 所示。

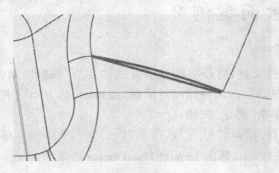

图 5 - 22　不对齐边界

③ 曲面存在多余的部分,如图 5 - 23 所示。

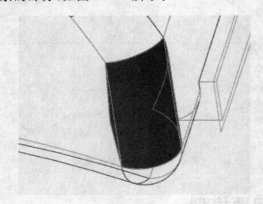

图 5 - 23　多余曲面

5.4.2　对齐曲面顶点

　　首先处理不对齐顶点的问题,单击 Import DataDoctor 选项卡中"编辑"选项区域的"移动顶点"工具按钮 移动顶点,选择同一曲面上两条单侧边的公共顶点。将顶点拖动至曲面上的所需位置,顶点即会自动吸附到新位置,如图 5 - 24 所示。

5.4.3　替换边界

　　选择要替换的曲线,如图 5 - 25 所示,单击 Import DataDoctor 选项卡中"编辑"选项区域的"替换"工具按钮 替换,弹出"替换"选项卡,在"替换为"选择框中选择替换曲线,如图 5 - 26 所示,单击选项卡中的"完成"按钮,结果如图 5 - 27 所示。

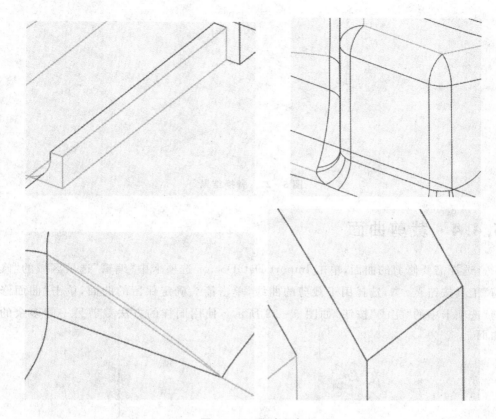

图 5 - 24　移动顶点

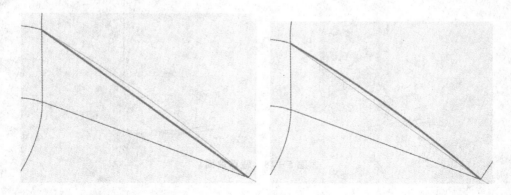

图 5 - 25　要替换的曲线　　　　图 5 - 26　替换曲线

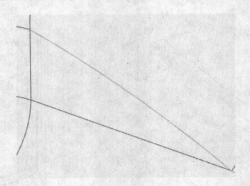

图 5 - 27   替换结果

5.4.4   裁剪曲面

选择需要修剪的曲面,单击 Import DataDoctor 选项卡中"编辑"选项区域的"修剪"工具按钮 修剪,选择用于裁剪的曲线,单击箭头确定保留的曲面,单击"曲面修剪"选项卡中的"完成"按钮,如图 5 - 28 所示。使用同样的方法裁剪另一侧多余的曲面。

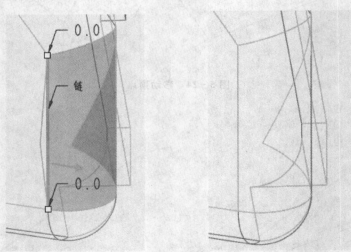

图 5 - 28   裁剪曲面

5.4.5   移动拓扑结构树中的节点

在拓扑结构树中,拖动元件曲面面组之外的单独曲面到元件面组之上,待在此处两秒钟,则元件面组会自动展开,然后再放入其中,结果如图 5 - 29 所示。

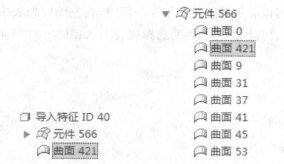

图 5 – 29　移动节点

5.4.6　修复间隙

现在,模型中还存在许多不同颜色的线框,单击 Import DataDoctor 选项卡中"修复"选项区域的"修复"工具按钮 ,如图 5 – 30 所示,单击"修复"选项卡中的"完成"按钮 。

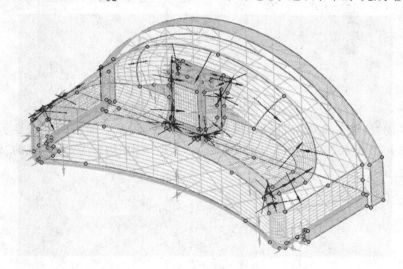

图 5 – 30　修复曲面

"修复"命令可以修复绝大多数没有相互连接的曲面,通过修复结果可以看出模型中还存在个别没有连接的曲面。没有自动修复的原因是曲面之间的间隙过大,"修复"命令不能自动合并该曲面。所以,在修复这类曲面时,首先要选择这些间隙,将其添加到线框中,然后再进行修复。

修复操作如下:

① 单击"工具"选项卡中"调查"选项区域的"查找"工具按钮 ,弹出"搜索工具"对话框,在"查找"下拉列表中选择"间隙"选项,在"值"文本框中输入 0.2,单击

"立即查找"按钮,可以看到系统找到了 6 个间隙,在左侧的列表中选择这 6 个间隙,单击 >> 按钮,将其添加到右侧的选择列表中,如图 5 - 31 所示,最后单击"关闭"按钮。

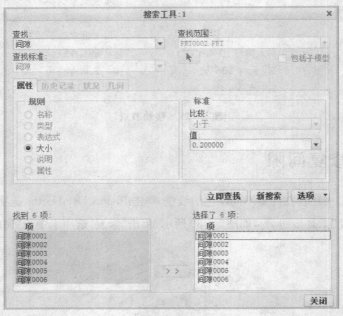

图 5 - 31 "搜索工具"对话框

② 关闭"搜索工具"对话框后,可以发现选中的间隙以加粗的方式显示在模型中,如图 5 - 32 所示,单击 Import DataDoctor 选项卡中"约束"选项区域的"线框"工具按钮 线框 。

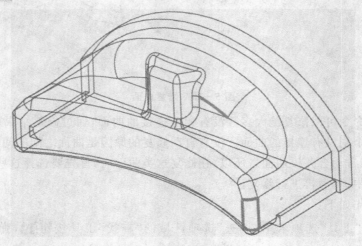

图 5 - 32 选择间隙

③ 再次使用"修复"命令 ✎ 修复模型,模型线框颜色统一即完成修复。

5.4.7　实体化

单击 Import DataDoctor 选项卡中的"确定"按钮 ✔,返回"导入"选项卡,选中"导入为实体"工具按钮 ⬜,单击"确定"按钮 ✔。此时,导入的 IGS 文件模型已经变成了实体,如图 5 - 33 所示。

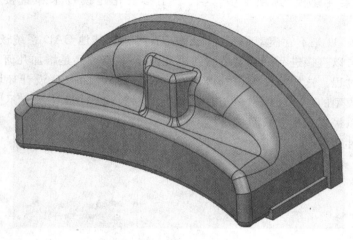

图 5 - 33　实体模型

第6章　柔性建模

　　PTC公司收购了软件CoCreate,并将其一部分功能整合到了软件Creo Parametric中的"柔性建模"选项卡中,这代表了参数化建模技术和直接建模技术的整合。

　　直接建模,就是不管模型是有特征还是无特征(从其他CAD系统读入的非参数化模型),都可以直接进行后续模型的创建,也不管是修改还是增加几何,都无需关注模型的建立过程。这样就使得用户可以在一个更加自由的3D设计环境下,以更快的速度进行模型的创建和编辑。与基于特征的参数化3D设计系统不同,直接建模能够让用户以最直观的方式直接对模型进行编辑。

　　创建零件文件,单击"柔性建模"选项卡,如图6-1所示。

图6-1　"柔性建模"选项卡

　　"柔性建模"选项卡中包含了"识别和选择"、"变换"、"识别"、"编辑特征"四个选项区域。

> "识别和选择":用于选择指定类型的几何。

> "变换":用于对选定几何进行直接操控。

> "识别":用于识别阵列和对称,从而当一个成员修改时可将该修改传播给所有阵列成员或对称几何。

> "编辑特征":用于编辑选定的几何或曲面。

　　创建零件,选择"模型"选项卡中"获取数据"下拉列表中的"导入"选项,导入文件housing.stp,单击"导入"选项卡中的"完成"按钮 ✔ ,将模型导入到零件环境中,如图6-2所示。

　　下面将使用该模型对柔性建模的各种功能进行详细讲解。

图 6 - 2 导入文件

6.1 识别和选择

"识别和选择"选项区域提供了柔性建模过程中各种快捷方便的曲面选择方法。默认状态下,该选项区域中的按钮不被激活,只有选择了相应的几何元素作为种子面后,才会被激活,当将光标移动到按钮上方时,图形窗口中的几何便会突出预显选择结果。单击该按钮后,该几何便被选定。

➤ "凸台" ：选择一个种子面,单击该工具按钮,构成凸台的曲面,如图 6 - 3 所示。

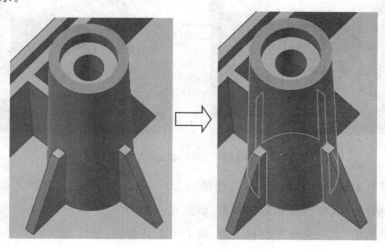

图 6 - 3 选择"凸台"选项

➤ "带有附属形状的凸台" ▢ :选择一个种子面,单击该工具按钮,选择构成一个凸台以及相连的凸台的曲面,如图 6-4 所示。

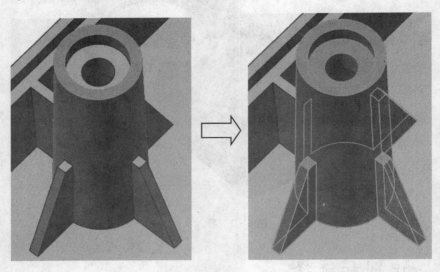

图 6-4 选择"带有附属形状的凸台"选项

➤ "切削" ▢ :选择一个种子面,单击该工具按钮,选择构成切削的曲面,如图 6-5所示。

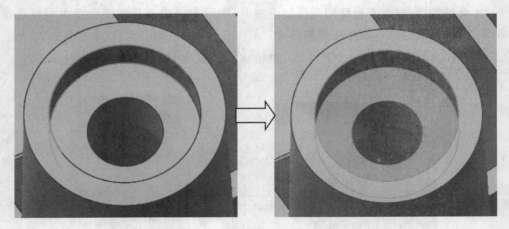

图 6-5 选择"切削"选项

➤ "带有附属形状的切削" ▢ :选择一个种子面,单击该工具按钮,选择构成一个切削及其相连的切削的曲面,如图 6-6 所示。

➤ "倒圆角" ▢ :选择一个种子面,单击该工具按钮,选择构成倒圆角的曲面,如图 6-7 所示。

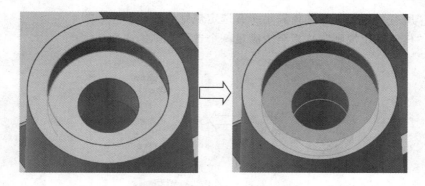

图 6-6　选择"带有附属形状的切削"选项

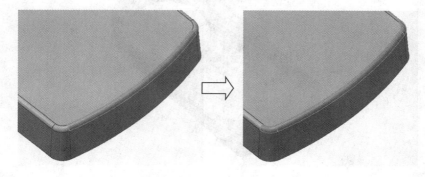

图 6-7　选择"倒圆角"选项

➤ "具有附属形状的倒圆角" ▱ :选择一个种子面,单击该工具按钮,选择构成
一个倒圆角及其相连的圆角曲面,如图 6-8 所示。

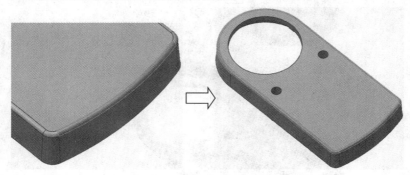

图 6-8　选择"具有附属形状的倒圆角"选项

➤ "几何规则" ▤ :选择一个种子面,单击该工具按钮,打开"几何规则"对话框,
选择相应的条件和相应的曲面,如图 6-9 所示。
➤ "共面":选择与种子面共面的曲面,如图 6-9 所示。
➤ "平行":选择与种子面平行的曲面,如图 6-10 所示。

"所有可用规则"：选择满足所有选定规则的曲面。

"任何可用规则"：选择至少满足一个选定规则的曲面。

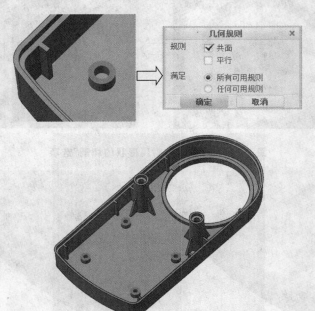

图 6-9 共 面

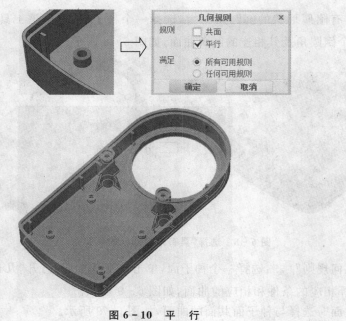

图 6-10 平 行

6.2　变　换

"柔性建模"选项卡中"变换"选项区域的命令用于对选定几何进行直接修改、操控，包含"移动"、"偏移"、"修改解析"、"镜像"、"替代"、"编辑倒圆角"六个工具。

6.2.1　移　动

单击"移动"下三角按钮显示"使用拖动器移动"、"按尺寸移动"、"使用约束移动"三个命令。

在"移动"选项卡中可以通过方式选择下三角按钮切换三种"移动"命令。

⊕▸：使用拖动器移动。

⊢┤：按尺寸移动。

▣：使用约束移动。

"移动"工具主要用于移除选定几何并将其置于新位置，以及创建选定几何的副本并将该副本移动到新位置。

"移动"工具仅对单个几何选择起作用，要想移动另一个几何选择，必须创建新的移动特征。可多次移动同一个几何，将会在一个特征中堆叠多个移动步骤。一次平移和一次旋转移动可包含在一个特征中，但它们彼此独立，可以在特征编辑中更改。

1. 使用拖动器移动

选择几何，单击"移动"下三角按钮，选择"使用拖动器移动"工具按钮🐟，弹出"移动"选项卡，并在几何模型上弹出拖动器，如图 6 - 11 所示。拖动器（CoPilot）是 Creo Parametric 软件中常用的零件或者特征的移动工具。拖动箭头，几何将沿箭头所指的方向移动；拖动三个圆环，几何将以箭头为轴进行转动；拖动中心位置的平面，几何将在指定平面内自由移动；拖动中心点可自由移动几何。

选择"移动"选项卡中的"保持原样"选项，创建要移动到新位置的选定几何的副本，这是一个移动复制操作。

➢ "原点"：该选项用于定义拖动器的位置，原点位置参考不一样，其自由度也不一样。例如选择基准轴为原点，其自由度有两个，即一个方向和一个旋转。

如果选择坐标系为拖动器的原点，则有六个自由度，如图 6 - 12 所示。

定义了原点后的拖动器，在对几何进行移动时，将会弹出尺寸显示，修改尺寸将会对几何做精确移动，如图 6 - 13 所示。

单击"参考"选项卡，如图 6 - 14 所示。

➢ "移动曲面"：选择要移动的曲面。

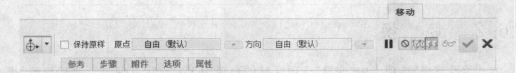

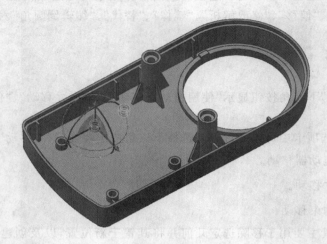

图 6 – 11　移动几何

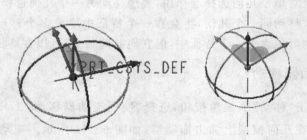

图 6 – 12　选择原点参考

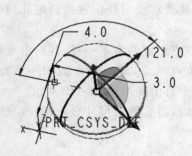

图 6 – 13　精确移动

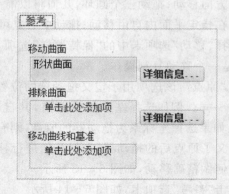

图 6 – 14　"参考"选项卡

➤ "排除曲面"：选择要从"移动"操
作中排除出去的曲面。
➤ "移动曲线和基准"：选择要添加
到"移动"操作中的曲线和基准。
单击"步骤"选项卡，如图 6 - 15 所
示。该选项卡用于记录几何移动动作。
单击"附件"选项卡，如图 6 - 16
所示。

图 6 - 15 "步骤"选项卡

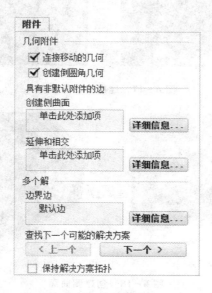

图 6 - 16 "附件"选项卡

➤ "连接移动的几何"（默认）：将移动的几何重新连接到原始实体或面组，如
图 6 - 17 所示。
➤ "创建倒圆角几何"（默认）：指定是否在移动和连接所选几何后创建倒圆角
几何。
➤ "创建侧曲面"：创建连接边的曲面，以覆盖曲面移动时留下的孔。该选项只
有在选中"连接移动的几何"时可用。创建时需要在该选择框中选择连接边
界，如图 6 - 18 所示。
➤ "延伸和相交"：延伸选定移动几何的曲面及剩余曲面，直到相交。该选项只
有在选中"连接移动的几何"时可用。创建时需要在该选择框中选择延伸边
界，如图 6 - 19 所示。
➤ "下一个"、"上一个"：存在多个解决方案时查找另一个解决方案。
➤ "保持解决方案拓扑"：当模型更改且相同的解决方案类型不能重新构建时，
重新生成成功方案。

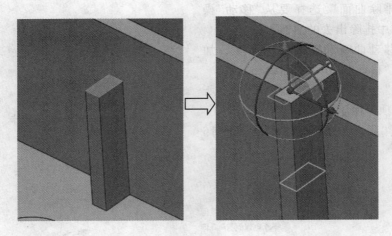

图 6－17　连接移动的几何

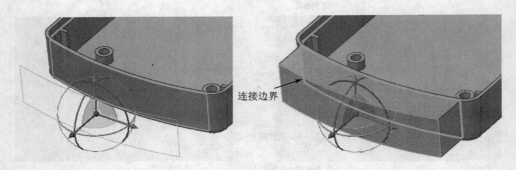

连接边界

图 6－18　创建侧曲面

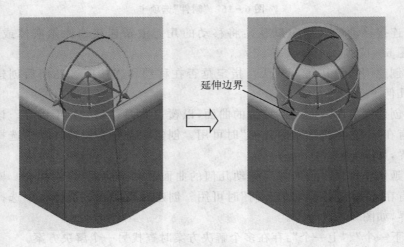

延伸边界

图 6－19　延伸和相交

单击"选项"选项卡,如图 6 - 20 所示。

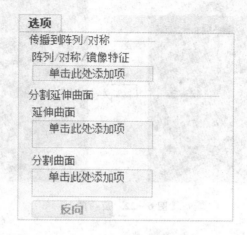

图 6 - 20　"选项"选项卡

> "阵列/对称/镜像特征":收集用于将"替代"特征传播到所有实例以便保持阵列、镜像或对称的阵列、镜像、阵列识别或对称识别特征。
> "延伸曲面":收集要分割的延伸曲面。
> "分割曲面":收集分割曲面。

"延伸曲面"和"分割曲面"两个选项往往配合使用,如图 6 - 21 所示,改变筋的高度,原模型中筋的上平面与止口处于同一平面,要单独改变筋的高度就需要分割和延伸曲面。

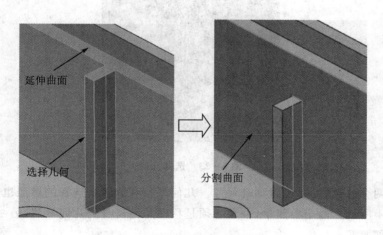

图 6 - 21　"延伸曲面"和"分割曲面"

> "反向":在分割曲面间切换。当应用于分割移动时,将要移动的几何与固定的几何相互切换,如图 6 - 22 所示。

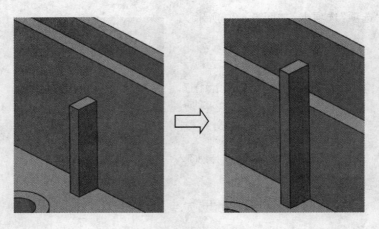

图 6 - 22   反   向

2. 按尺寸移动

"按尺寸移动"功能可以通过可修改的一组尺寸来移动选定的几何。单个移动特征中可包含最多三个非平行的线性尺寸或一个角度(旋转)尺寸。

选择几何,如图 6 - 23 所示,单击"移动"下三角按钮,选择"按尺寸移动"工具按钮 ,弹出"移动"选项卡。

图 6 - 23   选择几何

选择两个移动参照,设置移动尺寸。几何平移和旋转所选择的参照也是不同的,如图 6 - 24 所示。两个参照中,一个必须是移动几何自身的几何参照,另一个则是自身外的外部参照。

3. 使用约束移动

"使用约束移动"功能可以使用位置和方向的约束来移动选定的几何,其方式与

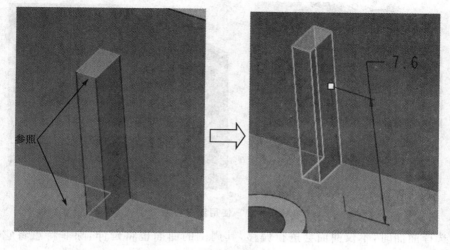

平移操作

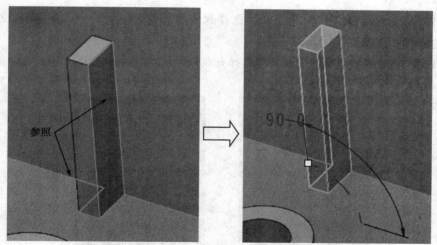

旋转操作

图 6 - 24　选择参照

装配零件类似。选定几何的位置必须是全约束，部分约束是不允许的。

选择几何，单击"移动"下三角按钮，选择"使用约束移动"工具按钮，选择孔与孔的曲面重合，顶面与顶面重合，如图 6 - 25 所示。

6.2.2　偏　移

"偏移"工具用于偏移选定的几何，几何可以是实体几何或者面组，偏移过程中可将其连接到该实体或面组中。选择面组时，该面组几何会相对于其原始位置进行偏

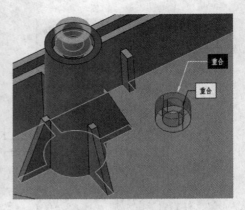

图 6 – 25 使用约束移动

移。选择曲面时,不仅曲面会进行偏移,其周围的曲面也将延伸,除非特意将它们排除出选定范围。

"偏移"工具按钮仅对单个几何选择起作用。要想偏移另一几何选择,必须创建新的偏移几何特征。

"偏移"命令操作比较简单,只需选择几何,单击该"偏移"工具按钮,输入偏移尺寸即可,如图 6 – 26 所示。

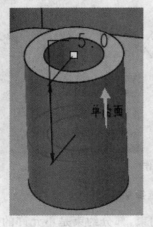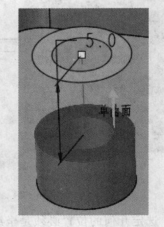

"连接移动的几何"(选择)　　　　"连接移动的几何"(取消选择)

图 6 – 26 偏移曲面

6.2.3 修改解析

"修改解析"特征允许编辑驱动解析曲面的基本尺寸。可修改圆柱、圆环或圆锥的下列尺寸:

➢ 圆柱　修改半径,轴仍然固定。

➢ 圆环　修改圆的半径及圆的中心到旋转轴的半径,旋转轴仍然固定。

➢ 圆锥　修改角度,圆锥的轴和顶点仍然固定。

选择孔的曲面,单击"变换"选项区域的"修改解析"工具按钮 ![icon],修改尺寸,如图 6 - 27 所示。

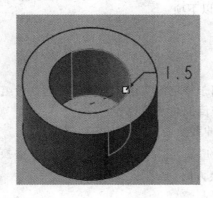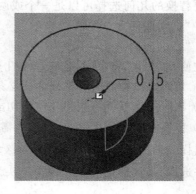

图 6 - 27　修改解析

6.2.4　镜　像

"镜像"特征是使用一个平面镜像复制选定的几何。原始几何的副本被镜像到新的位置,并与同一几何或面组连接。当几何选择包括倒圆角或者与倒圆角相连时,将在新位置上创建倒圆角。

选择孔的曲面,单击"变换"选项区域的"镜像"工具按钮 ![镜像图标] 镜像,选择镜像平面,如图 6 - 28 所示。

图 6 - 28　镜　像

6.2.5　替　代

"替代"特征是将选择几何替换为替换曲面。替换曲面与模型之间的倒圆角几何将在连接替换几何后重新创建。

要替换的几何选择可以是一个或两个以下项:

➤ "任何曲面集合";

➤ "目的曲面"。

在使用"替代"特征时,切记以下几点:

① 几何选择中的所有替代曲面必须属于特定的实体几何或属于同一面组。

② 几何选择不可与相邻几何相切或与倒圆角几何相连。

③ 替换曲面必须足够大,才能无需延伸替换曲面便可连接相邻几何。

选择孔的曲面,单击"变换"选项区域的"替代"工具按钮 ⚏替代 ,选择替换曲面,右击并选取"替换曲面"选项,单击箭头切换方向,如图 6 - 29 所示。

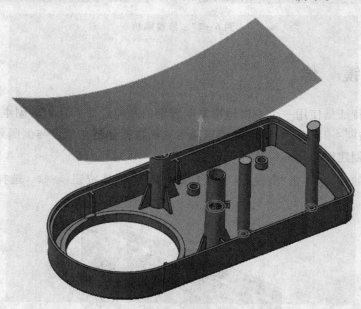

图 6 - 29　替换曲面

6.2.6　编辑倒圆角

使用"编辑倒圆角"命令可以更改已识别恒定和可变半径倒圆角的几何半径,并且可以移除倒圆角几何;将可变半径倒圆角转换为恒定半径倒圆角。可在单个"编辑倒圆角"特征中修改多个倒圆角集、恒定倒圆角和可变倒圆角。

编辑倒圆角几何时,可以移除并使用相同半径重新创建干涉倒圆角几何,但是如果干涉倒圆角的半径可变,则无法修改倒圆角几何。

选择孔的曲面,单击"变换"选项区域的"编辑倒圆角"工具按钮 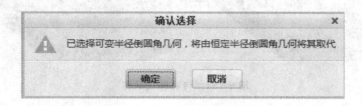,选择圆角曲面,系统提示将可变半径倒圆角转换为恒定半径倒圆角,如图 6 - 30 所示。

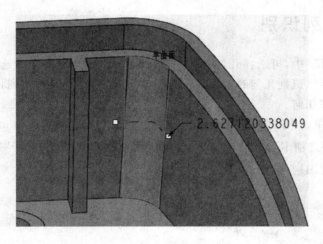

图 6 - 30　编辑倒圆角

6.3　识　别

使用"识别"选项区域的阵列识别和对称几何识别功能,可将已识别的阵列和对称传播到其他"柔性建模"特征中去。

选择几何图元,单击"变换"选项区域的"移动"工具按钮，单击"移动"选项卡中的"选项"按钮,单击"阵列/对称/镜像特征"选择框,选择模型树中以创建的阵列或镜像识别特征,移动图元,移动特征将传递到所有识别特征中包含的图元,如图 6 - 31所示。

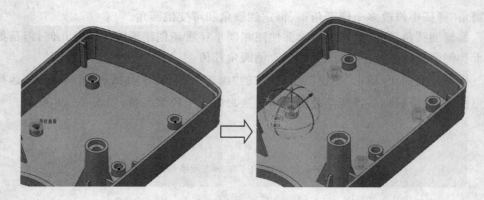

图 6-31　传递移动操作

6.3.1　阵列识别

在"柔性建模"中,可选择几何并使用"阵列识别"工具识别与所选几何相同或相似的几何。保存已识别几何时,将创建"阵列识别"特征。可在"阵列识别"特征中作为"单位"操控该几何。

选择几何,单击"识别"选项区域的"阵列识别"(Pattern Recognition)工具按钮，弹出"阵列"选项卡,系统自动识别相同或相似的几何图元,单击"完成"按钮，完成阵列特征的识别,如图 6-32 所示。

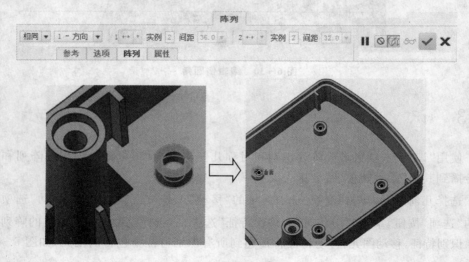

图 6-32　阵列识别

在"阵列"选项卡中可以选择识别几何的方式有"相同"和"类似"。

➤ "相同":识别成员具有相同曲面且其与周围几何之间的相交边也相同的阵

列,如图 6 - 33 所示。

> "类似":识别成员具有相同曲面但其与周围几何的相交边可以不同的阵列,如图 6 - 34 所示。

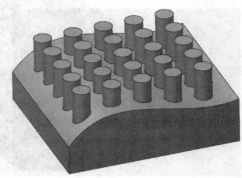

图 6 - 33　"相同"　　　　　　　　　　　图 6 - 34　"类似"

在"阵列"选项卡中显示了已识别阵列的类型及其参数。可用阵列类型为"方向"、"轴"或"空间"。

> "方向":显示阵列类型、成员数量及第一方向和第二方向上成员间的间距。

> "轴":显示成员数量及角度方向和径向方向上成员之间的间距。

> "空间":显示成员数量。

单击"阵列"选项卡中的"参考"按钮,弹出"参考"选项卡,如图 6 - 35 所示。

> "导引曲面":定义了要识别的几何阵列导引的曲面。

> "导引曲线和基准":定义了要识别的几何阵列导引的曲线和基准。无法选择基准坐标系。

单击"阵列"选项卡中的"选项"按钮,弹出"选项"选项卡,如图 6 - 36 所示。

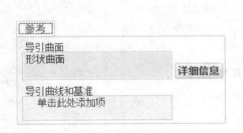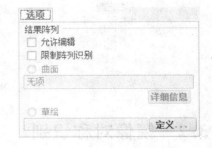

图 6 - 35　"参考"选项卡　　　　　　　图 6 - 36　"选项"选项卡

> "允许编辑":允许编辑阵列成员的数量和方向或轴阵列的阵列成员间的间距,如图 6 - 37 所示。

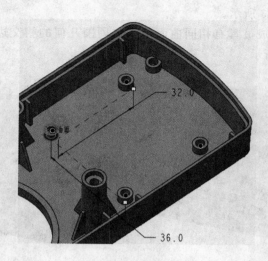

图 6-37　允许编辑

➢ "限制阵列识别"：将阵列识别限制在模型的选定区域。区域类型可以是"曲面"以及"草绘"区域。

单击"阵列"选项卡中的"阵列"按钮，弹出"阵列"选项卡，如图 6-38 所示。该选项卡中显示了已找到阵列的类型及相关参数。

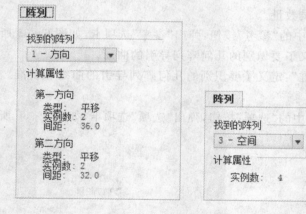

图 6-38　"阵列"选项卡

6.3.2　镜像对称识别

在"柔性建模"中，可选择几何或几何和基准平面，并使用"对称识别"工具识别与所选几何对称的且相同或相似的几何。在"对称识别"特征中可以作为"单位"操控该几何。

"对称识别"特征具有以下两个可能的参考集：

① 当选择一个种子曲面或种子区域和对称平面时，将自动识别对称平面另一侧的对称曲面或曲面区域。连接到选定种子曲面或曲面区域也将作为特征的一部分进行识别，其中，选定种子曲面相对于对称平面对称，如图 6 - 39 所示。

② 选择两个对称的且相同或相似的种子曲面或曲面区域时，将自动识别对称平面，如图 6 - 40 所示。

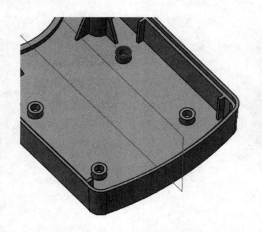

图 6 - 39　选择种子曲面和对称平面

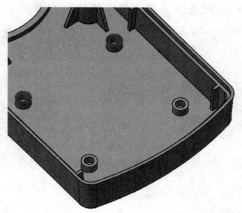

图 6 - 40　选择两个种子曲面

6.4　编辑特征

"编辑特征"选项区域中包含了"连接"和"移除"两个命令。

6.4.1　连　接

当开放面组与几何不相交时，使用"连接"命令▷将开放面组连接到实体或面组几何。开放面组会一直延伸，直至其连接到要合并的面组或曲面。

"连接"特征可用来重新连接已经移动到新位置的已移除几何。

"柔性建模"提供了创建"连接"特征的不同解决方案。使用"连接"选项卡中"选项"选项卡中的"上一个"和"下一个"按钮，即可在各个可用的解决方案之间进行切换，以便选择最符合要求的解决方案。

6.4.2　移　除

"移除"命令▨可让用户移除几何，而不需改变特征的历史记录，也不需重定参考或重新定义一些其他特征。移除几何时，会延伸或修剪邻近的曲面，以收敛和封闭空白区域。

如果选择包含区域的曲面集作为要移除的曲面，则使用每个曲面的所属曲面替代每个曲面。定义了同一曲面的其他区域的轮廓被添加到"排除轮廓"收集器。

"柔性建模"提供了创建"移除"特征的不同解决方案。使用"移除"选项卡中"选项"选项卡中的"上一个"和"下一个"按钮，即可在各个可用的解决方案之间进行切换，以便选择最符合要求的解决方案。

第 7 章　AutobuildZ 的 2D 转 3D

AutobuildZ 是 Creo Parametric 中的一个插件，它可以利用 2D 工程图创建一个参数化的 3D 特征模型。2D 工程图文件可以是 DXF、DWG 或 IGS 文件。AutobuildZ 也可以直接使用用户在工程图中用草绘工具创建的 2D 图元来创建相应的 3D 模型。

要使用 AutobuildZ，需要单击"文件"下拉菜单，选择"选项"命令，弹出"Creo Parametric 选项"对话框，如图 7 − 1 所示，单击"添加"按钮，弹出"选项"对话框，在"选项名称"文本框中输入 autobuildz_enabled，在"选项值"下拉列表中选择 yes，保存配置文件，如图 7 − 2 所示。

图 7 − 1　"Creo Parametric 选项"对话框

重新启动 Creo Parametric，新建工程图文件，此时可以看到出现一个 AutobuildZ 选项卡，如图 7 − 3 所示。

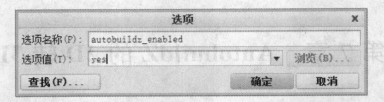

图 7-2 "选项"对话框

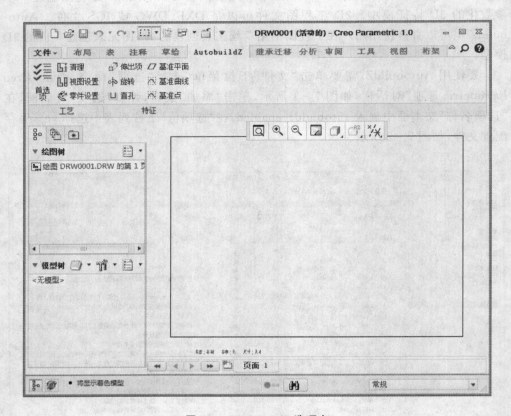

图 7-3 AutobuildZ 选项卡

工作流程：

① 输入 2D 工程图；

② 清理几何；

③ 定义 2D 视图；

④ 初始化零件；

⑤ 创建 3D 特征；

⑥ 保存模型。

下面将通过案例详细讲解每一步的操作和使用方法。

7.1　设置 AutobuildZ 操作的首选项

　　在执行 AutobuildZ 操作之前,必须使用 AutobuildZ 选项卡中的"首选项"命令来设置首选项的值。

　　也可将当前首选项及其值保存在 ASCII 文本文件 config.abz 中,以便重新使用。config.abz 文件存储在 Creo Parametric 工作目录中。

　　如果 config.abz 文件存在于 Creo Parametric 工作目录中,则当用户打开"首选项"对话框时,AutobuildZ 会从 config.abz 文件加载首选项及其值。当 Creo Parametric 工作目录中不存在 config.abz 文件时,"首选项"对话框会显示默认的首选项值。

　　单击 AutobuildZ 选项卡中"工艺"选项区域的"首选项"工具按钮 ⋙,弹出"首选项"对话框,如图 7-4 所示。

　　在"清理"选项区域的"层名前缀"文本框中输入层名的前缀。层名的默认前缀是 ABZ_。清理掉的图素将会添加到该图层中。

　　在"视图设置"选项区域的"投影系统"中,选择以下一种图标以指定逻辑视图的投影方式:

　　　　:指定第三角度投影。此为默认设置。

　　　　:指定第一角度投影。

　　如果在绘图中更改创建视图后的投影系统,则界面上就会出现一条消息提示整理全部现有的正交视图。

图 7-4　"首选项"对话框

　　在"零件设置"选项区域中,为新零件和生成当前模型的绘图视图选择所需的首选项。

> "自动视图映射":将新零件的基准平面自动映射到会话中的绘图视图中。

> "将新零件设置为活动模型":自动将新零件设置为活动模型。活动模型是其中可创建特征会话中的 3D 零件。

> "自动创建绘图":自动生成带 3D 零件视图或特征视图的绘图页面,并在关联零件中创建特征时自动更新该绘图。

> ➤ "使用绘图名称"：根据"新零件"对话框中"名称"文本框中的零件名显示会话中的绘图名。
> ➤ "使用绘图单位"：根据当前绘图单位，在"新零件"对话框中选择默认起始零件模板。

注意：如果想在"新零件"对话框中手动选择起始零件模板，则须确保没有选择"使用绘图单位"选项。

在"特征向导"选项区域单击以下选项设置特征创建的首选项：

> ➤ "自动向前"：在当前界面上完成有效输入后，将会自动引导您进入特征创建向导中特征创建过程的下一步骤。无须在特征创建向导上单击"下一步"按钮。默认情况下，不会选择"自动向前"复选项。
> ➤ "在截面轮廓修复中创建详图图元"：自动创建截面轮廓的详细图元，以此作为截面轮廓修复的一部分。系统会将这些图元添加到绘图视图中。

如果没有单击"在截面轮廓修复中创建详图图元"复选项，则系统会创建一个或多个详图图元，并将其作为截面轮廓修复部分临时添加到截面轮廓中。系统不会将它们添加到特征创建之后生成的绘图视图中。

在"选择"选项区域的"链接公差"文本框中输入公差值以选择绘图上连续的图元链。

单击"默认"按钮以设置其默认值的首选项。

单击 ✔ 按钮接受在"首选项"对话框中所做的更改。设置的首选项及其值将保存在 config.abz 文件中。

7.2 输入 2D 工程图

在 Creo Parametric 中，有两种方法用来输入外来的通用交换格式文件，如 DXF、DWG 和 IGS 等。一种是直接打开并自动创建 Creo Parametric 格式的工程图 *.drw 文件；另一种是新建一个空的工程图文件，然后单击"布局"选项卡中的"插入"下拉菜单，选择"导入绘图/数据"的方式来输入。

在弹出的"打开"对话框中需选择合适的文件类型，然后选择要输入的外来文件即可，如图 7-5 所示。

Creo Parametric 支持中文名，所以外来格式文件名中可以有中文和英文，但是不能有空格、全角符号和其他一些标点符号及分隔符等。如果确认要输入的文件存在于正确的目录中，但在 Creo Parametric 的"打开"对话框中却看不到对应文件，则需要确认文件名是否有问题，用户可以到操作系统的文件管理器中进行文件重命名操作，以符合 Creo Parametric 的命名规则。

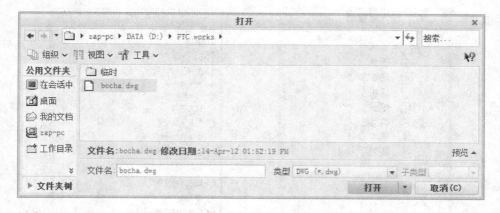

图 7 - 5 "打开"对话框

7.2.1　DXF & DWG 格式的工程图文件导入

对于一个工程图而言,一般都由下面几个部分组成:

➢ 表达产品形状的几何线条和辅助线;

➢ 表达产品尺寸的尺寸标注和注释文本等;

➢ 表达产品技术要求的注释文本;

➢ 表达产品相关信息的明细表;

➢ 进行数据管理的图层。

因此,在输入外来格式的工程图文件时,用户也需要根据对应的情况选择合适的选项,以保证输入的文件尽可能保持与原始数据一致,其中几何线条、尺寸文本是重中之重。

单击快速启动栏中的"打开"按钮 ,弹出"打开"对话框,在"类型"下拉列表中选择 DWG,选择 bocha.dwg,单击"打开"按钮,弹出"导入新模型"对话框。在该对话框中有一些可供用户选择的打开类型。一般情况下,根据打开的文件系统都能够自动做出正确的判断并选择正确的文件类型,例如对于 DWG 文件,默认就是以"绘图"的文件方式打开,如图 7 - 6 所示;但在有些情况下则需要用户手动选择正确的文件类型。当然对于本案例而言,不存在这个问题。确定默认的文件名并单击"确定"按钮,弹出"导入 DWG"对话框。

在"导入 DWG"对话框中可以设置有关输入文件的各种控制选项和属性,在"空间名称"列表框中可以选择导入的空间名称,一般选择 Model Space(模型空间)选项即可,如图 7 - 7 所示。

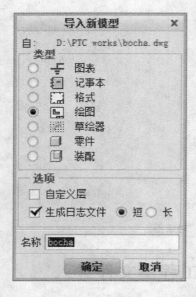

图 7-6 "导入新模型"对话框

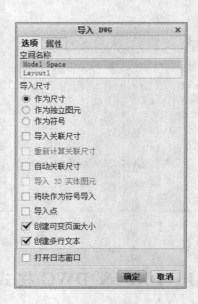

图 7-7 "导入 DWG"对话框

7.2.2　颜色配置

在"导入 DWG"对话框中的"属性"选项卡中可以对各属性进行设置。其中,最重要的两个属性就是"颜色"和"文本字体",切换到"属性"选项卡并激活"颜色"子选项卡,可以看到导入文件与 Creo Parametric 系统颜色的对应情况,在默认情况下,都是根据颜色的 RGB 值进行相同对应的,如图 7-8 所示。

但在这种对应方式下,如果图元的颜色刚好与当前 Creo Parametric 的配色方案中的背景颜色一样(均为白色),那么导入的该颜色图元将因为与背景色一致而被隐藏,如图 7-9 所示。

当输入外来的工程图数据时,如果提示输入成功而发现生成的 DRW 文件中没有任何图元,则很有可能是因为导入的图元颜色与背景色一样所致。

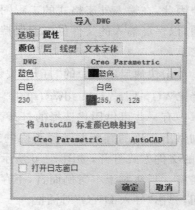

图 7-8 "属性"对话框

在"导入 DWG"对话框中的"属性"选项卡中,单击"将 AutoCAD 标准颜色映射到"选项区域的 Creo Parametric 按钮,使用 Creo Parametric 默认颜色方案来显示输入工程图的实体几何图元,这样,原来白色的几何线条就可以正常显示出来,如图 7 - 10 所示。

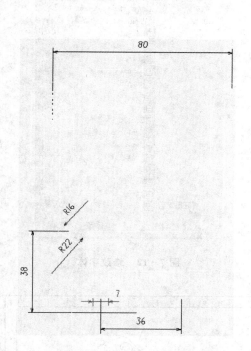

图 7 - 9　导入的图元颜色与背景色一样

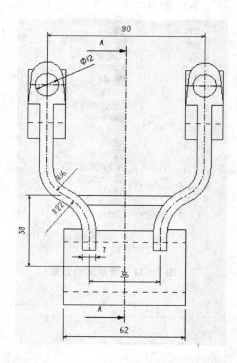

图 7 - 10　Creo Parametric 默认颜色方案

　　可惜的是自动对应颜色的情况一般都不准确,所以大多数情况下还是需要手工指定对应的颜色,单击 Creo Parametric 下拉列表中的各颜色,就可以激活相应的颜色值列表并进行选择,如图 7 - 11 所示。

　　另外,输入文件的字体也可以在"文本字体"选项卡中修改,切换到"文本字体"选项卡,其中列出了 DWG 和 Creo Parametric 相对应转化的字体,根据具体情况选择合适的字体以保证输入数据最大限度地重现原始数据的表现方式,如图 7 - 12 所示。特别是在一些输入文本出现乱码的情况下,很有可能就是当前系统没有输入文件中使用的字体,这时可以通过修改字体的映射,把系统不存在的字体替换成系统存在的字体以正常显示相关文本。

　　单击"导入 DWG"对话框最下方的"确定"按钮,系统进入实际输入 DWG 文件的进程。如果用户是通过采用新建绘图文件,然后选择"插入"下拉菜单,再选择"导入绘图/数据"的方式来导入的,那么在导入文件之前系统会询问是否根据图框大小进行导入图形的自动缩放,以及是否对齐到原点。一般为了保持原始图形的比例,不建议进行缩放处理,如图 7 - 13 所示。

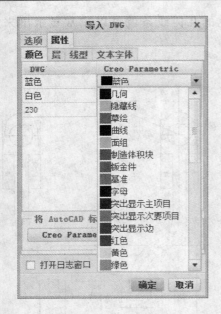

图 7-11 修改颜色方案

图 7-12 修改字体

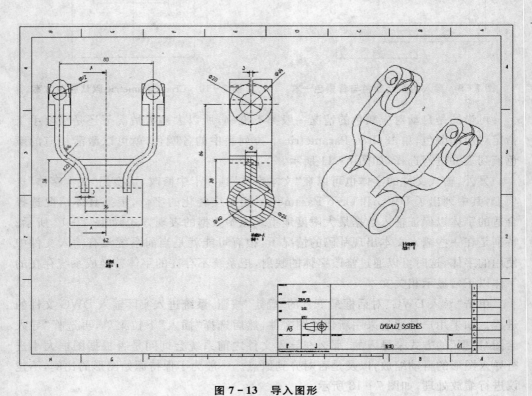

图 7-13 导入图形

7.3 清理输入的图元

在很多情况中，当输入一个 2D 的平面图到 Creo Parametric 中时，平面图中的设计内容包括尺寸、注释、符号及平面图元，如线、圆弧、圆等。其中大部分都不是真正表达模型几何的。比如尺寸、注释等一般就不会直接用来定义特征。所以，要把这些图元移到特定的层中去，然后把它们隐藏起来。

2D 绘图导入 Creo Parametric 后的第一步就是要清理绘图。使用 AutobuildZ 的自动和手工清理工具来清理。在清理过程中，搜集并重新组织所有不想要的图元比如尺寸、注释、符号等，并把这些图元放到一个独立的层中隐藏起来。清理结束后，就可以得到一个只有表达模型几何的平面图元的页面了。

7.3.1 自动清理

在案例中，除了平面的图元外还有尺寸和注释。现在就开始使用自动工具来清理绘图，把所有的尺寸、注释和符号移到遮掩层中去。

操作步骤如下：

单击 AutobuildZ 选项卡中的"清理"工具按钮
图清理，弹出"清理"对话框，如图 7－14 所示。

在"按类型过滤"选项区域中选择"尺寸"、"注释"、"符号"复选项以设置特定且有效图元类型的过滤标准。

■：选择所有图元类型。

≡：清除选择。

在"按图元颜色选择"选项区域中，单击所需颜色选项，以根据颜色过滤图元。有效颜色为蓝色、红色、黄色、绿色、品红及紫色。

在"操作"选项区域中有两个选项：

∞：预览按类型及颜色选定的图元。

✐：遮蔽按类型及颜色选定的图元。

如果不存在特定图元类型的层，则将根据类型及颜色创建新层。将以在"首选项"对话框中的"层名前缀"文本框中输入的首选项值作为层名的前缀，图元将被移动到指定层。

图 7－14 "清理"对话框

7.3.2　手动清理

操作步骤如下：

在"清理"对话框中单击"手动"选项卡，如图 7-15 所示。

从"层选择"下拉列表中选择"创建新层"选项以创建遮蔽的层，或从列表中选择现有遮蔽的层。通过从列表中选择现有遮蔽的层，可从选定层中添加或移除图元。

注意："名称"和"按图元颜色选择"仅在从"层选择"下拉列表中选择了"创建新层"选项时可用。

在"层属性"选项区域的"名称"文本框内输入新层名称。系统就会用现有层名验证该层名，并且用"首选项"对话框中的"层名前缀"文本框中输入的首选项值添加前缀。

单击"选择"工具按钮 ，打开"选择"对话框，如图 7-16 所示，选择图元。选定图元的数量会显示在"选定的图元"选项区域中。

图 7-15　"手动"选项卡

图 7-16　"选择"对话框

在"选择"对话框中，"选择过滤器"选项区域的工具按钮如下：

：选择特定矩形框内存在的多个图元。

：选择特定矩形框内存在的多个图元和与矩形框边界相交的图元。

：在选择其中一个图元时，选择相连接图元的链或环。

：单独选择图元时，每次选择一个图元。

"选定的图元"选项区域的工具按钮如下：

：向现有选择的图元中添加图元。

：从现有所选的图元中移除图元。

单击"清理"对话框中的工具按钮 可移除选定的图元。

单击"按图元颜色选择"复选钮可按颜色选择图元。在图形窗口中选择一个图元，系统会将绘图页上所有与选定图元颜色相同的图元移动到新层或现有层上。

注意：用户无法根据颜色手动将尺寸移到层中。

7.4　定义视图

导入的绘图数据可能包含视图，也可能不包含视图。可选择导入绘制的图元对其进行逻辑分组以表示 AutobuildZ 中的视图。不能重复选择已选定构成逻辑视图的图元来表示另一视图。逻辑视图可存储诸如视图中的图元标识和视图范围等数据，并有助于构造 3D 特征。

单击 AutobuildZ 选项卡中"工艺"选项区域的"视图设置"工具按钮，弹出"视图设置"对话框，如图 7-17 所示。"视图设置"对话框中包含了"正交"、"截面"、"辅助"、"细节"四个选项卡，分别用于定义四种视图，本节将主要详细讲述"正交"视图的定义。

在"正交"选项卡中的"绘图比例"文本框中显示默认的绘图比例值，单击"计算"按钮将打开"计算比例"对话框，如图 7-18 所示。在该对话框中，通过选择注释"尺寸"以及相应"参考图元"的实际参数来计算比例。

图 7-17　"视图设置"对话框

图 7-18　"计算比例"对话框

在"视图设置"对话框中的"视图"选项区域，单击其中任一选项选择一种正交视图：

⊞:指定前视图。此为默认设置。

⊟:指定顶视图。

⊟:指定右视图。

⊞:指定底视图。

⊞:指定后视图。

⊞:指定左视图。

选择完要定义的正交视图后,单击"视图定义"选项区域的"选择图元"工具按钮

▶,打开"选择"对话框选择相应的图元即可。

定义好视图后,单击"关闭"按钮。

7.5 定义零件文件

定义完视图后需要创建与工程图相互关联的零件文件,单击 AutobuildZ 选项卡中的"工艺"选项区域的"零件设置"工具按钮 ⚙零件设置。打开"新零件"对话框,如图 7-19 所示。

注意:仅当尚未创建零件并使其与当前绘图关联时,"新零件"对话框才可用。

在"名称"文本框中输入零件的名称,或接受默认名称。

注意:零件名称不可超过 25 个字符。

在"模板"选项区域选择零件文件单位,包括"英寸"、"毫米",当选择其中任意一种单位时,须确保未选择"使用绘图单位"复选项。默认情况下,将选择"使用绘图单位"复选项。"使用绘图单位"是将当前绘图单位应用于零件模板中。

在"参数"选项区域相关的文本框中指定下列模型参数的值:

➤ "说明":对零件进行说明。

➤ MODELED_BY:指定设计者的名称。

如果要将新零件设置为可向其中添加新特征的活动零件,请单击"设置为活动零件模型"。如果在"首选项"对话框中选择了"将新零件设置为活动模型"选项,则在默认情况下将会选中"新零件"对话框中的"设置为活动零件模型"复选项。

图 7-19 "新零件"对话框

单击"完成"按钮 ✓ 完成零件创建,新零件的基准平面将被自动映射到活动绘

图的视图中。如果基准平面向绘图视图的自动映射失败,或者未在"首选项"对话框中选择"自动视图映射"选项,则"视图映射"对话框打开。

7.6　创建特征

AutobuildZ 可在活动绘图上选择图元以在当前零件中创建下列特征:

➢ 拉伸特征;

➢ 旋转特征;

➢ 简单直孔;

➢ 基准特征。

拉伸和旋转特征属于"伸出项"及"切口"类型。默认情况下将创建"伸出项"特征。如果拉伸特征或旋转特征是零件中的第一个实体特征,则仅可创建"伸出项",而非"切口"。

在活动零件中创建特征涉及下列步骤:

① 将零件设置为活动零件。

② 选择要创建的特征及特征类型。

③ 在绘图中选择图元以定义截面轮廓。

④ 选择直线图元以定义草绘平面。

⑤ 在特征创建过程中的每一步自动校验草绘。

⑥ 校验失败时,根据处理的错误修复截面轮廓。

⑦ 定义拉伸特征的深度选项或旋转特征的角度选项。

⑧ 在 3D 模型空间内预览特征。

7.6.1　创建拉伸特征

操作步骤如下:

① 单击 AutobuildZ 选项卡中"特征"选项区域的"伸出项"工具按钮 $\boxed{\text{伸出项}}$,打开"拉伸特征"对话框,如图 7-20 所示。

在"拉伸特征"对话框中可以看到显示"4 的步骤 1",说明现在对话框显示的界面是定义拉伸特征的第一个步骤,在该步骤中首先需要在"名称"选项区域指定拉伸特征的名称,在"类型"选项区域指定要创建"伸出项"类型还是"切口"类型的拉伸特征。如果要创建"切口"类型的拉伸特征,可单击 $\boxed{\angle}$ 工具按钮后再单击 $\boxed{\diagup}$ 工具按钮切换切口的方向。

② 单击"拉伸特征"对话框中步骤 1 界面上的 $\boxed{\blacktriangleright}$ 按钮进入步骤 2 界面,如图 7-21 所示。

单击"截面轮廓"选项区域的 ▣ 工具按钮,选择几何图元构成的截面轮廓,系统会自动验证截面轮廓。

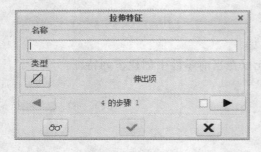

图 7-20　"拉伸特征"对话框中的步骤 1 界面　　　　图 7-21　步骤 2 界面

③ 单击"拉伸特征"对话框中步骤 2 界面上的 ▶ 按钮进入步骤 3 界面,如图 7-22 所示。

单击"草绘平面"选项区域的 ▣ 工具按钮,选择定义草绘平面的直线图元。如果想要更改草绘视图方向,单击"3D 信息"选项区域的"反向"按钮。

④ 单击"拉伸特征"对话框中步骤 3 界面上的 ▶ 按钮进入步骤 4 界面,如图 7-23 所示。

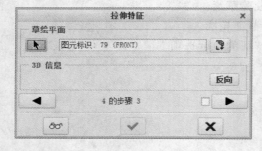

图 7-22　步骤 3 界面　　　　　　　　　图 7-23　步骤 4 界面

单击"深度参考"选项区域的 ▣ 工具按钮,选择绘制图元作为定义拉伸特征深度范围的参考。如果要清除选择的项目并再次选择该图元,可单击 ▣ 工具按钮。

在"深度选项"选项区域选择下列选项之一以指定拉伸特征的深度:

➤ "盲孔":指定拉伸特征的所需深度。在文本框中输入一个值。根据选定参考图元自动计算并显示默认深度值。

➤ "穿至":拉伸至现有参考曲面。此为默认设置。

➤ "穿透":指定拉伸特征的深度延伸通过模型中的所有曲面。此选项仅可用于切口类型的拉伸特征。

单击 ⚔ 工具按钮以反转拉伸特征深度的方向。

⑤ 在拉伸特征创建过程的相关步骤中,可单击 ◦◦ 工具按钮以在 Creo Parametric 窗口中预览以下特征元素:

➤ 代表草绘平面的参考曲面或基准平面。

➤ 代表"穿至"深度的参考曲面或基准平面。

➤ 草绘平面上的截面轮廓。

➤ 定义所有特征元素时的 3D 拉伸特征。

⑥ 单击 ✔ 按钮完成拉伸特征的创建。

7.6.2 创建旋转特征

操作步骤如下:

① 单击 AutobuildZ 选项卡中"特征"选项区域的"旋转"工具按钮 ◦◦旋转,打开"旋转特征"对话框,如图 7 - 24 所示。

在"旋转特征"对话框中可以看到显示"5 的步骤 1",说明该对话框显示的界面是定义旋转特征的第一个步骤,在该步骤中首先需要在"名称"选项区域指定拉伸特征的名称,在"类型"选项区域指定要创建"伸出项"类型还是"切口"类型的拉伸特征。如果要创建"切口"类型的拉伸特征,可单击 ⬜ 工具按钮后再单击 ⚔ 工具按钮切换切口的方向。

② 单击"旋转特征"对话框中步骤 1 界面上的 ▶ 按钮进入步骤 2 界面,如图 7 - 25 所示。

图 7 - 24 "旋转特征"对话框中步骤 1 界面

图 7 - 25 步骤 2 界面

单击"旋转轴"选项区域的 ↖ 工具按钮选择定义旋转轴的直线图元。如果要清除选择的项目,可单击 ⬆ 工具按钮。

③ 单击"旋转特征"对话框中步骤 2 界面上的 ▶ 按钮进入步骤 3 界面,如图 7 - 26 所示。

单击"截面轮廓"选项区域的 工具按钮,选择几何图元构成的截面轮廓,系统会自动验证截面轮廓。

注意:选择定义截面轮廓的图元和旋转轴必须来自同一视图。

④ 单击"旋转特征"对话框中步骤 3 界面上的 ▶ 按钮进入步骤 4 界面,如图 7 - 27 所示。

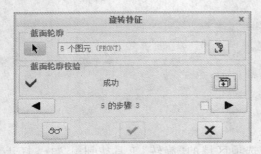

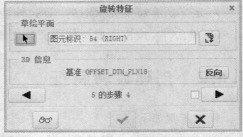

图 7 - 26　步骤 3 界面　　　　　　图 7 - 27　步骤 4 界面

单击"截面轮廓"选项区域的 工具按钮,选择几何图元构成的截面轮廓,系统会自动验证截面轮廓。如果要清除选择的项目可单击 工具按钮。

⑤ 单击"旋转特征"对话框中步骤 4 界面上的 ▶ 按钮进入步骤 5 界面,如图 7 - 28 所示。

图 7 - 28　步骤 5 界面

单击"草绘平面"选项区域的 工具按钮,选择定义草绘平面的图元。如果想要更改草绘视图方向,可单击"3D 信息"选项区域的"反向"按钮。如果 3D 模型中存在基准平面或曲面,则"3D 信息"选项区域会显示选定直线图元所代表的基准平面或曲面的名称。如果不存在基准平面或曲面,则会创建新的基准平面并在"3D 信息"选项区域显示其名称。

在"角度参考"选项区域选择直线图元。将选定的直线与选定用来表示草绘平面的直线之间的角度作为旋转特征的角度。

　　如果不是使用选择图元来确定旋转角度的方法,那么在"角度选项"选项区域会直接指定旋转的角度。

➢ "变量"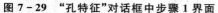:指定一个介于 0 和 360°之间的角度,或从列表中选择一个旋转角度。此为默认设置。

➢ "到选定项"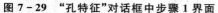:如果零件中存在由直线图元表示的曲面或基准平面,则可在绘图上选择该直线图元来表示旋转角。如果零件中不存在选定直线图元参考的曲面或基准平面,且用来定义草绘平面和旋转角的选定直线图元位于同一视图中并相交,则这两个直线图元之间的角度就是旋转特征的旋转角。

　　⑥ 在旋转特征创建过程的相关步骤中,可单击 ╳ 工具按钮以在 Creo Parametric 窗口中预览以下特征元素:

➢ 代表草绘平面的参考曲面或基准平面。

➢ 草绘平面上的截面轮廓。

➢ 定义所有特征元素时的 3D 旋转特征。

　　⑦ 单击 ✔ 按钮完成旋转特征的创建。

7.6.3　创建简单直孔

　　操作步骤如下:

　　① 单击 AutobuildZ 选项卡中"特征"选项区域的"直孔"工具按钮 ╚ 直孔 ,打开"孔特征"对话框,如图 7-29 所示。

　　在"名称"文本框中输入特征的名称。在"类型"选项区域显示孔类型。

注意: AutobuildZ 不支持创建草绘直孔。

　　② 单击"孔特征"对话框中步骤 1 界面上的 ▶ 按钮进入步骤 2 界面,如图 7-30 所示。

图 7-29　"孔特征"对话框中步骤 1 界面

图 7-30　步骤 2 界面

单击"孔轮廓"选项区域的　工具按钮，选择圆图元为孔轮廓，系统会自动验证截面轮廓。如果要清除选择的项目可单击　工具按钮。

在"孔直径"文本框中显示的所选孔轮廓直径值，或输入一个新值作为孔的直径。

③ 单击"孔特征"对话框中步骤 2 界面上的　▶　按钮进入步骤 3 界面，如图 7-31 所示。

单击"草绘平面"选项区域的　工具按钮，选择定义草绘平面的直线图元。如果 3D 模型中存在基准平面或曲面，则"3D 信息"选项区域会显示选定直线图元所代表的基准平面或曲面的名称。

④ 单击"孔特征"对话框中步骤 3 界面上的　▶　按钮进入步骤 4 界面，如图 7-32 所示。

图 7-31　步骤 3 界面

图 7-32　步骤 4 界面

单击"深度参考"选项区域的　工具按钮，选择一个参考图元作为定义孔深度的参考，在"深度选项"选项区域中选择一个选项定义深度。

- "盲孔"：指定孔的所需深度。文本框中输入一个值。如果未指定值，则使用参考图元计算深度。
- "穿至"：在零件上指定一现有曲面，将该曲面用做计算深度的"直至"参考。此为默认设置。
- "穿过所有"：指定孔的深度延伸通过模型中的所有曲面。

⑤ 单击　✔　按钮完成孔特征的创建。

7.6.4　创建基准平面

操作步骤如下：

① 单击 AutobuildZ 选项卡中"特征"选项区域的"基准平面"工具按钮 基准平面，打开"基准平面"对话框，如图 7-33 所示。

在"名称"选项区域输入新建基准平面的名称。

② 单击"基准平面"对话框中步骤 1 界面上的 ▶ 按钮进入步骤 2 界面,如图 7－34 所示。

图 7－33　"基准平面"对话框中步骤 1 界面

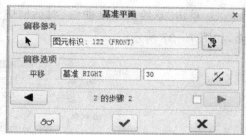

图 7－34　步骤 2 界面

单击"偏移参考"选项区域的 ▶ 工具按钮,选择正交视图中水平或竖直的直线图元以便定位新基准平面。根据选定直线图元的方向,该新基准平面自零件模型中的默认基准平面之一偏移。

"偏移选项"选项区域的"平移"文本框中选了零件模型中默认的参考基准平面名称,在旁边的文本框中输入偏移距离。

③ 单击 ✔ 按钮完成基准平面的创建。

7.6.5　创建草绘基准曲线

操作步骤如下:

① 单击 AutobuildZ 选项卡中"特征"选项区域的"基准曲线"工具按钮 ⚙ 基准曲线,打开"草绘的基准曲线"对话框,如图 7－35 所示。

在"名称"选项区域的文本框中输入新建草绘基准曲线的名称。

② 单击"草绘的基准曲线"对话框中步骤 1 界面上的 ▶ 按钮进入步骤 2 界面,如图 7－36 所示。

图 7－35　"草绘的基准曲线"对话框中步骤 1 界面

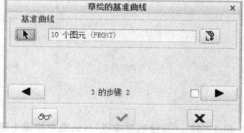

图 7－36　步骤 2 界面

单击"基准曲线"选项区域的 工具按钮,选择图元定义基准曲线。如果要清除选择的项目,可单击 工具按钮。

③ 单击"草绘的基准曲线"对话框中步骤 2 界面上的 按钮进入步骤 3 界面,如图 7 - 37 所示。

图 7 - 37 步骤 3 界面

单击"草绘平面"选项区域的 工具按钮,选择定义草绘平面的直线图元。

④ 单击 按钮完成草绘的基准曲线。

7.6.6 创建草绘基准点

操作步骤如下:

① 单击 AutobuildZ 选项卡中"特征"选项区域的"基准曲线"工具按钮 基准曲线,打开"草绘的基准点"对话框,如图 7 - 38 所示。

在"名称"选项区域的文本框中输入新建基准点的名称。

② 单击"草绘的基准点"对话框中步骤 1 界面上的 按钮进入步骤 2 界面,如图 7 - 39 所示。

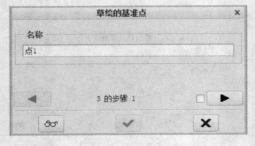 

图 7 - 38 "草绘的基准点"对话框中步骤 1 界面　　　图 7 - 39 步骤 2 界面

单击"基准点"选项区域的 工具按钮,选择线、弧、圆或点以定义基准点。使用 Ctrl 键可选择多个图元。

根据选择的绘图图元,将按照以下所述创建基准点:

> 线　在线的两端创建基准点。
> 弧　在弧的开放端及中心创建基准点。
> 圆　在圆心创建基准点。
> 点　创建点的基准点。

在绘图中,基准点以黄色圆突出显示。

③ 单击"草绘的基准点"对话框中步骤 2 界面上的 ▶ 按钮进入步骤 3 界面,如图 7 - 40 所示。

图 7 - 40　步骤 3 界面

单击"草绘平面"选项区域的 工具按钮,选择定义草绘平面的直线图元。

④ 单击 ✓ 按钮完成草绘基准点。

7.7　校验截面轮廓

在绘图上选择图元对其进行定义时,系统会自动校验拉伸和旋转特征的截面轮廓。自动校验是特征创建过程的一部分。

系统会为下面所有实体检查截面轮廓:

> 单个或多个封闭环。
> 相交或重叠图元。
> 旋转特征的旋转轴两侧的图元。

拉伸和旋转特征的创建过程中可显示每次校验的结果。正在创建的特征必须成功通过全部相关校验,才能继续进行特征创建。此外,失败的截面轮廓可以进行修复,修复后系统就会自动校验轮廓,并更新校验结果。如果校验成功,则可继续进行特征创建过程的下一步骤。

7.7.1　截面轮廓失败原因

截面轮廓可因以下一种或多种情况而导致校验失败：
➢ 单一的开放环。
➢ 多个环中包含一个或多个开放环。
➢ 相交图元。
➢ 重叠图元。
➢ 在旋转轴任一侧的图元。
以下选项在校验失败时会用黄色的圆突出显示：
➢ 单个或多个开放环的端点。
➢ 相交图元的交点。
➢ 重叠图元的端点。
另外，系统还会用不同的颜色突出显示在旋转轴任一侧的图元。

7.7.2　修复失败轮廓

截面轮廓校验失败后，在继续进行特征创建过程的下一步骤之前，必须修复为创建截面轮廓（该截面轮廓校验失败）而选定的绘制图元。

在特征创建步骤对话框中，可使用"截面轮廓校验"选项区域的 📇 工具按钮，弹出"截面轮廓校验"对话框，如图 7-41 所示，所有校验检查均会报告成功或是失败。

图 7-41　弹出"截面轮廓校验"对话框

在"截面轮廓修复选项"选项区域选择一种最适合截面轮廓修复的操作，包括：

"关闭"、"修剪"、"分割"、"移除"、"旋转"。

(1)"关闭"

选择该选项后,单击"修复"按钮,可封闭一个或多个开放环。如果截面轮廓由单个开放环组成,则系统会用一条直线连接开放环的端点以形成一个有效的封闭环。

如果截面轮廓由多个环组成,且其中有一个或多个环是开放的,则系统会用直线连接并封闭突出显示为黄色圆的开放环端点。多个开放环的各个环均会被封闭。也可将多个开放环形成单个封闭环。

(2)"修剪"

延伸或剪切图元以封闭环。如果选择"封闭环"校验检查和"修剪"选项,单击"修复"按钮系统就会剪切或延伸图元以形成单个封闭环。

如果选择"多个封闭环"和"修剪"选项,则会切割或延伸图元,使各图元组合形成一个或多个封闭环。

(3)"分割"

选择"分割"选项,单击"修复"按钮,可在截面轮廓交点处分割相交图元。图元可被创建并可以保留新图元或不保留。

如果选择"保留新图元"复选项,系统即会用绘图上的新图元替换相交图元。

如果不选择"保留新图元"复选项,系统就会在绘图上保留旧图元,而只将新图元临时添加到绘图上。系统会在特征创建之后或为同一特征定义新截面轮廓时删除这些新图元。

(4)"移除"

可直接移除重叠图元,或者从作为截面轮廓修复的部分定义截面轮廓的图元组中移除图元。从绘图中定义截面轮廓的图元组中选择要移除的图元。在图形窗口中会突出显示标记为移除的图元。

也可从列表中选择要移除的截面轮廓图元。单击"截面轮廓校验"对话框中"截面轮廓修复选项"选项区域的"移除"选项,可从列表中移除图元。

(5)"旋转"

对旋转特征而言,旋转轴的两侧均有图元时,可保留旋转轴其中一侧的图元。

7.8　案　例

本节将以阀盖为例介绍利用 AutobuildZ 工具使用工程图创建实体模型的过程,如图 7-42 所示。

操作步骤如下:

① 单击"打开"工具按钮 ，弹出"打开"对话框,在"类型"列表中选择"所有文件"选项,选择文件 fagai.dwg,单击"打开"按钮,弹出"导入新模型"对话框,如图 7-43 所示,输入文件名称,单击"确定"按钮,弹出"导入 DWG"对话框,如图 7-44 所示,单

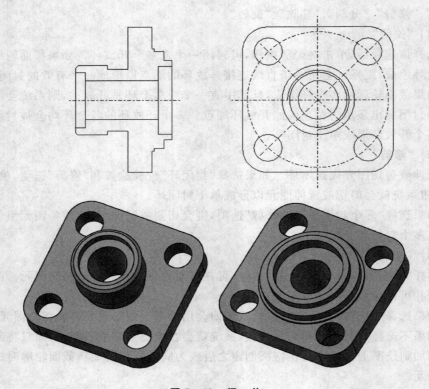

图 7-42　阀　盖

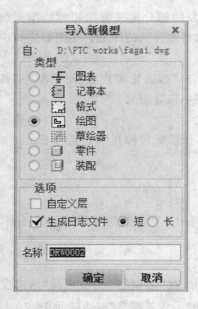

图 7-43　"导入新模型"对话框

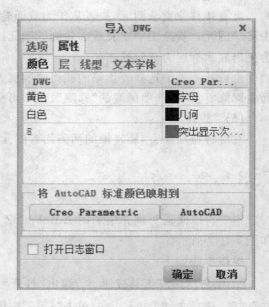

图 7-44　"导入 DWG"对话框

254

击"属性"选项卡,单击"将 AutoCAD 标准颜色映射到"选项区域的 Creo Parametric
按钮,单击"确定"按钮,结果如图 7-45 所示。

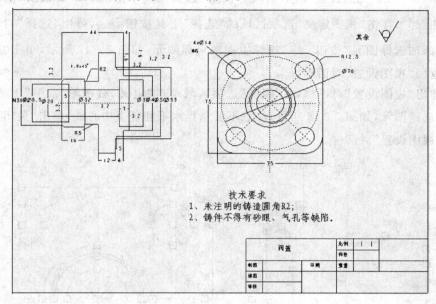

图 7-45　导入 DWG 文件

　　② 单击 AutobuildZ 选项卡中的"清理"工具按钮 ，弹出"清理"对话框,直
接单击"清理选择图元"工具按钮 ，结果如图 7-46 所示。

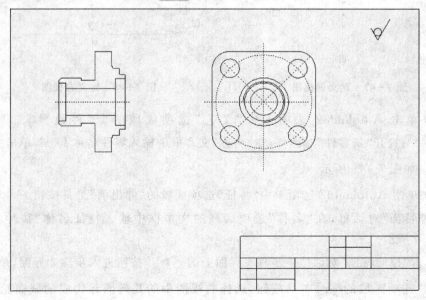

图 7-46　清理图元

③ 单击 AutobuildZ 选项卡中"工艺"选项区域的"视图设置"工具按钮 视图设置，弹出"视图设置"对话框，在"视图"选项区域单击"定义'前视图'范围"工具按钮 ，单击"视图定义"选项区域的"选择"工具按钮 ，弹出"选择"对话框，单击"添加选择图元"按钮 ，选择主视图全部图元，如图 7 - 47 所示，单击"关闭"按钮返回"视图设置"对话框。

弹出"视图设置"对话框，在"视图"选项区域单击"定义'右视图'范围"工具按钮 ，选择图元，如图 7 - 48 所示，注意不要选择水平和竖直中心线，单击"关闭"按钮退出"视图设置"对话框。

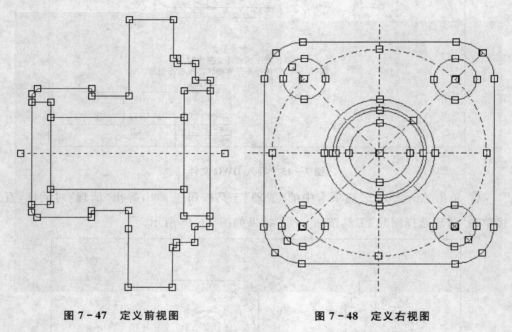

图 7 - 47　定义前视图　　　　　　　图 7 - 48　定义右视图

④ 单击 AutobuildZ 选项卡中"工艺"选项区域的"零件设置"工具按钮 零件设置，打开"新零件"对话框，在"名称"文本框中输入零件名称 fagai，单击完成按钮 ，如图 7 - 49 所示。

⑤ 单击 AutobuildZ 选项卡中"特征"选项区域的"伸出项"工具按钮 伸出项，打开"拉伸特征"对话框，在"名称"选项区域的文本框中输入特征名称"拉伸 1"，如图 7 - 50 所示。

单击"拉伸特征"对话框中步骤 1 界面上的 按钮进入步骤 2 界面，单击"截面轮廓"选项区域的 工具按钮，选择右视图中的几何图元构成的截面轮廓，如图 7 - 51 所示。

图 7 - 49 "新零件"对话框　　　　　图 7 - 50 "拉伸特征"对话框

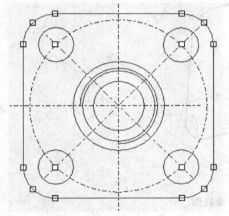

图 7 - 51 选择截面轮廓

单击"拉伸特征"对话框中步骤 2 界面上的 ▶ 按钮进入步骤 3 界面,单击"草绘平面"选项区域的工具按钮,选择主视图的直线图元为草绘平面定义参照,单击"预览"工具按钮 ∞ 可以查看效果,如图 7 - 52 所示。

单击"拉伸特征"对话框中步骤 3 界面上的 ▶ 按钮进入步骤 4 界面,单击"深度参考"选项区域的工具按钮,选择主视图直线图元作为定义拉伸特征深度范围的参考。单击"预览"工具按钮 ∞ 可以查看效果,如果拉伸方向不对,可以单击对话框中工具按钮改变拉伸方向,如图 7 - 53 所示。

最后,单击"拉伸特征"对话框中的完成按钮 ✓,完成拉伸特征的创建。

⑥ 单击 AutobuildZ 选项卡中"特征"选项区域的"旋转"工具按钮 旋转,打开

257

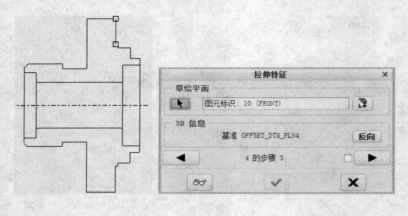

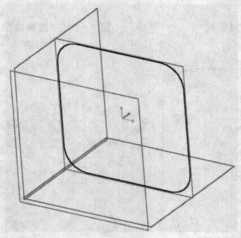

图 7 - 52　定义草绘轮廓

"旋转特征"对话框,在"名称"选项区域的文本框中输入特征名称"旋转1",如图 7 - 54 所示。

　　单击"旋转特征"对话框中步骤 1 界面上的 ▶ 按钮进入步骤 2 界面,单击"旋转轴"选项区域的 ▶ 工具按钮,选择主视图中的水平轴线为旋转轴,如图 7 - 55 所示。

　　单击"旋转特征"对话框中步骤 2 界面上的 ▶ 按钮进入步骤 3 界面,单击"截面轮廓"选项区域的 ▶ 工具按钮,选择主视图中的几何图元构成的截面轮廓,系统会自动校验截面轮廓,如果发现轮廓不符合定义要求,则在"截面轮廓校验"选项区域显示为"失败",如图 7 - 56 所示。

　　单击"截面轮廓校验"选项区域的 ▦ 工具按钮,弹出"截面轮廓校验"对话框,在"校验检查"列表中显示了失败的原因,分别是"封闭环"和"截面 w. r. t 轴"。

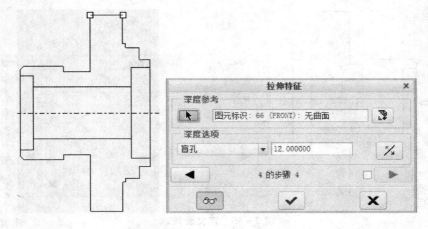

图 7 - 53　定义拉伸深度

图 7 - 54　"旋转特征"对话框

选择"封闭环",并在"截面轮廓修复选项"选项区域选择"关闭"复选钮,单击"修复"按钮,则"校验检查"列表中的"封闭环"选项变为"成功"。

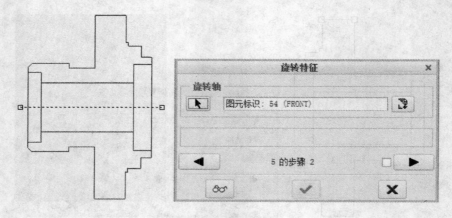

图 7-55 定义旋转轴

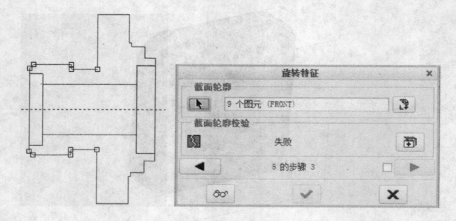

图 7-56 定义截面

　　选择"截面 w.r.t 轴",并在"截面轮廓修复选项"选项区域选择"旋转"复选钮,单击"修复"按钮,则"校验检查"列表中的"截面 w.r.t 轴"选项变为"成功"。但是"封闭环"选项又变为"失败",所以再次选择"封闭环",并在"截面轮廓修复选项"选项区域选择"关闭"复选钮,单击"修复"按钮,这样"校验检查"列表中的所有项目都变为"成功",单击"关闭"按钮,如图 7-57 所示。

　　单击"旋转特征"对话框中步骤 3 界面上的 ▶ 按钮进入步骤 4 界面,单击"草绘平面"选项区域的 ▶ 工具按钮,在右视图中选择定义草绘平面的圆,如图 7-58 所示。

　　单击"旋转特征"对话框中步骤 4 界面上的 ▶ 按钮进入步骤 5 界面,在"角度选项"选项区域的角度下拉列表中选择 360,如图 7-59 所示。

　　最后,单击"旋转特征"对话框中的完成按钮 ✓,完成旋转特征的创建。

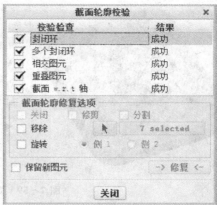

图 7 - 57 修复截面

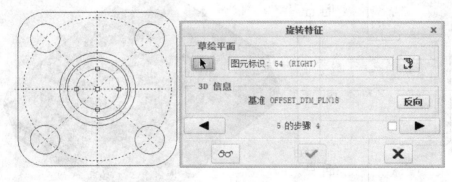

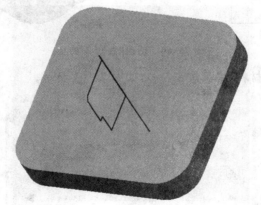

图 7 - 58 定义草绘平面

⑦ 使用同样的方法创建"旋转 2"特征,如图 7 - 60 所示。

⑧ 单击 AutobuildZ 选项卡中"特征"选项区域的"旋转"工具按钮 旋转,打开 "旋转特征"对话框,在"名称"选项区域的文本框中输入特征名称"旋转 3",在"类型"

图 7 - 59　定义旋转角度

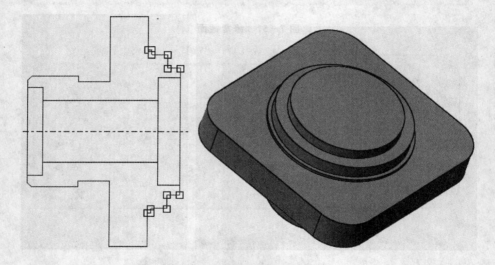

图 7 - 60　创建"旋转 2"特征

选项区域单击"去除材料"工具按钮　，如图 7 - 61 所示。

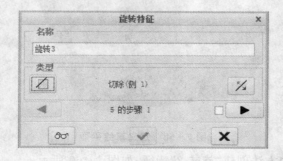

图 7 - 61　"旋转特征"对话框

单击"旋转特征"对话框中步骤 1 界面上的　▶　按钮进入步骤 2 界面，单击"旋转轴"选项区域的 工具按钮,选择主视图中的水平轴线为旋转轴,如图 7 - 62 所示。

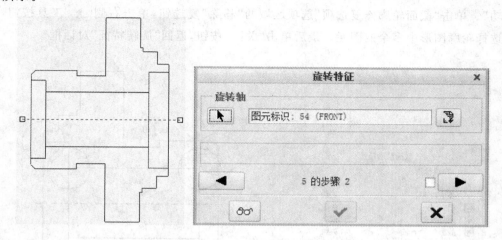

图 7 - 62　定义旋转轴

单击"旋转特征"对话框中步骤 2 界面上的 ▶ 按钮进入步骤 3 界面,单击"截面轮廓"选项区域的 ▶ 工具按钮,选择主视图中的几何图元构成的截面轮廓,系统会自动校验截面轮廓,如果发现轮廓不符合定义要求,则在"截面轮廓校验"选项区域显示为"失败",如图 7 - 63 所示。

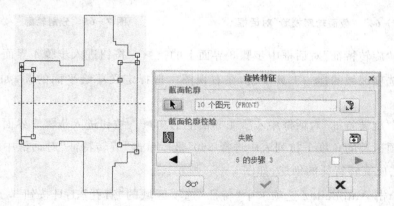

图 7 - 63　定义截面

单击"截面轮廓校验"选项区域的 工具按钮,弹出"截面轮廓校验"对话框,在"校验检查"列表中显示了失败的原因,分别是"相交图元"和"截面 w.r.t 轴",如图 7 - 64 所示。

选择"截面 w.r.t 轴",单击"截面轮廓修复选项"选项区域的"旋转"复选钮,选择代表图元上方的一侧,单击"修复"按钮。

选择"相交图元",单击"截面轮廓修复选项"选项区域的"分割"复选钮,如图 7-65 所示,单击"修复"按钮,则"校验检查"列表中的"相交图元"选项变为"成功"。单击"截面轮廓修复选项"选项区域的"移除"复选钮,单击右侧 🔺 工具按钮,选择轮廓图形中多余的图元。最后单击"关闭"按钮,返回"旋转特征"对话框。

图 7-64 "截面轮廓校验"对话框   图 7-65 分割轮廓

单击"旋转特征"对话框中步骤 3 界面上的 ▶ 按钮进入步骤 4 界面,单击"草绘平面"选项区域的 🔺 工具按钮,在右视图中选择定义草绘平面的圆,如图 7-66 所示。

单击"旋转特征"对话框中步骤 4 界面上的 ▶ 按钮进入步骤 5 界面,在"角度选项"选项区域的角度下拉列表中选择 360,最后单击"旋转特征"对话框中的完成按钮 ✔ ,完成旋转特征的创建,如图 7-67 所示。

⑨ 单击 AutobuildZ 选项卡中"特征"选项区域的"直孔"工具按钮 ⊔ 直孔 ,打开"孔特征"对话框,在"名称"文本框中输入特征的名称"孔 1"。在"类型"选项区域显示"孔类型",如图 7-68 所示。

单击"孔特征"对话框中步骤 1 界面上的 ▶ 按钮进入步骤 2 界面,单击"孔轮廓"选项区域的 🔺 工具按钮,选择右视图中的圆为孔轮廓,如图 7-69 所示。

单击"孔特征"对话框中步骤 2 界面上的 ▶ 按钮进入步骤 3 界面,单击"草绘平面"选项区域的 🔺 工具按钮,选择主视图中的直线图元,如图 7-70 所示。

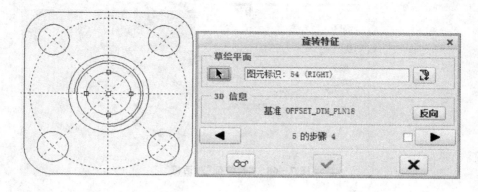

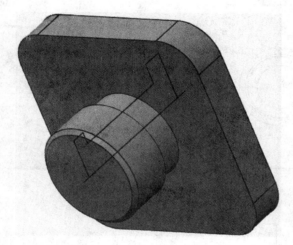

图 7-66 定义草绘平面

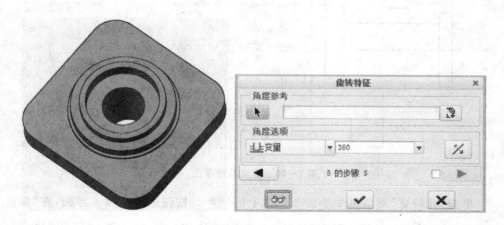

图 7-67 定义旋转角度

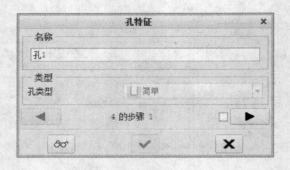

图 7-68　"孔特征"对话框

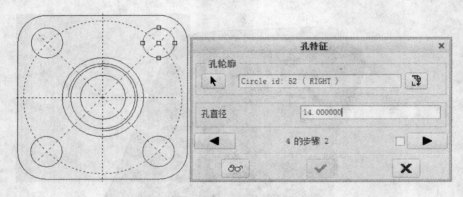

图 7-69　定义孔轮廓

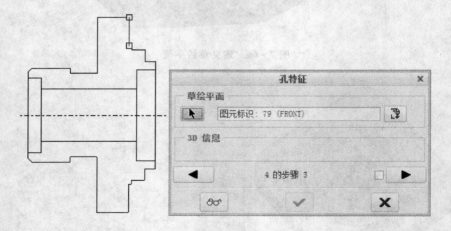

图 7-70　定义草绘平面

　　单击"孔特征"对话框中步骤 3 界面上的 ▶ 按钮进入步骤 4 界面,在"深度选项"选项区域选择"穿过所有"选项,单击完成按钮 ✔ ,完成孔特征的创建,如图 7-71 所示。

266

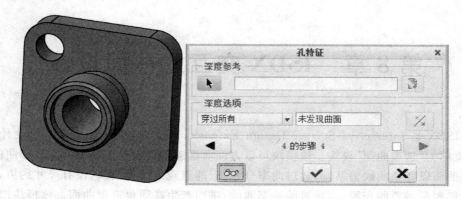

图 7 - 71　步骤 4 界面

⑩ 在模型树列表中右击 FAGAI. PRT,在弹出的快捷菜单中选择"打开"选项,
打开零件文件。使用"阵列"命令复制孔,如图 7 - 72 所示。

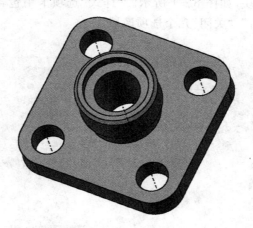

图 7 - 72　阵列复制孔

第 8 章 ISDX 交互式曲面设计

ISDX 是 Interactive Surface Design Extensions 的缩写，即交互式曲面设计模块，也称为"造型曲面"模块。该模块可以方便而迅速地创建自由造型的曲线和曲面，造型曲面以样条曲线为基础，通过曲率分布图，能直观地编辑曲线，没有尺寸约束，可轻易得到所需要的光滑、高质量的造型曲线，进而产生高质量造型曲面。该模块广泛用于产品的概念设计、外形设计和逆向工程设计等领域。

单击"模型"选项卡中"曲面"选项区域的"造型"工具按钮 ⌂造型，将打开"样式"选项卡进入 ISDX 模块，如图 8-1 所示。"样式"选项卡中包含了"操作"、"平面"、"曲线"、"曲面"、"分析"、"关闭"几个选项区域。

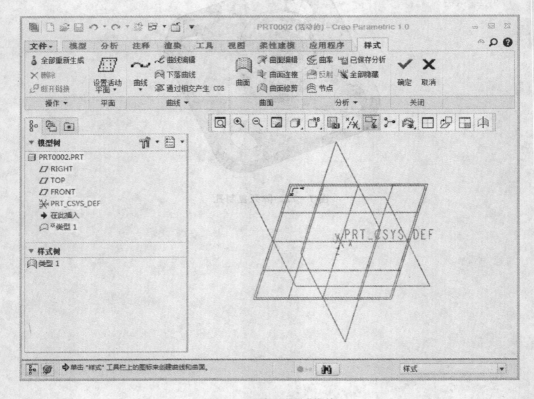

图 8-1 "造型曲面"模块

8.1　ISDX 环境设置

　　进入 ISDX 模块后选择"操作"下拉列表中的"首选项"命令,弹出"造型首选项"对话框。在该对话框中可以对 ISDX 环境进行相关的设置,如图 8-2 所示。

(1)"曲面"选项区域

➤"默认连接"复选项:在"造型曲面"创建期间自动连接曲面。

➤"连接图标比例"文本框:设置创建曲面过程中各种图标显示大小。

(2)"栅格"选项区域

➤"显示栅格"复选项:打开和关闭活动基准平面的栅格显示。

➤"间距"文本框:定义活动平面显示栅格的行数,如图 8-3 所示。

(3)"自动重新生成"选项区域

➤"曲线"复选项:子曲线会根据父项修改自动重新生成。

➤"曲面"复选项:如果显示模式为线框,子曲面会根据父项修改自动重新生成。

➤"着色曲面"复选项:如果显示模式为线框或者着色,子曲面会根据父项修改自动重新生成。

图 8-2　"造型首选项"对话框

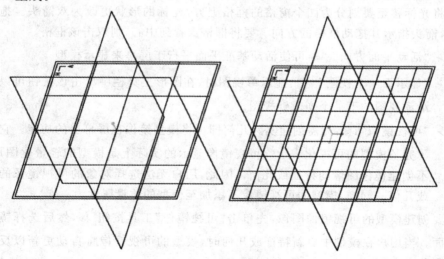

图 8-3　设置栅格间距

（4）"曲面网格"选项区域

➤ "打开"单选项：显示曲面网格。

➤ "关闭"单选项：关闭曲面网格显示。

➤ "着色时关闭"单选项：选择"着色"显示模式时，关闭曲面网格显示。未选择"着色"显示模式时，显示曲面网格。

➤ "质量"滑块：定义曲面网格的精细度，增加或减少在两个方向上显示的网格线的数量。

8.2 视图和基准平面

在进入 ISDX 模块时，"图形"工具栏中将显示"样式显示过滤器"、"显示所有视图"、"活动平面方向"、"显示下一个视图"、"可视镜像"五个工具按钮，如图 8-4 所示。

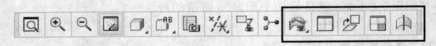

图8-4 图形工具栏

➤ "样式显示过滤器"：根据图元属性显示或隐藏图元，可显示或隐藏的图元包括"曲线"和"曲面"。

➤ "显示所有视图"：单击该按钮可以使用多视图环境创建或编辑图元。多视图环境支持几何的直接 3D 创建和编辑。可在一个视图中编辑几何，并同时在其他视图中查看该几何，如图 8-5 所示。

将光标移至要划分为四个窗格的框格上方，光标的形状更改为双箭头。拖动该框格，箭头指示其拖动框格的方向。要将框格重置到中心，则双击该框格。

➤ "活动平面方向"：可使活动基准平面平行于屏幕来显示模型。

➤ "显示下一个视图"：显示单视图时，在图形工具栏中单击该按钮可以显示活动视图的下一个逆时针视图。

➤ "可视镜像"：无需创建实际几何即可将模型镜像在屏幕上的功能。它提供了完整模型的可视化表示。可视镜像显示的实际上是模型的轻量化图形，即不创建镜像图像的特征或几何。因此，用户无法选择对象的可视镜像的特征或几何。同样，模型的可视镜像不添加至模型的质量属性。

要创建模型的可视镜像图像，先单击"可视镜像"工具按钮，然后选择镜像基准平面。当用户在模型中更新特征或几何时，模型的可视镜像将自动更新以反映所做的更改。

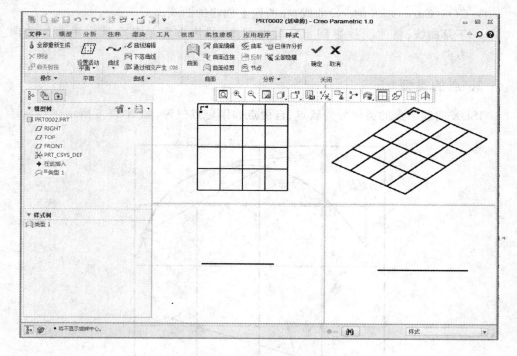

图 8 - 5　多视图环境

可视镜像同样显示在模型上,并可执行以下类型的无方向性分析:

① 曲面和曲线的曲率分析。

② 着色曲率分析。

③ 反射分析。

④ 模型的可视镜像将显示诸如"拔模"和"斜度"的方向性分析。但是方向的结果可能不正确。

8.3　ISDX 曲线

质量高的曲线可以生成质量高的曲面,所以在创建高质量的曲面时要创建高质量的自由曲线。在 ISDX 模块中可以方便快捷地创建高质量的自由曲线。

1. ISDX 曲线类型

ISDX 曲线的类型分为四种。

➤ 自由曲线:曲线在三维空间自由创建。

➤ 平面曲线:在某个平面上创建的 2D 曲线,创建时需要将平面设置为活动平面。

➢ COS(Cure On Surface)曲线:在曲面上创建的曲线。
➢ 下落曲线:将曲线投影到指定的曲面上,投影方向是某个选定平面的法向
 方向。

2. 点的类型

ISDX 曲线中点的类型分为软点、自由点和固定点三种,如图 8-6 所示。

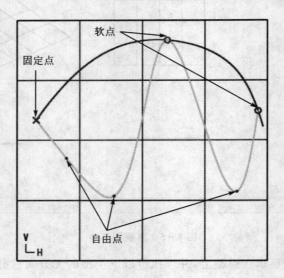

图 8-6 点的类型

(1) 软 点

软点是以空心圆点表示的,该点被部分约束,它可以沿着约束参考对象滑动。创建曲线时按住 Shift 键,可以将点捕捉到任意曲线、边、面组或实体曲面、扫描曲线、小平面、基准平面或基准轴来创建软点。创建软点时,正在捕捉的图元将被短暂突出显示。当软点约束参考为曲面和基准平面时,显示为正方形。

> **注意:**
>
> 拖动某个点进行捕捉时,请按住 Shift 键或者选择"样式"选项卡中"操作"下拉列表中的"捕捉"选项。
>
> 如果可将某点捕捉到多个图元,则选择该软点,右击,在弹出的快捷菜单中选择"拾取软点"选项,然后在"拾取软点"对话框中选择所需图元。

(2) 自由点

自由点是使用实心圆表示的,它可以自由移动。通过自由点的移动可以控制自由曲线的形状。自由点也称为插值点。

（3）固定点

固定点以十字叉丝显示。固定点是完全受约束的软点。它不可在约束参考对象上滑动，因为它受 x 轴、y 轴和 z 轴的约束。将软点变为固定点的方法如下：

将曲线捕捉到基准点或顶点上。如果曲面编辑时使用"锁定到点"选项，则自由曲线上的软点将变为固定点。"锁定到点"会将软点移动到其父曲线上最近的定义点。

3. 活动平面的设置

在 ISDX 模块中绘制平面曲线时，必须选择该曲线所在的平面，活动平面定义的对象可以是一个基准平面，如 FRONT、TOP 等基准平面，也可以选择一个自定义基准平面。

单击"样式"选项卡中"平面"选项区域的"设置活动平面"工具按钮，选择需要定义为活动平面的曲面，活动平面将会显示栅格，如图 8 - 7 所示。

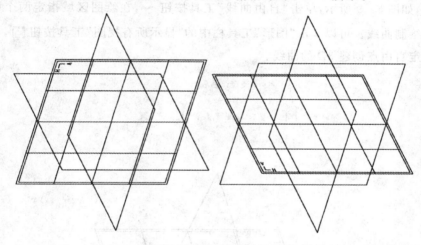

图 8 - 7　设置活动平面

在 ISDX 模块中可以直接创建一个新基准平面作为活动平面，但是该平面只是作为 ISDX 模块中的内部平面，推出 ISDX 模块后将不会显示在环境中。

单击"样式"选项卡中"平面"选项区域的"设置活动平面"的下三角按钮，选择"内部平面"　内部平面 选项，弹出"基准平面"对话框，使用创建基准平面的方法创建一个新的内部平面，选择需要定义为活动平面的曲面，活动平面将会显示栅格，如图 8 - 8 所示。

4. 创建自由曲线

单击"样式"选项卡中"曲线"选项区域的"曲线"工具按钮，弹出"造型：曲线"

图 8-8　创建内部平面

选项卡,如图 8-9 所示,单击"自由曲线"工具按钮 ～ ,在绘图区域指定两个以上的
自由点绘制曲线。可以单击"图形"工具栏中的"显示所有视图"工具按钮 ☐ ,在各视
图中指定自由点创建 3D 的曲线。

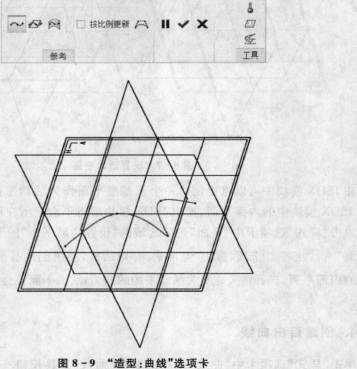

图 8-9　"造型:曲线"选项卡

绘制时,若在"造型:曲线"选项卡中单击"使用控制点编辑此曲线"工具按钮 ,
则将使用控制点创建曲线,如图 8 - 10 所示。

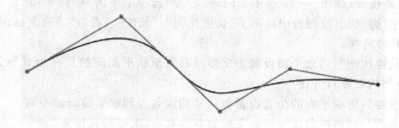

图 8 - 10　使用控制点创建曲线

选项卡右侧包含了三个创建曲线辅助工具按钮:

➤ "全部生成"按钮 :重新生成所有过期的造型图元。

➤ "设置活动平面"按钮 :选择当前作用的工作平面。

➤ "曲率"按钮 :显示曲线曲率用以分析。

5．创建平面曲线

单击"样式"选项卡中"曲线"选项区域的"曲线"工具按钮 ,在"造型:曲线"选
项卡中选择"创建平面曲线" 选项,就可以通过选择自由点或者控制点在活动平面
上创建曲线。

除了在指定的活动平面上创建曲线,也可以从活动平面偏移曲线,可以在"参考"
选项卡中的"偏移"文本框中输入一个值。选择"偏移"复选框可导出偏移值,以便在
ISDX 模块外进行编辑,如图 8 - 11 所示。

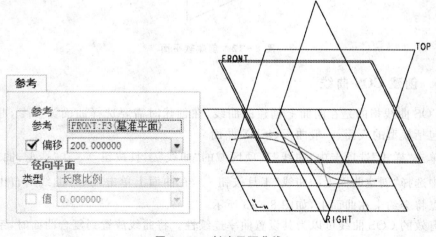

图 8 - 11　创建平面曲线

当在"参考"选项卡中的"参考"选项中选择的参照是曲线时,将在选择曲线的位置上创建一个临时的活动平面即软平面,曲线将创建在该软平面上,软平面与父曲线在选定点处垂直,如图8－12所示。同时"参考"选项卡中的"径向平面"选项区域将被激活,在"类型"下拉列表中显示了"长度比例"、"长度"、"参数"、"自平面偏移"、"锁定到点"五种选项。

> "长度比例":将软平面设置为父曲线起点至软平面间的长度相对于父曲线总长度的长度百分比。

> "长度":将软平面的位置设置为从父曲线起点到软平面间的距离。

> "参数":通过沿曲线保持软平面的参数常量,来维持其位置。

> "自平面偏移":通过使父曲线和特定偏移处的平面相交设置软平面的位置。选择一个基准平面。如果找到多个交点,将使用在参数上与上一个值最接近的值。

> "锁定到点":在父曲线上找出最近的定义点(通常是端点),将软平面锁定在父曲线上的一个定义点处。

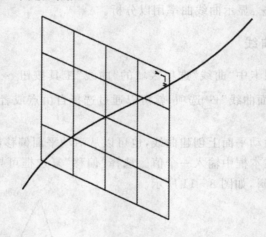

图8－12　创建软平面

6. 创建 COS 曲线

COS 曲线指的是在曲面上创建的曲线,在创建时需要选择曲面为参考,曲面的类型包括模型的表面、一般曲面、ISDX 曲面。

单击"样式"选项卡中"曲线"选项区域的"曲线"工具按钮，在"造型：曲线"选项卡中选择"创建曲面上的曲线"工具按钮，在曲面上单击,COS 曲线的自由点和控制点将会约束在曲面上,如图8－13所示。

有效的 COS 曲线可以为其设置曲率连续性。将曲线放置到复合曲面时,系统会为复合曲面的每个元件创建单独的 COS 曲线。同样,可通过指定复合曲面的单独元

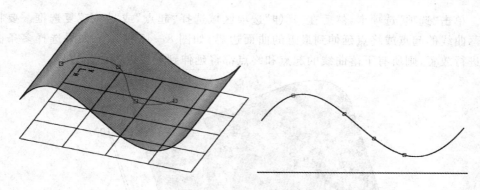

图 8 - 13　创建 COS 曲线

件上的点创建 COS 曲线。

7. 下落曲线

下落曲线是将选定的曲线投影到指定的曲面上所创建的曲线,投影方向是选定平面的法向方向。

单击"样式"选项卡中"曲线"选项区域的"下落曲线"工具按钮 ⌒下落曲线,弹出"造型:下降曲线"选项卡,选择投影的曲线、投影的曲面,以及方向参照平面,如图 8 - 14 所示。

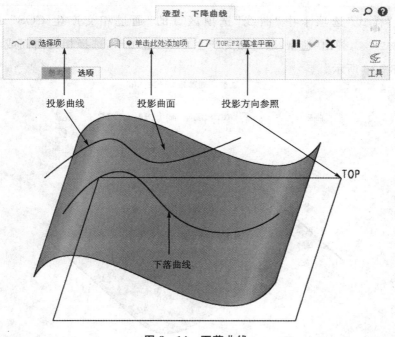

图 8 - 14　下落曲线

单击"选项"选项卡，然后在"延伸"选项区域选择"起点"或"终点"复选框。要将下落曲线的起点或终点延伸到最近的曲面边界，如图 8 - 15 所示。如果选择多条曲线进行放置，则所有下落曲线的起点和终点都将延伸到最接近的曲面边界。

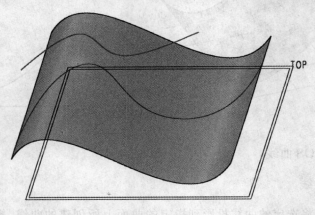

图 8 - 15　延长边界

8. 通过相交产生 COS 曲线

相交的 COS 曲线是指将曲面与另一个曲面或基准平面相交来创建曲面上的曲线。

单击"样式"选项卡中"曲线"选项区域的"通过相交产生 COS"工具按钮 通过相交产生 COS，弹出"造型：通过相交产生 COS"选项卡，选择相交曲面或者基准平面，如图 8 - 16 所示。

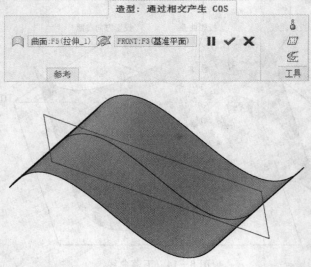

图 8 - 16　通过相交产生的 COS 曲线

8.4   曲线编辑

ISDX 曲线创建完成后,经常需要通过参照编辑修改来达到要求。ISDX 曲线编辑包括以下几个方面:

> 曲线上点的编辑。
> 曲线连接处切向量的设置。
> 曲线的复制、移动和删除。

8.4.1   曲线上点的编辑

ISDX 曲线的外形是通过移动曲线上的控制点、自由点以及软点来实现的。不同的点会有不同的移动操作方法。

操作步骤如下:

① 双击曲线,或者选择 ISDX 曲线,单击"样式"选项卡中"曲线"选项区域的"曲线编辑"工具按钮 ✍ 曲线编辑 ,或者在曲线上右击,在弹出的快捷菜单中选择"编辑定义"选项,都将弹出"造型:曲线编辑"选项卡,如图 8-17 所示。

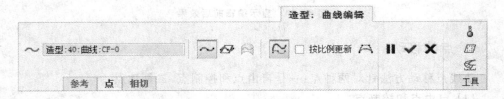

图 8-17   "造型:曲线编辑"选项卡

② 在弹出"造型:曲线编辑"选项卡的同时,曲线将显示其自由点以及软点,如图 8-18 所示。

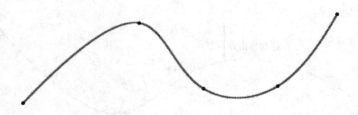

图 8-18   显示自由点

③ 若在"造型:曲线编辑"选项卡中单击"使用控制点编辑此曲线"工具按钮 ⌒ ,将显示曲线的控制点,如图 8-19 所示。

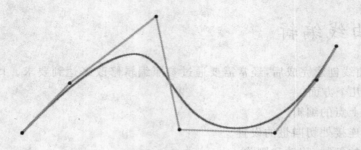

图 8-19　显示控制点

在"造型:曲线编辑"选项卡中单击"在编辑前显示曲线副本"工具按钮 ，将会显示曲线编辑前后的效果,可以作为对比,如图 8-20 所示。

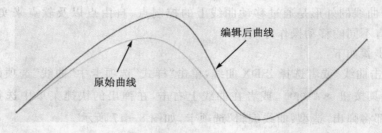

编辑后曲线

原始曲线

图 8-20　显示编辑前后效果

1. 点的移动

曲线点移动方法针对两种点:一是自由点和控制点,二是软点。

(1) 自由点和控制点

拖动曲线上的自由点或者控制点,即可移动、调整点的位置实现点的自由移动。如果移动时配合键盘中 Ctrl 和 Alt 键即可限制移动的方向。

水平/竖直方向移动:按住 Ctrl 和 A 键,选择点即可以在水平、竖直方向移动,如图 8-21 所示。

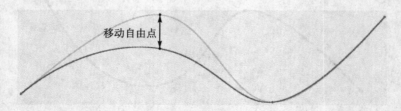

移动自由点

图 8-21　水平/竖直方向移动

法向移动:按住 Alt 键可垂直于活动平面拖动点,如图 8-22 所示。

单击"造型:曲线编辑"选项卡中的"点"选项卡,如图 8-23 所示,选择相应的自

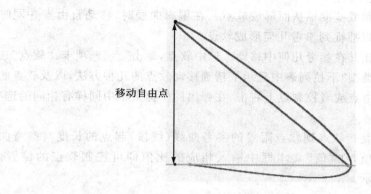

图 8-22　法向移动

由点以及控制点后,选项卡中的"坐标"选项区域与"点移动"选项区域将会激活。

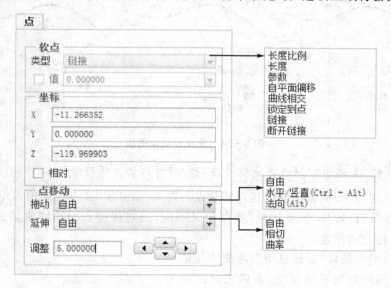

图 8-23　"点"选项卡

> "坐标"选项区域:在"坐标"选项区域的 X、Y、Z 文本框中输入相应的坐标值,自由点或控制点将会以活动平面的坐标系为参照坐标系进行移动。选择"相对"复选框,将 X、Y 和 Z 坐标值作为距离原始位置的偏移。
> "点移动"选项区域:在"拖动"下拉列表中选择相应的选项,点将按照相应的约束方式进行移动,方法与使用按键效果一样。

"延伸"下拉列表中提供了三种延伸方式,从列表中选择"相切"或"曲率"。同时,按住 Shift 和 Alt 键,将曲线的新端点沿切线或曲率线拖动至所需位置。

(2) 软　点

创建曲线时按住 Shift 键,将点捕捉到任意曲线、边、面组或实体曲面、扫描曲线、小平面、基准平面或基准轴从而形成软点。在编辑曲线时,移动自由点并同时按住 Shift 键,同样可以捕捉到参考几何形成软点。

拖动软点可以让其在参考几何中移动。选中软点,单击"点"选项卡,"软点"选项区域将被激活,在"类型"下拉列表中显示了精确移动软点的几种方法,以及软点的几种操作方式。在自由点或者控制点上右击,在弹出的快捷菜单中同样有相同的选项,其作用一样。

> "长度比例"是指软点到软点附着的参考曲线(线段)起点的长度与参考曲线总长度的比值,在"值"文本框中输入相应的比值即可控制软点的位置,如图 8-24 所示。

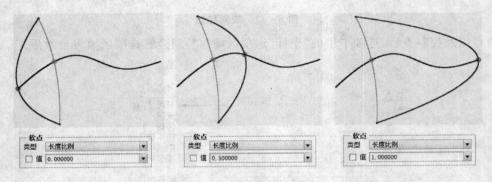

图 8-24 设置长度比例值

注:单击"值"复选框可以值导出以便在"造型"特征之外进行修改。

> "长度"是指从参考曲线起点到软点的距离。在"值"文本框中输入距离值。
> "参数"设置与"长度比例"类似但又不同,通过保持点沿曲线常量的参数,来保持点的位置。
> "自平面偏移"是通过使参考曲线与给定偏距处的平面相交,来确定点的位置。如果找到多个交点,将使用在参数上与上一个值最接近的值。
> "锁定在点"是使用该选项软点将会自动捕捉参考曲线上最近的自由点,软点自动转化为固定点,在图形窗口显示为 x,如图 8-25 所示。
> "链接"指的是一种状态,当自由点捕捉到参考曲线上时将会变成软点或者固定点,其状态就是"链接"状态。
> "断开链接"是用来断开软点与父项几何之间的"链接"状态。此点变成自由

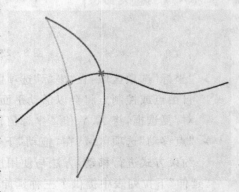

图 8-25 锁定在点

点,并定义在当前位置,符号会转换为实心的原点"·"。

2. 比例更新

如果 ISDX 曲线具有两个或两个以上软点时,在"造型:曲线编辑"选项卡中选择"按比例更新"复选项,移动其中一个软点,在两个软点间的外形会随拖拉软点而成比例调整。如图 8-26 所示,该 ISDX 曲线含有两个软点,如果选中"按比例更新"选项,则拖动其中一个软点,两个软点之间的曲线形状将成比例调整。如果不选中"按比例更新"选项,则两个软点之间的曲线形状不会成比例调整,如图 8-27 所示。

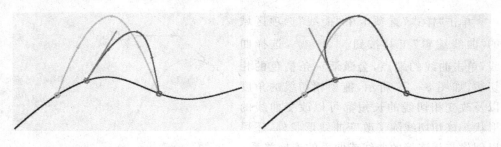

图 8-26　按比例调整　　　　　　　　图 8-27　不按比例调整

3. 点的添加与删除

在 ISDX 曲线中可以根据用户的需要添加自由点,曲线中增加一个自由点时控制点也会同时增加,但是不可以直接增加控制点,所以需要增加控制点时就要增加自由点。

曲线添加自由点时,会通过定义点重新调整曲线。有时,曲线的形状会得到明显的更改。单击"样式"选项卡中"曲线"选项区域的"曲线编辑"工具按钮 曲线编辑,在曲线上右击,在弹出的快捷菜单中可以看到"添加点"和"添加中点"两个选项,如图 8-28 所示。

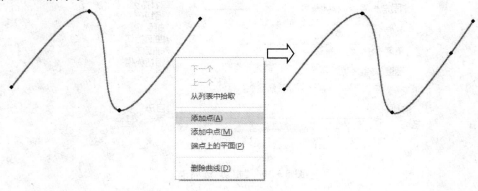

图 8-28　添加点

➢ "添加点":将自由点添加到曲线上。

➢ "添加中点":在单击处的区间段的中点处添加自由点。

右击曲线上的自由点以及控制点,在弹出的快捷菜单中选择"删除"选项,即可将自由点或者控制点删除掉。

> **注意:** ISDX 曲线中自由点的存在个数最低为 2 个,控制点最低个数为 4 个。所以如果自由点和控制点为最低限制则不可以删除。

4. 曲线端点切向量的编辑

单击"样式"选项卡中"曲线"选项区域的"曲线编辑"工具按钮 ✏️曲线编辑 ,选择曲线,单击曲线的端点,会激活一条橘色的相切线,如图 8 - 29 所示,拖动相切线的角度以及改变相切线的长短都可以改变曲线的形状。该相切线除了改变曲线形状外,还可以创建与相连接的曲线或曲面的连接关系。

激活曲线端点相切线后,单击"造型:曲线编辑"选项卡中的"相切"选项卡,如图 8 - 30 所示。该选项卡包括"约束"、"属性"、"相切"三个选项区域。

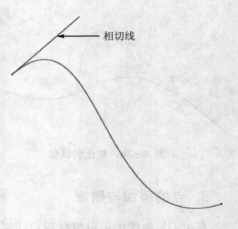

图 8 - 29　相切线

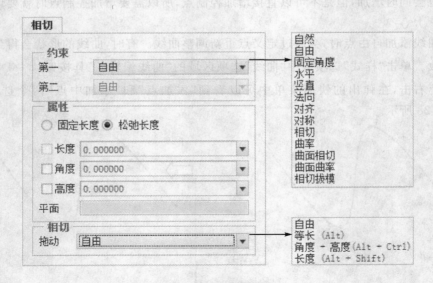

图 8 - 30　"相切"选项卡

284

（1）"约束"选项区域

"约束"选项区域用于定义相切线的属性以及曲线连接关系。相切线的属性选项包括"自然"、"自由"、"固定角度"、"水平"、"竖直"、"法向"、"对齐"。

➢ "自然"：由系统自动确定的相切线长度与方向。如果移动或旋转相切线，则该选项会自动变为"自由"选项。

➢ "自由"：选择该选项，可以自由地改变相切线长度及方向，并且"相切"选项卡中的"属性"选项区域将被激活，可以输入"长度"、"角度"及"高度"。

➢ "固定角度"：保持当前相切线的角度和高度，只能改变其长度。

➢ "水平"：相切线相对于活动基准平面的栅格水平（与 H 方向一致），只能通过拖拉改变其长度，如图 8-31 所示。

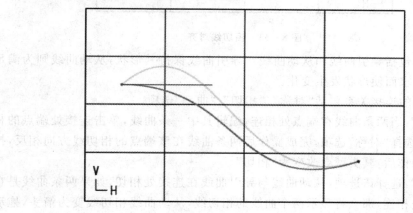

图 8-31　相切线水平

➢ "竖直"：相切线相对于活动基准平面的栅格垂直（与 V 方向一致），只能通过拖拉改变其长度，如图 8-32 所示。

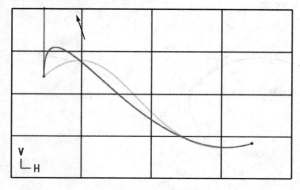

图 8-32　相切线垂直

➢ "法向"：相切线与用户定义的参考基准平面垂直，选择该选项后需要选择参考基准平面。

➤ "对齐"：相切线与另一条曲线上的参考位置对齐，如图 8 - 33 所示。

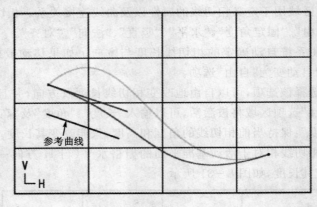

参考曲线

图 8 - 33　相切线对齐

曲线连接包括导引曲线和从动曲线。导引曲线保持其形状，从动曲线则为满足导引曲线的要求而使形状发生变化。

曲线之间的连接关系包括"对称"、"相切"、"曲率"选项。

➤ "对称"：当两条曲线在端点处相连，编辑其中一条曲线，单击连接处端点的相切线，选择"对称"选项，完成操作后两条曲线在该端点的相切线方向相反，执行完操作后，其类型会改变为"相切"。

➤ "相切"：选择该选项，从动曲线与导引曲线在连接处相切，如果两条曲线是在端点处相连，那么将显示两个曲线的相切线，从动曲线相切线变为箭头，拖动时只能更改其长度。如果拖动导引曲线的相切线，则从动曲线的相切线将一起拖动，两曲线形状都会发生改变，但是相切关系不会改变，如图 8 - 34 所示。

➤ "曲率"：从动曲线与导引曲线在连接处曲率连续，从动曲线切线变为双线箭头，如图 8 - 35 所示。

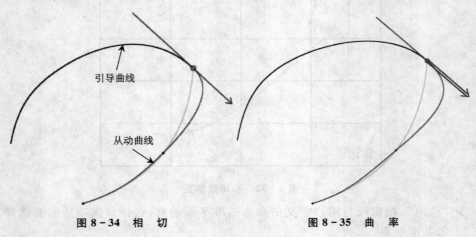

引导曲线

从动曲线

图 8 - 34　相　切　　　　　　　　　图 8 - 35　曲　率

曲线与曲面之间的连接关系包括"曲面相切"、"曲面曲率"、"相切拔模"选项。

➢ "曲面相切"：当曲线的端点或者软点附着在曲面或者曲面边界上,选择该选项,曲线将与曲面相切,如图 8－36 所示。

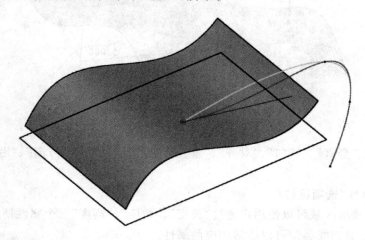

图 8－36　曲面相切

➢ "曲面曲率"：当曲线的端点或者软点附着在曲面或者曲面边界上,选择该选项,曲线将与曲面曲率连续,如图 8－37 所示。

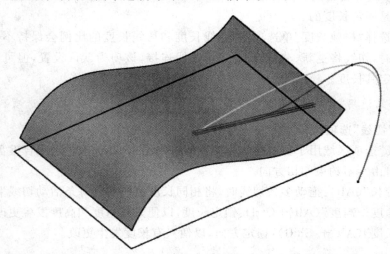

图 8－37　曲面曲率

➢ "相切拔模"：当曲线的端点在曲面的边界上,设置该选项可以与选定平面或曲面成某一角度,如图 8－38 所示。

当曲线切线的第一约束是"曲面相切"、"曲面曲率"或"相切拔模"选项时,通过定义第二约束切线,可进一步约束其放置。可用的第二约束包括"自然"、"自由"、"角

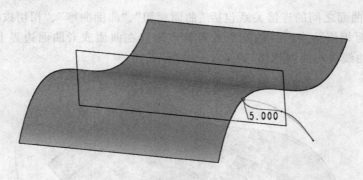

图 8 - 38　相切拔模

度"、"水平"、"竖直"、"法向"、"对齐"、"垂直于边/曲线"、"沿 U 方向"、"沿 V 方向"等选项。

(2)"属性"选项区域

"属性"选项区域可以使用户通过"长度"、"角度"、"高度"三个属性精确控制曲线的相切线,根据切线类型可以激活相应的属性。

当创建切线连接时,可以选择"固定长度"或"松弛长度"两个单选项。如果应用"固定长度"单选项,则在更改曲线过程中会保留设置的"长度"值,并且可以创建能够在 ISDX 模式外编辑的长度参数。在 Pro/ENGINEER Wildfire 5.0 之前创建的相切连接都是固定长度的。

如果选择"松弛长度"单选项,则曲线长度和切线长度的比例会保持不变。曲线重新生成时,切线将更新。对于新的相切曲线连接,该项为默认设置,但可以在曲线编辑时固定其长度。松弛切线长度只能在其 ISDX 模式下编辑。

注意: 如果使用"控制点"模式将不能选择"固定长度"或"松弛长度"选项。

(3)"切线"选项区域

"切线"选项区域用于更改曲线相切线的方向约束,其选项可以配合键盘使用。

➤ "自由":不约束相切方向。

➤ "等长"(Alt):拖动多条切线时,将相同长度值应用到每条活动切线上。

➤ "角度+高度"(Alt +Ctrl):锁定长度,以便只有角度和高度发生更改。

➤ "长度"(Alt + Shift):锁定方向,以便只有长度发生更改。

注意: 拖动设置不会将约束应用到选定的相切。

8.4.2　曲线的分割与组合

对曲线的分割与组合是曲线比较重要的编辑操作。

分割曲线功能可在曲线自由点上将一条曲线分成两部分。在曲线自由点上右击,在弹出的快捷菜单中选择"分割"选项,即可将一条曲线分割为两条曲线,如图 8 - 39 所示。

图 8 - 39　分割曲线

图分割后由于曲线重新拟合到新定义点,所以生成的曲线形状会发生变化,而且其中一条曲线是以软点的形式连接到另一条曲线的,如图 8 - 40 所示。

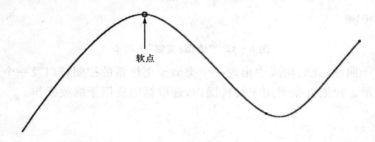

图 8 - 40　分割后曲线的连接

组合曲线功能可将两条端点和端点连接的曲线组合成一条曲线。其中一条曲线必须在另一条曲线上具有软点。组合曲线会更改形状以保持平滑度。

双击两条在端点处相互连接曲线中的任意一条曲线,激活其编辑状态,在连接的端点处右击,在弹出的快捷菜单中选择"组合"选项,如图 8 - 41 所示。

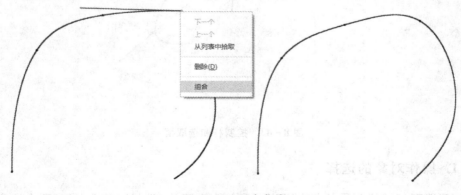

图 8 - 41　组合曲线

8.4.3 曲线的复制和移动

ISDX 曲线除了使用"曲线编辑"命令进行曲线形状编辑外,还可以使用"样式"选项卡中"曲线"选项区域的其他命令来对曲线进行复制、移动。"复制"命令和"移动"命令操作基本相同,只是结果不一样。在复制或移动几何时,可以对曲线进行平移、缩放或旋转操作。移动和复制功能仅适用于 ISDX 曲线,包括平面曲线和自由曲线、圆和弧,但 COS 曲线除外。

在"样式"选项卡中的"曲线"下拉列表中选择"复制"选项,弹出"造型:复制"选项卡,如图 8-42 所示。

图 8-42 "造型:复制"选项卡

选择一个曲线,此时曲线中出现一个类似于坐标系的控制杆以及一个选取框,如图 8-43 所示。控制杆主要用于旋转操作,选取框主要用于缩放操作。

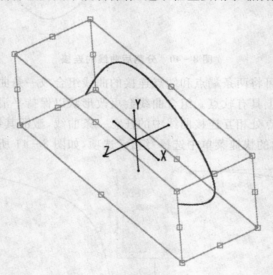

图 8-43 控制杆和选取框

1. 操作对象的选择

在"造型:复制"选项卡中的"变换"下拉列表中,有"选择"和"选取框"两个选项。

> "选择"：选择此选项的操作对象为几何。在坐标系上右击，选择"变换选择"选项同样可以实现此功能。
> "选取框"：选择此选项的操作对象为控制杆以及选择框。在坐标系上右击，选择"变换选取框"选项同样可以实现此功能。

2. 平移操作

(1) 拖动曲线

可以在图形窗口中拖动曲线，在"造型：复制"选项卡中的"移动"下拉列表中选择一个选项，即可指定平移几何时的方向约束。方向约束包括"自由"、H/V、"法向"三个选项。

> "自由"：几何可自由移动。
> "法向"：沿着活动基准平面的法线移动几何。拖动几何时，按住 Alt 键同样可以实现此功能。
> H/V：使几何仅沿着水平方向或竖直方向平行于活动基准平面移动。拖动几何时，同时按 Ctrl 和 Alt 键同样可以实现此功能。

(2) 精确移动曲线

单击"造型：复制"选项卡中的"选项"按钮，弹出"选项"选项卡，如图 8-44 所示，在"移动"选项区域输入 X、Y 和 Z 坐标值。要将 X、Y 和 Z 坐标值视为从几何原始位置的偏移，请选择"相对"复选框。

3. 缩放操作

(1) 拖动选择框节点

在"造型：复制"选项卡中的"缩放"下拉列表中选择缩放类型。

> "中心"：绕着选取框中心均匀地缩放。拖动选择框节点时，同时按住 Shift 和 Alt 键同样可以实现此功能。
> "相对"：沿着选定拐角、边或面的相反方向均匀地缩放。

拖动选取框节点即可进行几何缩放：

> 拖动选取框的任一角点可进行三维缩放，如图 8-45 所示。
> 拖动选取框边节点可进行二维缩放，如图 8-46 所示。
> 将光标放置在选取框边节点上会显示出两个方向的箭头，拖动其中一个箭头可进行一维缩放，如图 8-47 所示。

图 8-44　"选项"选项卡

（2）指定缩放坐标值

单击"选项"选项卡，在"缩放"选项区域输入 X、Y 和 Z 坐标值。要锁定 X、Y 和 Z 坐标的缩放值，请单击 工具按钮。

4. 旋转操作

（1）设置旋转中心

旋转中心由控制杆位置定义。要更改旋转中心，需要拖动控制杆上远离端点的任意位置，并将控制杆拖动到新位置。必要时要结合"变换"功能使用。

要将控制杆放置在选取框中心，单击"选项"选项卡，在"旋转"选项区域单击 工具按钮。或者右击旋转控制杆并从快捷菜单中选取"将控制杆置于中心"选项。

要将控制杆与活动平面对齐，单击"选项"选项卡，在"旋转"选项区域单击 工具按钮。或者右击旋转控制杆并从快捷菜单中选取"对齐控制杆"选项。

（2）拖动控制杆旋转几何

拖动控制杆端点即可旋转几何。

（3）指定旋转坐标值

单击"选项"选项卡，在"旋转"选项区域输入 X、Y 和 Z 坐标值。

5. 链 接

如果曲线上存在软点或者约束，那么当移动或者复制曲线时，曲线将会保持软点或约束，选取框中节点变为实心点，不可以进行缩放和旋转，如图 8－48 所示。

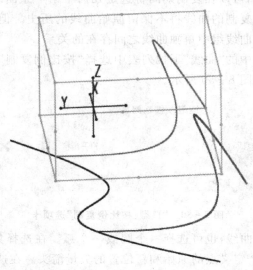

图 8－48 具有约束的几何

要移除被复制原始几何的任何参考和约束,选择"造型:复制"选项卡中的"断开链接"复选框,如图 8-49 所示。取消选择"断开链接"复选框则保留被复制原始几何的所有参考。

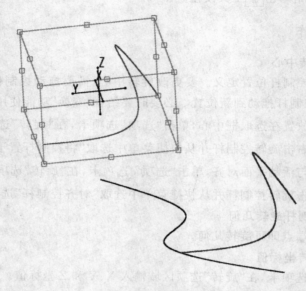

图 8-49　取消"链接"

6. 按比例复制

按比例复制功能,可以在复制期间将选定几何中第一条曲线的端点移动到新位置时保留原始比例。复制的曲线将不保留原始曲线的历史。但是,复制的曲线会保留为进行复制而选定曲线组中单独曲线之间存在的关系。

在"样式"选项卡中的"曲线"下拉列表中选择"按比例复制"选项,弹出"造型:按比例复制"选项卡,如图 8-50 所示。

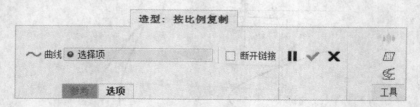

图 8-50　"造型:按比例复制"选项卡

选择一条或多条曲线,也可选择一个圆或一个弧。在选择集中的第一个几何的两个端点处,显示两个定义点的原始和新位置的矢量箭头。在选择集中,两个矢量的默认基础是第一条曲线的端点。拖动矢量箭头以缩放、平移或旋转复制的曲线,如图 8-51 所示。

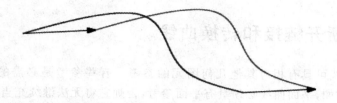

图 8－51　矢量箭头

单击"选项"选项卡,选择"统一"复选项可以统一缩放所复制曲线的各坐标,要非统一地缩放所复制曲线的各坐标,取消选择"统一"复选项,如图 8－52 所示。

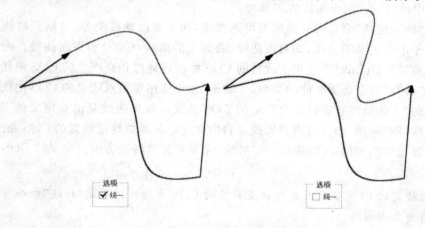

图 8－52　"统一"复选框

注意：要向曲线的副本中添加软点,请在拖动曲线时按住 Shift 键。

软点约束不允许按比例复制曲线。选择"断开链接"复选项将取消软点约束,如果被约束曲线在按比例复制过程中没有选择"断开链接"复选项,则受约束的曲线将连同父项曲线一起被按比例复制,如图 8－53 所示。

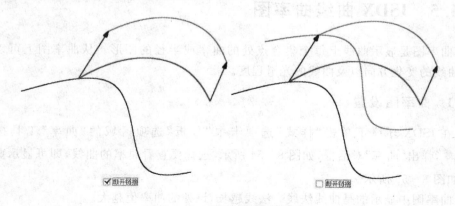

图 8－53　"断开链接"复选框

8.4.4　断开链接和转换曲线

ISCX 曲线可具有相对其他几何图元的参考。有些参考是必需的，而另一些则是可选的。例如，平面曲线必须具有平面参考，否则它将无法继续充当平面类型的曲线。而软点参考和相切约束则是可选的，即可在不更改曲线类型的情况下移除它们。对于曲面而言，连接和内部曲线是可选参考。

使用"样式"选项卡中"操作"选项区域的"断开链接"命令 <kbd>断开链接</kbd> 和"曲线"下拉列表中的"转换"命令可以管理参考。

> "断开链接"命令可移除所有可选参考，而不更改曲线类型。"断开链接"适用于由点定义的曲线，即自由曲线、曲面上的曲线（COS）和平面曲线。而"断开链接"（Unlink）不适用于放置的 COS 曲线或通过相交产生的 COS 曲线。

> "转换"命令会更改曲线类型。"转换"命令适用于由点定义的 COS 曲线、放置的 COS 曲线和通过相交产生的 COS 曲线。如果曲线是由点定义的 COS 曲线，则"转换"命令可将其转换为自由曲线。如果曲线是放置的 COS 曲线或通过相交产生的 COS 曲线，则"转换"命令可将其转换为由点定义的 COS 曲线。

注意：

> 对放置的 COS 曲线或通过相交产生的 COS 曲线使用两次"转换"命令可将曲线转换为自由曲线。

> 通过放置或相交创建的 COS 曲线会保持历史记录。对父项或原始定义几何的修改会影响子 COS 曲线。当将放置的 COS 曲线或通过相交产生的 COS 曲线转换为由点定义的 COS 曲线时，将断开放置的 COS 曲线或通过相交产生的 COS 曲线与原始定义几何之间的关联性。

8.4.5　ISDX 曲线曲率图

曲率图是显示曲线上每个集合点处的曲率或半径的图形。从曲率图上可以看出，曲线的变化方向以及曲线的光滑程度。

1. 曲率图设置

在 ISDX 环境下单击"样式"选项卡中"分析"选项区域的"曲率"工具按钮 <kbd>曲率</kbd>，弹出"曲率"对话框，如图 8-54 所示，选择要查看曲率的曲线，即可显示曲率图，如图 8-55 所示。

曲率图中显示的是曲线法线。法线越长，该处的曲率值越大。

> "几何"：用于收集需要分析的几何，可以是单个也可是多个。

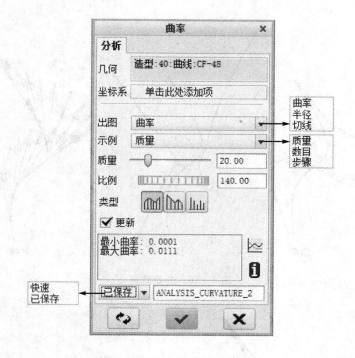

图 8 - 54　"曲率"对话框

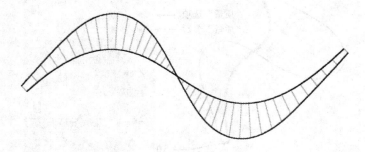

图 8 - 55　曲率显示

➤ "坐标系"：用于收集参考坐标系，一般情况下不需要选择。

➤ "出图"：该选项用于定义分析的结果，包括"曲率"、"半径"、"切线"选项，默认值为"曲率"选项。分析结果不同，其分析图形也不同，如图 8 - 56 所示。

➤ "示例"：该选项用于设置曲率计算的项目，包括"质量"、"数目"、"步骤"选项。选择相应的显示方式后，下方的调整选项会自动切换为当前设置选项以便参数的调整。

－"质量"：按照曲率大小自动排列垂直线间距，如图 8 - 57 所示。

－"数目"：设置显示法线的数目，如图 8 - 58 所示。

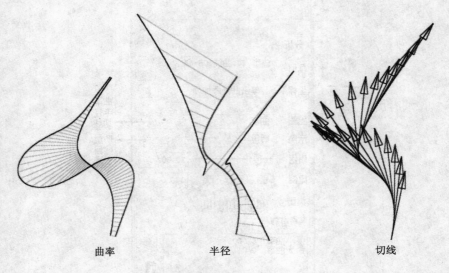

图 8 - 56 分析结果

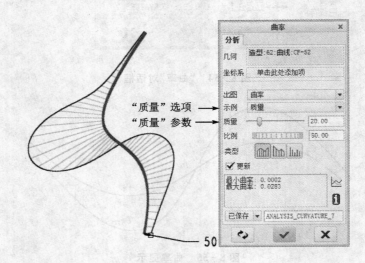

图 8 - 57 "质量"选项

-"步骤":设置显示法线间的步长,如图 8 - 59 所示。

注意:"示例"数目必须大于 1,"步骤"的增量值必须在模型单位中大于 0.001。

➤ "比列":设置出图比列,如图 8 - 60 所示。
➤ "类型":设置三种波峰显示方式,如图 8 - 61 所示。

⛰️:显示波峰且平滑的连接。

⛰️:显示波峰并采用线性连接。

⛰️:仅显示波峰。

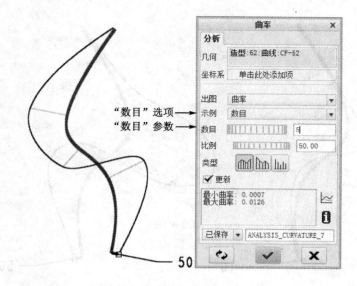

图 8-58 "数目"选项

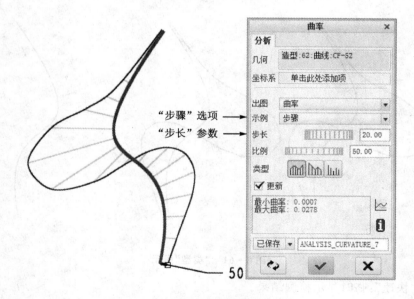

图 8-59 "步骤"选项

➤ "更新"：该选项默认情况下是选定的，用户可在选择或更改分析图的同时看到执行效果。

➤ ⬿：单击该按钮将弹出"图形工具"对话框，在窗口中以图形方式显示分析结果，如图 8-62 所示。

➤ ⅰ：单击该按钮可在"信息窗口"对话框中查看结果，如图 8-63 所示。

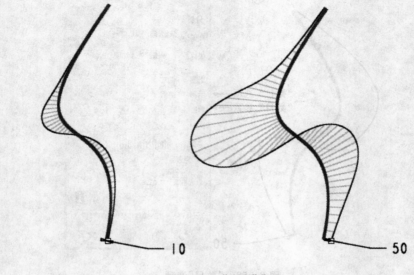

图 8-60 "比列"选项

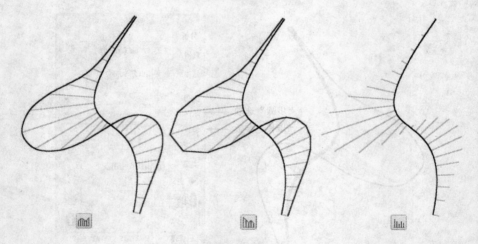

图 8-61 "类型"显示

> "快速":临时显示检测结果。

> "已保存":保存现有检测结果,单击"样式"选项卡中"分析"选项区域的"已保存分析"工具按钮 已保存分析,弹出"已保存分析"对话框,如图 8-64 所示。该对话框中显示了已保存的分析结果,利用该对话框可以删除、隐藏、显示、编辑已保存的分析结果。

除了直接单击"样式"选项卡中"分析"选项区域的"曲率"工具按钮 曲率,激活曲率分析外,在 ISDX 曲线的创建和编辑过程中,为了保证曲线质量,可以参照显示

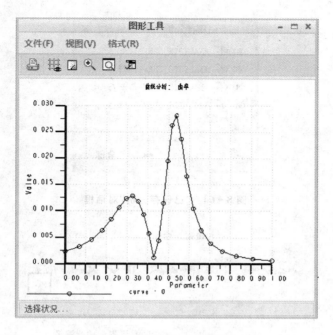

图 8 - 62 "图形工具"对话框

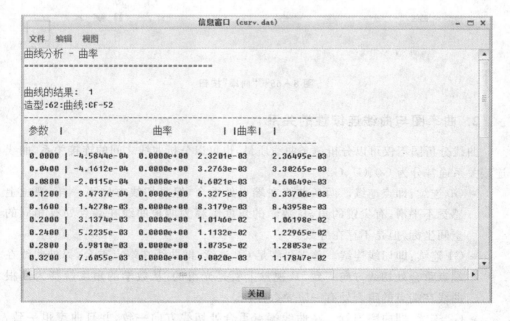

图 8 - 63 "信息窗口"对话框

曲线曲率进行控制。在激活创建或编辑曲线的命令时,单击选项卡右侧的"曲率"工具按钮 ,即可显示当前绘制或编辑曲线的曲率,如图 8 - 65 所示。

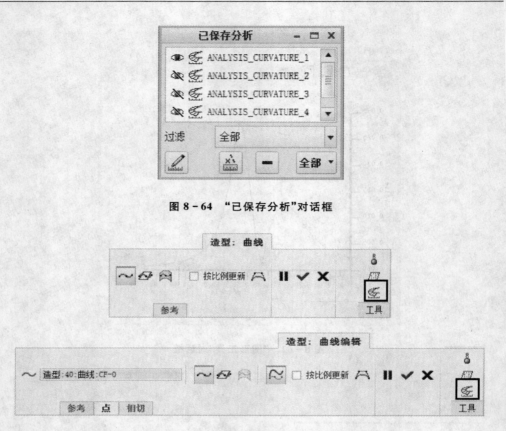

图 8 - 64　"已保存分析"对话框

图 8 - 65　"曲率"按钮

2. 曲率图与曲线连续性的关系

曲线分析图不仅可以分析单条曲线质量,也可以分析曲线之间的连接关系,曲线连接关系通常分为 G0、G1、G2。

- ➤ G0 连续:即点连续。两条曲线在端点处重合,但是切线方向不一样,视觉上感觉不平滑,有尖锐的角,从数学的角度解释为两根曲线在端点处有相同的空间坐标,但是不存在导数。
- ➤ G1 连续:即切线连续。首先要满足 G0 连续,即曲线在端点重合,另外曲线在端点重合处切线方向一致,从视觉上看是光滑的,从数学的角度解释为两根曲线在端点的重合处有一阶导数存在。
- ➤ G2 连续:即曲率连续。在曲线端点重合处切线方向一致,并且曲率也一致,从数学的角度解释为两根曲线在端点重合处有二阶导数存在。

① G0 连续与 G1、G2 连续的区别比较明显通常很容易用眼睛辨认,但是 G1、G2 连续的区别用眼睛就不好辨认了,所以使用曲率图识别曲面的连续性,如图 8 - 66

所示。

② G0 连续的曲线曲率图法线不重合,两个曲线曲率图在连接处明显有个豁口。

③ G1 连续的曲线曲率图在连接处法线重合,但是法线的长度不相等,所以会有台阶的感觉。

④ G2 连续的曲线曲率图在连接处法线重合,法线的长度相等。

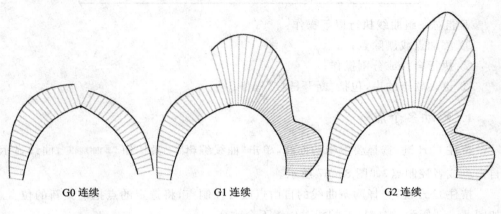

G0 连续　　　　G1 连续　　　　G2 连续

图 8 - 66　连续性

8.4.6　编辑多条曲线

使用"曲线编辑"选项卡,可同时编辑多条曲线。可以在图形窗口中拖动点或曲线,或者指定精确的放置或测量值。对多条曲线执行的操作,如表 8 - 1 所列。

表 8 - 1　对多条曲线执行的操作

编辑类型	操　作
移动点和曲线	在一条曲线上移动多个点或拖动多条切线
	在多条曲线上移动一个点或一条切线
	在多条曲线上移动多个点或多条切线
	偏移多条平面曲线
调整切线	更改切线类型
	更改一条或多条切线的长度、角度或仰角
	更改一个或多个拔模角
	将长度类型设置为固定或松弛
	添加曲面相切、曲面曲率或相切拔模约束

续表 8 - 1

编辑类型	操　作
更改曲线类型或参考	将平面曲线转换为自由曲线，或相反
	将 COS 曲线转换为自由曲线
	更改平面曲线的参考

不能对一组曲线执行以下操作：

① 添加点或删除点；

② 执行合并或分割操作；

③ 更改软点约束，包括"断开链接"操作。

1. 移动多个点

按住 Ctrl 键，选择要编辑的曲线，单击"曲线编辑"工具按钮 曲线编辑 ，曲线显示自由点或者控制点，如图 8 - 67 所示。

按住 Ctrl 键，选择两条曲线的自由点或者控制点，将选定的点拖动到新的位置，如图 8 - 68 所示，被选择点的相对位置不会改变。

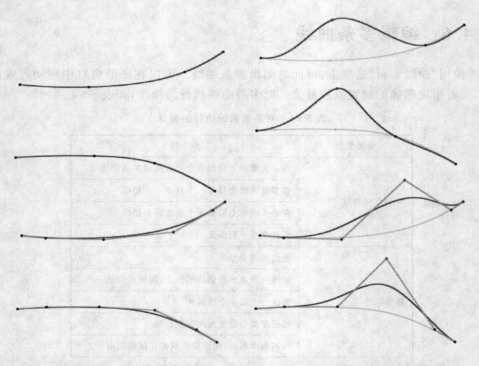

图 8 - 67　显示自由点或者控制点　　图 8 - 68　移动自由点或者控制点

单击"造型:曲线编辑"选项卡中的"点"选项卡,选择"相对"复选项以将 x、y 和 z 坐标值视为距离点的原始位置的偏移,并指定 x、y 和 z 坐标值。

2. 更改切线选项

按住 Ctrl 键,选择要编辑的曲线,单击"曲线编辑"工具按钮 ![曲线编辑],曲线显示自由点或者控制点,按住 Ctrl 键,选择两条曲线端点,显示端点上的相切线,如图 8-69 所示。

将选定的相切线拖动到新的位置,如图 8-70 所示。

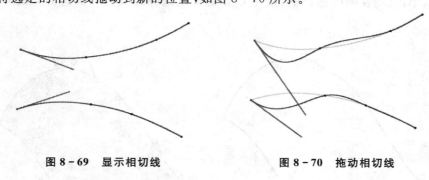

<table>
<tr><td>图 8-69　显示相切线</td><td>图 8-70　拖动相切线</td></tr>
</table>

单击"造型:曲线编辑"选项卡中的"相切"选项卡。在"第一"或"第二"文本框中选择相切类型。在"属性"选项区域选择"松弛长度"或"固定长度"选项。如果相切类型为"拔模相切"选项,则在"拔模"文本框中输入值。

3. 转换多条曲线

按住 Ctrl 键,选择要编辑的曲线,单击"曲线编辑"工具按钮 ![曲线编辑],单击"造型:曲线编辑"选项卡中的"更改自由曲线"工具按钮 ![更改自由曲线]和"更改平面曲线"工具按钮 ![更改平面曲线],即可转换曲线。

8.5　ISDX 曲面的创建

ISDX 曲面也叫自由曲面,要创建自由曲面,需要可使用一条或多条曲线为线架。单击"样式"选项卡中"曲面"选项区域的"曲面"工具按钮 ![曲面],弹出"造型:曲面"选项卡,如图 8-71 所示。

图 8-71　"造型:曲面"选项卡

8.5.1　创建边界曲面

创建边界曲面前,要绘制至少3条或者4条曲线,这些曲线要相互封闭,但不一定要首尾相连,图8-72所示的是一个首尾相连的4条曲线。

单击"样式"选项卡中"曲面"选项区域的"曲面"工具按钮![icon],弹出"造型:曲面"选项卡,单击![icon]右侧的选择框,按住Ctrl键依次选择曲线为曲面边界,如图8-73所示。

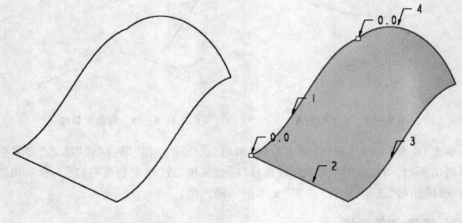

图8-72　曲线线框　　　　　　　　　　图8-73　创建边界曲面

单击"造型:曲面"选项卡中的"参考"按钮,弹出"参考"选项卡,如图8-74所示,在"首要"选项区域列表中显示了作为曲面边界的曲线,选择一条边界链单击右侧的上下箭头按钮即可调整边界链的次序。单击"细节"按钮可以定义多个相互连接的曲线为一条边界链。

图8-74　"参考"选项卡

单击选项卡中 工具按钮右侧的选择框,选择内部曲线,该内部曲线将会添加到"参考"选项卡中的"内部"选项区域。内部曲线是用来控制曲面内部形状的曲线,如图 8-75 所示。

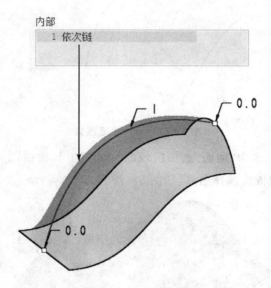

图 8-75　绘制内部曲线

在"造型:曲面"选项卡中,单击 工具按钮,即可切换预览曲面的透明和不透明,如图 8-76 所示。

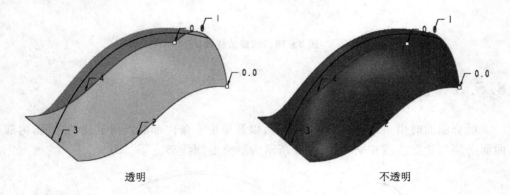

透明　　　　　　　　　　　　　　　　不透明

图 8-76　曲面显示

8.5.2　创建放样曲面

放样曲面就是指由一组不相交,但是以相同方向排列的曲线所创建的曲面,图 8-77 所示为创建放样曲面线架。

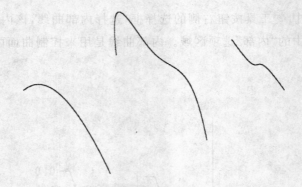

图 8 – 77 放样曲面线架

单击"样式"选项卡中"曲面"选项区域的"曲面"工具按钮 ，弹出"造型：曲面"选项卡，按住 Ctrl 键依次选择曲线，如图 8 – 78 所示。

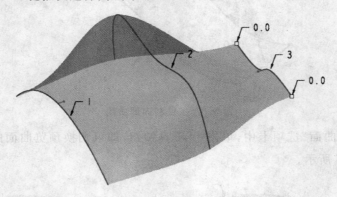

图 8 – 78 创建放样曲面

8.5.3 创建混合曲面

混合曲面时由一条或两条轮廓曲线，以及至少一条内部曲线所创建的曲面，内部曲面必须与轮廓曲线相交，图 8 – 79 所示为混合曲面线架。

图 8 – 79 混合曲面线架

单击"样式"选项卡中"曲面"选项区域的"曲面"工具按钮 ，弹出"造型：曲面"选项卡，选择一条曲线为边界链，选择一条曲线为内部曲线，如图 8 – 80 所示。

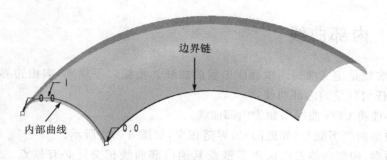

图 8 - 80　创建混合曲面

单击"造型：曲面"选项卡中的"选项"按钮，弹出"选项"选项卡，该选项卡中"混合"选项区域包含混合曲面中的"径向"和"统一"两个选项，如图 8 - 81 所示。

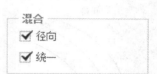

图 8 - 81　"混合"区域

➤ "径向"　选择该选项内部曲线将沿边界链平滑旋转。清除该复选框可保留原始方向。该选项仅在有一条边界链时可用，如图 8 - 82 所示。

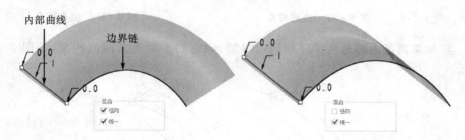

图 8 - 82　径　向

➤ "统一"　沿边界链统一缩放曲面。清除该复选框可进行可变缩放，如图 8 - 83 所示。该选项有两条边界链时可用。

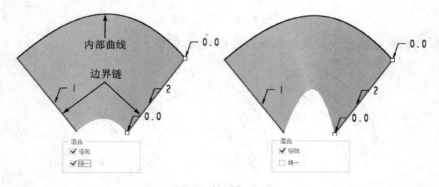

图 8 - 83　统　一

8.5.4 内部曲线

内部曲线是定义曲面的横截面形状的曲线。根据以下规则,向由边界定义的曲面中添加任何数量的内部曲线:

① 不能将 COS 曲线添加为内部曲线。

② 内部曲线不能与(邻近的)边界链相交,如图 8 - 84 所示。

③ 通常,内部曲线在曲面边界链或其他内部曲线相交处必有软点,如图 8 - 85 所示。

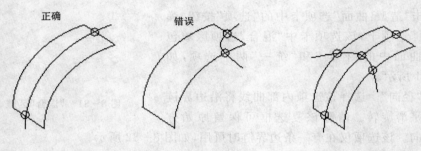

图 8 - 84　边界相交　　　　　　　　图 8 - 85　相交软点

④ 如果两条内部曲线穿过相同边界链,则它们不能在曲面内相交,如图 8 - 86 所示。

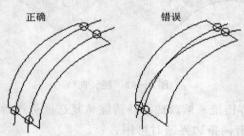

图 8 - 86　不能相交

⑤ 内部曲线必须同曲面的两条边界都相交,如图 8 - 87 所示。

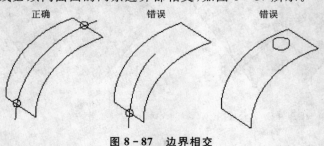

图 8 - 87　边界相交

⑥ 内部曲线不能在多于两点处同曲面边界相交,如图 8-88 所示。

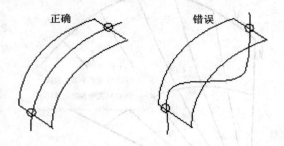

正确   错误

图 8-88 两点相交

⑦ 三角曲面中的内部曲线可与自然边界相交,也可与之不相交。

➤ 与自然边界相交的内部曲线必须经过退化顶点。

➤ 与自然边界不相交的内部曲线必须与其他两个边界链相交。

8.5.5 参数化曲线和软点

创建曲面方法不同,曲面中参数化曲线分布也不一样,如图 8-89 所示。

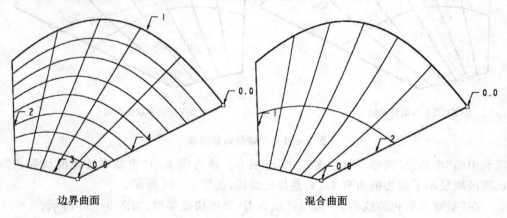

边界曲面   混合曲面

图 8-89 参数化曲线

在创建 ISDX 曲面的过程中,可以添加参数化曲线以使得曲面扭曲和等值线变形最小化。如果沿曲面拖动重新参数化曲线,则会修改等值线,从而更改曲面形状。

单击“造型:曲面”选项卡中“重新参数化模式”工具按钮 ⟨⟩,激活“重新参数化模式”选项,在曲面上右击,弹出快捷菜单,如图 8-90 所示。

选择“添加 U 重新参数化曲线”或者“添加 V 重新参数化曲线”选项,即可创建参数化曲线,如图 8-91 所示。

重复使用右侧菜单中命令可以添加多条 U、V 参数化曲线,单击“造型:曲面”选

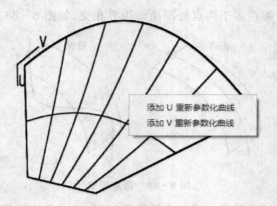

图 8-90　快捷菜单

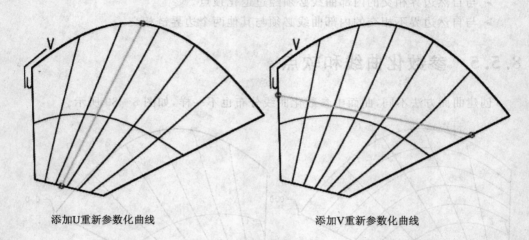

添加U重新参数化曲线　　　　　　　　　添加V重新参数化曲线

图 8-91　创建参数化曲线

项卡中的"参数化"按钮,弹出"参数化"选项卡。该选项卡中"重新参数化曲线列表"
选项区域显示了添加的所有 U、V 参数化曲线,如图 8-92 所示。

在"重新参数化曲线列表"选项区域右击,弹出快捷菜单,如图 8-93 所示。

图 8-92　"重新参数化曲线列表"区域　　　　　　图 8-93　快捷菜单

➤ "删除":删除所选参数化曲线。

➤ "从方向中删除":将所选方向的参数化曲线全部删除。

➤ "全部删除":删除所有参数化曲线。

新添加参数化曲线的端点是软点,并且它们位于曲面边界曲线上。沿边界曲线拖动新添加参数化曲线或其中一个软点将直接改变参数化曲线的分布,如图 8 - 94 所示。

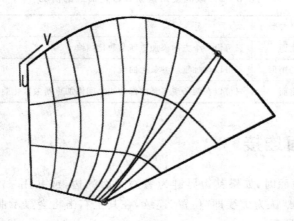

图 8 - 94　拖动新添加参数化曲线

添加的参数化曲线可以选择软点的位置参考,输入值将其定位,当添加、修改或删除曲线以定义曲面时,重新参数化曲线的软点会自动更新。

单击"造型:曲面"选项卡中的"参数化"按钮,弹出"参数化"选项卡,在"重新参数化软点"选项区域的"类型"下拉列表中选择定义软点的类型,如图 8 - 95 所示。

图 8 - 95　定义软点类型

➢ "长度比例":在"值"文本框中输入从 0 到 1 的值,按照曲线端点之间距离的比放置点。

➢ "长度":在"值"文本框中输入距离值,按照距曲线端点的指定距离在曲线上放置点。

➢ "自平面偏移":单击"平面"选择框并选择一个平面。在"值"文本框中输入距平面的距离偏移。

➢ "锁定到基准点":单击"点"选择框并选择一个基准点。

注意:也可以右击软点,然后从快捷菜单中选取类型。要在曲面与通过软点的法向平面的相交处放置该软点,右击该软点并选择"排列曲线"选项。

要向曲面添加重新参数化曲线,这个曲面必须沿某个给定方向上有多条曲线,这与放样曲面和边界曲面的情形相似。可沿 U 方向和 V 方向添加任意数量的重新参数化曲线。在表 8-2 所列的情况下限制使用重新参数化曲线。

表 8-2　限制使用重新参数化曲线的情况

曲面类型	限　制
放样曲面	只可沿一个方向添加重新参数化曲线
修剪的矩形	不可以添加重新参数化曲线
混合曲面	只可以在两条或多条内部曲线之间添加重新参数化曲线

8.5.6　曲面连接

创建 ISDX 曲面时,如果其边界链为另一曲面的边,或共用一个边界链,则其上将显示连接图标,默认为虚线即"位置"连续,在其上右击将会显示曲面连续选项快捷菜单,如图 8-96 所示。

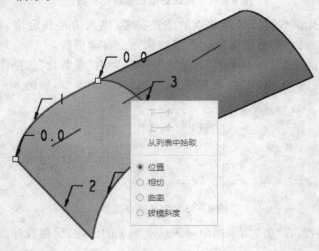

图 8-96　快捷菜单

曲面连接与曲线连接类似,都是基于父项和子项的概念。父项曲面不更改其形状,而子曲面会更改形状以满足父曲面的要求。曲面连接箭头从父项曲面指向子项曲面。可使用"曲面"工具或"曲面连接"工具创建以下连接:

➢ "位置"(G0):曲面与曲面的边界重合,共用一个公共边界,连接标志为虚线。

➢ "相切"(G1):两个曲面在公共边界的每个点彼此相切,连接标志为单线箭头,如图 8-97 所示。

➢ "曲率"(G2):两个曲面沿边界相切连续,并且它们沿公共边界的曲率相同,连接标志为多线箭头,如图 8-98 所示。

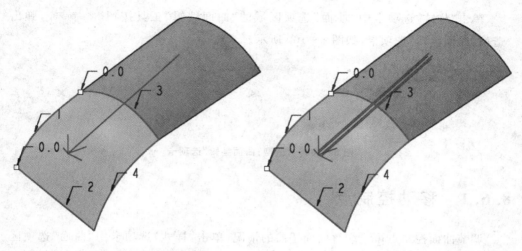

图 8-97 相切连接   图 8-98 曲率连接

> "法向"：支持连接的边界曲线是平面曲线，而所有与边界相交的曲线的切线都垂直于此边界所在平面。

> "拔模"：所有相交边界曲线，都具有相对于共用边界与参考平面或曲面成相同角度的拔模曲线连接。如果选取"拔模"选项，则需要选择拔模参考。将以 10°的默认拔模角创建连接。

在 ISDX 模块中曲面的连接符号是可以更改显示大小的，单击"样式"选项卡中"操作"选项区域的"操作"下三角按钮，选择"首选项"，弹出"造型首选项"对话框，在"曲面"选项区域的"连接图标比例"文本框中输入符号的大小值，单击"确定"按钮，如图 8-99 所示。

图 8-99 "造型首选项"对话框

8.6 曲面编辑

使用 ISDX 模块"曲面编辑"工具可编辑和调整彼此独立的控制点和节点。所编辑的曲面不一定是 ISDX 曲面。如果曲面是非 ISDX 曲面，将其复制到当前 ISDX 环境中，然后编辑副本。可以显示曲面编辑和原始曲面之间的比较。

单击"样式"选项卡中"曲面"选项区域的"曲面编辑"工具按钮 ✐曲面编辑，弹出"造型：曲面编辑"选项卡，如图 8 - 100 所示。

图 8 - 100　"造型：曲面编辑"选项卡

8.6.1　移动控制点

调节曲面控制点可以缓解曲面扭曲的情况，单击"样式"选项卡中"曲面"选项区域的"曲面编辑"工具按钮 ✐曲面编辑，选择需要编辑的曲面，如图 8 - 101 所示。

图 8 - 101 中选择的曲面中一条边界链上与相邻曲面存在曲率连续关系，激活曲面编辑后显示了该曲面的控制网格，默认曲面网格为 4 行 4 列，由于曲面存在连接关系，所以网格的交点即控制点，将不被激活，不可以调整，如果调整了其 4 行 4 列网格中任意一个控制点，将会破坏曲面连接的连续性。如果需要调整其控制点，需要在"造型：曲面编辑"选项卡中"最大行数"和"列"文本框中增加网格的行数和列数，或者在曲面上右击，在弹出的快捷菜单中选择"添加行"或者"添加列"选项，如图 8 - 102 所示。

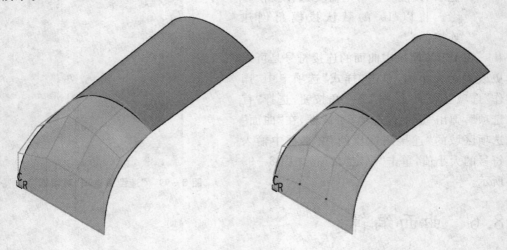

图 8 - 101　选择曲面　　　　　　　　图 8 - 102　添加控制点

使用控制点编辑独立曲面时，曲面的边界约束到了线框之上，所以边界上线框控制点不可调整。如图 8 - 103 所示，曲面和相邻曲面之间为"位置"连续，即独立曲面，其边界上线框控制线为灰色,不被激活,不能调整,而中间四控制点加亮显示,可以选择进行调整。

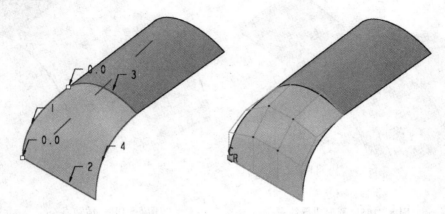

图 8－103　编辑独立曲面

如果曲面连接约束为切线连续时,将会激活约束边界后第二排以后的控制点,如图 8－104 所示。

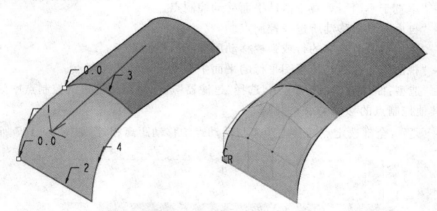

图 8－104　相切约束

曲面的连续性不同,其激活的控制点也不同,其根本原因与 NURBS 曲面的特性有关,要想深入了解必须深入研究 NURBS 曲面,这里不详细讲述。

要想激活曲面所有控制点需要在曲面上右击,在弹出的快捷菜单中选择"清除所有边界"选项,这样将会取消曲面边界的所有约束,如图 8－105 所示。

按住 Ctrl 键可以选择多个控制点,将光标移动到"造型:曲面编辑"选项卡,调整区域中的箭头按钮上,会发现最后选择的点用红色的圆包围,如图 8－106 所示,表示这个点是活动的点。单击选定组中其他点可使该点成为活动的点。

选择好控制点后在"造型:曲面编辑"选项卡中的"移动"下拉列表中选择一种移动方式。

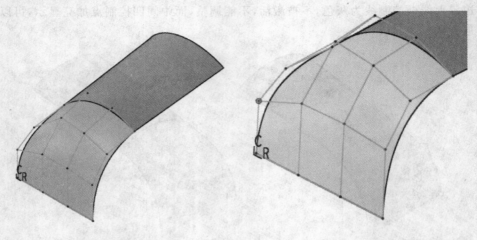

图 8-105　取消边界约束　　　　　　图 8-106　活动点

> "法向":沿其自身曲面的法线方向移动所选择的控制点。
> "法向常量":沿拖移点的法向曲面移动所有选择的控制点。
> "垂直于平面":垂直于活动平面移动控制点。
> "自由":自由移动所选择控制点。
> "沿栏":沿着相邻的行或列栏移动所选择的控制点。
> "视图中":在与当前视图平行的平面中移动所选择的控制点。

在"造型:曲面编辑"选项卡中,选择"过滤器"选项所定义的选定控制点中的活动点和其他控制点的移动关系。

> ▭ :全部选定点的移动距离与活动点的移动距离相等,如图 8-107 所示。

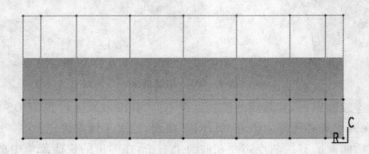

图 8-107　相等距离

> ◩ :相对于活动点的移动距离,选定的点将以线性减少的方式移动,如图 8-108 所示。
> ◪ :相对于活动点的移动距离,选定的点将以平滑下降或者上升的方式移动,如图 8-109 所示。

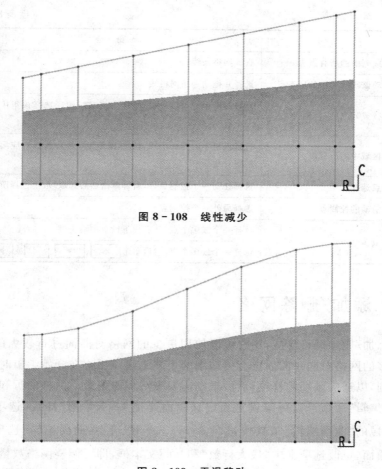

图 8 - 108　线性减少

图 8 - 109　平滑移动

在"造型:曲面编辑"选项卡中的"调整"文本框中可以输入选定点微调步幅距离,单击右侧的方向按钮将可以指定选定点按照按钮方向以步幅值为距离移动。

控制点的各种操作如表 8 - 3 所列。

表 8 - 3　控制点的各种操作

操　作	命　令
更改或移除边界约束	将光标移动到网格边界上,右击,然后选取"无一保留"、"保留位置"、"保留相切"或"保留曲率"
移除选定曲面的所有边界约束	将光标移动到曲面上,右击,然后选取"清除所有边界"
修改曲面网格	选择一个或多个控制点然后进行拖动
沿条移动点	按住 Alt＋Shift 键,选择和拖动某个点
沿屏幕平面移动点	按住 Alt 键,选择和拖动某个控制点

续表 8 - 3

操　作	命　令
选择该行或列中的所有点	选择网格条线
选择并拖动该行或列中的所有点	选择并拖动一条网格线
选择同一行或列上的一组点	选择该组中的第一个点,按住 Shift 键,然后选择该组中的最后一个点
选择矩形区域中的所有点	选择该组中的第一个点,按住 Shift 键,然后选择对应第一个点的点对角
清除所有点选择	选择任何一个控制点后,右键单击然后选取"取消选择所有点"
更改所有活动的控制点	选择另外一个控制点
移动一个或多个点	选择一个或多个点,然后按下键盘中箭头键
	选择一个或多个点,然后单击 ▲ 、 ▼ 、 ◀ 或 ▶

8.6.2　添加/删除网格

　　利用添加/删除网格功能,用户可以使用更少的网格对曲面进行较大的更改,以及使用更多的网格对同一曲面进行更精细的更改。建议用户在开始编辑时就添加足够的行和列,以适应预期的修改,然后根据需要激活或取消激活网格的行和列。

　　"曲面编辑"命令可以更改或重新定义曲面连接关系,单击"样式"选项卡中"曲面"选项区域的"曲面编辑"工具按钮 ✎ 曲面编辑 ,弹出"造型:曲面编辑"选项卡,选择需要编辑曲面,更改选项卡中"最大行数"和"列"文本框,即可调整网格数量。

　　在曲面上右击,弹出快捷菜单,选取"添加行"或"添加列"选项,以分别将行或列添加至曲面网格。继续添加行和列,直至网格达到进一步编辑所需的密度,如图 8 - 110 所示。

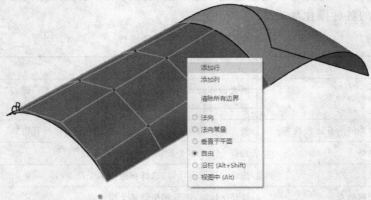

图 8 - 110　快捷菜单

可通过取消激活某些行和列来使用较简单的网格进行处理。取消激活行和列会使它们暂时不能用于编辑。不过,用户可在必要时激活这些行和列。

① 右击控制网格行或列,然后选取"取消激活行"或"取消激活列"选项,以取消激活行或列,如图 8 - 111 所示。

② 如果任何行或列已取消激活,则可在曲面上右击,然后选取"全部激活"选项,以激活行和列。

③ 还可通过移除某些行和列来使用较简单的网格进行处理。不过,这会永久性地移除这些行和列,而且会对先前应用的编辑产生某些影响。

④ 右击行或列,然后选取"移除行"或"移除列"选项,以移除行或列。

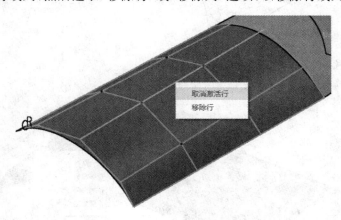

图 8 - 111　取消激活

注意:以上操作如果在网格数量为默认的 4 行 4 列时,将不可行。

8.6.3　对齐曲面

在编辑曲面的过程中,用户可以保持曲面的连接关系,也可以取消连接关系。单击"样式"选项卡中"曲面"选项区域的"曲面编辑"工具按钮 曲面编辑 ,选择需要编辑曲面,该曲面在编辑前与相邻的曲面之间是切线连续关系,如图 8 - 112 所示。

选择要编辑的曲面后,将显示曲面控制网格,右击与曲面相邻网的网格的边界,弹出快捷菜单,如图 8 - 113 所示。

在快捷菜单中选择"无一保留"单选项,将取消所有曲面的连接。

再次右击与曲面相邻网的网格的边界,弹出快捷菜单,选择一个曲面对齐的类型,如图 8 - 114 所示。

单击"造型:曲面编辑"选项卡中的"对齐"按钮,弹出"对齐"选项卡,在"相邻"文本框中选择对齐参考,即可重新建立曲面连接关系,如图 8 - 115 所示。

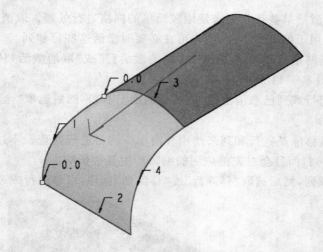

图 8-112　切线连接

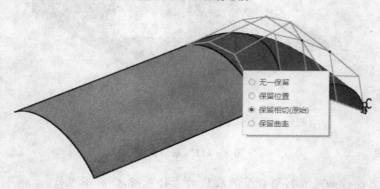

图 8-113　快捷菜单

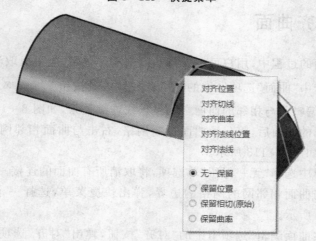

图 8-114　选择对齐类型

图 8 - 115　"对齐"选项卡

根据对齐的类型,选择对齐操作的参考,如表 8 - 4 所列。

表 8 - 4　选择对齐操作的参考

类　型	参　考
对齐切线	边、曲面上的曲线或相邻的曲面
对齐曲率	
对齐位置	自由曲线、边或曲面上的曲线
对齐法线位置	相邻曲面(或基准平面)和曲线(或边)
对齐法线	平面曲面或基准平面

8.7　曲面连接

　　曲面连接与曲线连接类似,都是基于父项和子项的概念。父项曲面不更改其形状,而子曲面会更改形状以满足父曲面的要求。曲面连接箭头从父项曲面指向子项曲面。可使用"曲面"工具或"曲面连接"工具创建:"位置"、"相切"、"曲率"、"法向"、"拔模"五种连接。

　　在复合曲面中,控制曲面连接时可控制沿复合边界的连接,但不能控制复合曲面内的连接。如果关联边界曲线具有曲率连续性、相切连续性或位置连续性,则复合曲面的连续性最大。沿曲面复合边界的连接类似于组的功能,并且以不同的颜色进行显示。

　　单击"样式"选项卡中"曲面"选项区域的"曲面连接"工具按钮 ⬚ 曲面连接,弹出"造型:曲面连接"选项卡,如图 8 - 116 所示。

　　➢ 📖:选择曲面参考。

　　➢ "显示选定内容":仅显示选定相邻曲面的连接。

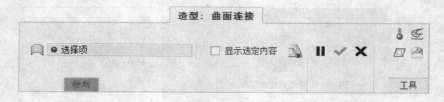

图 8-116　"造型：曲面连接"选项卡

> ：显示可以转换为"拔模"连接的连接。

连接符号显示了连接类型、父项曲面和子项曲面。以下符号表示曲面连接：

> "位置"：虚线。
> "相切"：从父项曲面指向子项曲面的箭头。
> "曲率"：从父项曲面指向子项曲面的双箭头。
> "法向"：从连接边界向外指，但不与边界相交的箭头。
> "拔模"：从公共边界向外指的虚线箭头。

选择两个或多个要连接的曲面，沿曲面边界显示连接符号。将光标移动到连接符号上方，右击，然后选取连接类型。

如果曲面是自动连接，则弹出一个消息输入窗口。阅读信息并单击"是"按钮以接受所做的更改并进行连接。曲面随即连接起来。

8.8　曲面裁剪

在 ISDX 模块中，可以使用一组曲线来修剪曲面和面组。可以保留或删除所得到的被修剪面组部分。默认情况下不删除任何被修剪的部分。

注意：

① 每次使用"修剪"命令时，ISDX 模块均会在活动"样式"特征内创建新的曲面特征。

② 修剪曲面不会更改其参数定义。在修剪操作后，任何软点或 COS 曲线均不会发生变化。

③ 为修剪曲面而选择的曲线必须位于面组上。

使用修剪操作时，可以：

> 在另一个修剪操作中使用已修剪的曲面。
> 在被修剪曲面上创建 COS 曲线、放置曲线和软点。
> 在整个修剪边界间创建连接。
> 使用"样式"选项卡中"操作"选项区域的"图元信息"和"特征信息"工具可以获得已修剪曲面的信息。

➢ 使用"分析"选项区域的工具可对已修剪曲面进行分析。

单击"造型"选项卡中"曲面"选项区域的"曲面修剪"工具按钮 ⬛曲面修剪 ，弹出"造型:曲面修剪"选项卡，如图 8-117 所示。

图 8-117　"造型:曲面修剪"选项卡

选择一个或多个要修剪的面组，添加到 📖选择框中，选择用于修剪面组的曲线填入 ～ 选择框，曲线要求必须位于选定的面组上。选择需要删除的曲面添加到 ✂选择框中，如图 8-118 所示，请勿选择要删除的所有被修剪部分。

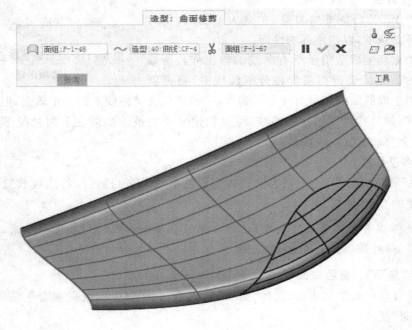

图 8-118　修剪曲面

8.9　重新生成

ISDX 模块中的特征有一个内部重新生成机制，仅在图元因为其父项更改而导致数据过期的情况下才重新生成图元。所有过期的图元均会重新生成。任何最新的图元均不会重新生成。

在特征重新生成期间,只重新生成包含在 ISDX 特征中的图元,而不重新生成整个 Creo Parametric 模型。

单击"样式"选项卡中"操作"选项区域的"全部重新生成"工具按钮 全部重新生成 ,可重新生成全部过期的 ISDX 特征。

模型更新时交通灯呈绿色;模型过期时呈黄色;如果重新生成失败则呈红色。

曲面和曲线都可以自动重新生成,选择"操作"下拉列表中的"首选项"命令,弹出"造型首选项"对话框,在"自动重新生成"选项区域选择自动重新生成的选项,如图 8-119 所示。

(1)"曲线"

如果 ISDX 特征非常复杂,包含大量曲线,则可以不选择此选项,以避免影响性能。

自动重新生成适用于所有曲线编辑操作。所修改曲线的子曲线会被更新。在分割曲线时,将更新

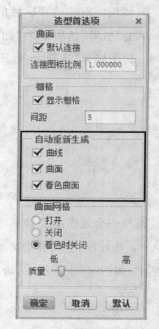

图 8-119 "自动重新生成" 选项区域

原曲线和生成的曲线的所有子项。通常,子曲线包含父曲线上的一个软点,但在其他情况下,例如具有对齐切线的曲线,可以创建父子关系。如果在下列情况下编辑曲线,则也会自动重新生成曲线:

① 多条曲线。

② 所有从属曲线(不包括为曲面而创建的曲线,不包括通过将曲线放置到曲面上而创建的 COS 曲线)。

注意: 如果某子曲线重新生成失败,则其他非从属子曲线的处理也会结束。不会显示"解决"对话框。下次自动重新生成会再次尝试更新失败的图元。

(2)"曲面"、"着色曲面"

要仅自动生成线框曲面,选择"曲面"复选项;要同时生成线框和着色曲面,选择"着色曲面"复选项。

如果编辑下列任意项目,将自动生成曲面:

① 用于创建曲面的曲线。如果编辑的曲线未形成有效的闭合边界,则不会重新生成曲面。必须通过编辑曲线使其形成有效的曲面边界,并单击"全部重新生成"工具按钮 全部重新生成 来解决此问题。

② 用于曲面的内部曲线。所有 COS 曲线和从属子项也会被更新,以便能位于重新生成后的曲面之上。

8.10 综合案例——遥控器

操作步骤如下:

① 创建新的零件文件 yaokongqi.pat,模板为 mmns_part_solid。

② 单击"模型"选项卡中"基准"选项区域的"草绘"工具按钮 [图],选择 TOP 平面为草绘平面,绘制如图 8-120 所示的草图。

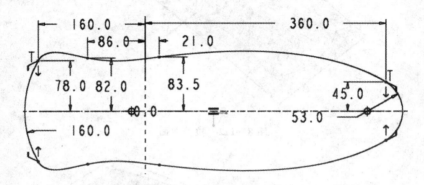

图 8-120 草绘图形

③ 在 FRONT 平面中创建另一个草图,如图 8-121 所示。

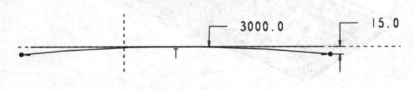

图 8-121 创建另一个草图

④ 单击"模型"选项卡中"形状"选项区域的"拉伸"工具按钮 [图],在"拉伸"选项卡中单击"拉伸为曲面"工具按钮 [图],选择步骤③绘制的草图,拉伸方式为"对称拉伸" [图],拉伸高度为 250,如图 8-122 所示。

⑤ 单击"模型"选项卡中"编辑"选项区域的"投影"工具按钮 [图 投影],在"投影曲线"选项卡中单击"参考"按钮,在"链"选择框中选择步骤②绘制的草图,在"曲面"选择框中选择拉伸曲面,在"方向参考"选择框中选择 TOP 平面,单击"反向"按钮调整投影方向,结果如图 8-123 所示。

⑥ 将步骤②和③创建的草绘特征隐藏。

⑦ 单击"模型"选项卡中"基准"选项区域的"点"工具按钮 [图 点],在投影曲线和基

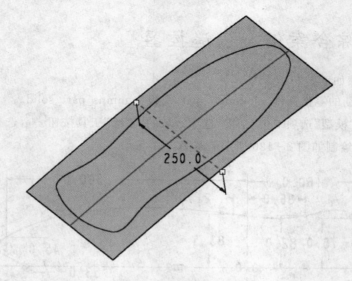

图 8 - 122 拉伸曲面

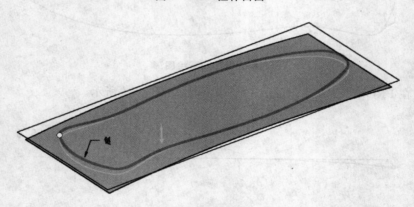

图 8 - 123 创建投影曲线

准平面相交处创建基准点，如图 8 - 124 所示。

⑧ 单击"模型"选项卡中"基准"选项区域的"草绘"工具按钮 [图]，选择 FRONT 平面为草绘平面，绘制如图 8 - 125 所示的草图。

⑨ 单击"模型"选项卡中"形状"选项区域的"扫描"工具按钮 [图]扫描，在"扫描"选项卡中单击"扫描为曲面"工具按钮 [图]，选择投影曲线，单击"草绘截面"工具按钮 [图]，绘制扫描截面草图，结果如图 8 - 126 所示。

⑩ 单击"模型"选项卡中"基准"选项区域的"平面"工具按钮 [图]，弹出"基准平面"对话框，选择 RIGHT 平面以及投影曲线两端圆弧的端点，创建两个基准平面，如图 8 - 127 所示。

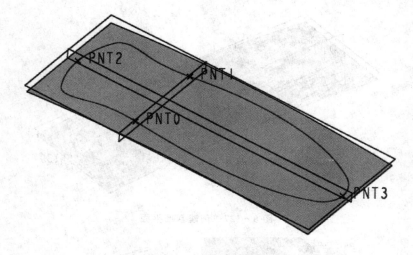

图 8 - 124　创建基准点

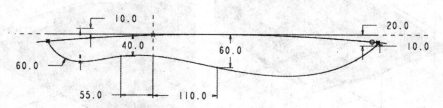

图 8 - 125　绘制草图

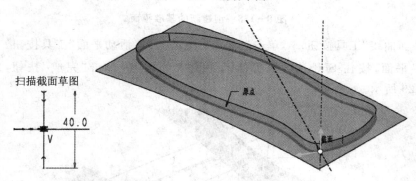

图 8 - 126　创建扫描曲面

⑪ 将步骤④创建的拉伸曲面隐藏。

⑫ 单击"模型"选项卡中"基准"选项区域的"平面"工具按钮 ▱，弹出"基准平面"对话框，按照选择参照点和参照平面的方法创建两个新的基准平面，如图 8 - 128 所示。

⑬ 单击"模型"选项卡中"曲面"选项区域的"造型"工具按钮 ⌒造型，弹出"样式"选项卡；单击"曲线"选项区域的"曲线"工具按钮 ～，弹出"造型:曲线"选项卡；单击

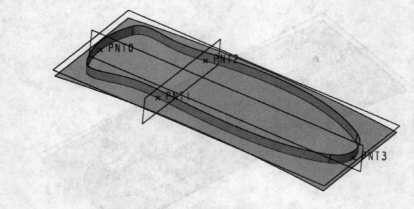

图 8 - 127　创建基准平面

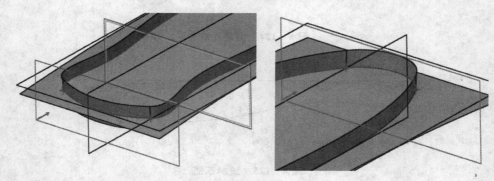

图 8 - 128　创建新的基准平面

"创建平面曲线"工具按钮 ，单击选项卡右侧的"设置活动平面"工具按钮 ；选择
RIGHT 平面，按住 Shift 键，捕捉活动平面上的两点，单击"完成"按钮，结果如
图 8 - 129 所示。

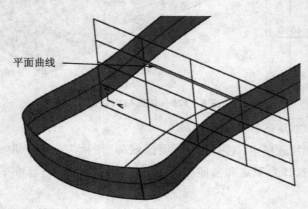

平面曲线

图 8 - 129　创建平面曲线

⑭ 双击步骤⑬创建的平面曲线,弹出"造型:曲线编辑"选项卡,单击曲线端点,弹出相切线;右击相切线,在弹出的快捷菜单中选择"曲面曲率"选项,选择拉伸曲面,单击"造型:曲线编辑"选项卡中的"相切"按钮;在"属性"选项区域选择"固定长度"选项,在"长度"文本框中输入 30。使用同样的方法编辑另一个端点的相切线,如图 8－130 所示。

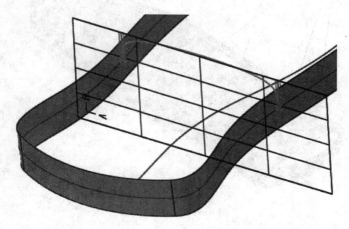

图 8－130 绘制曲线

⑮ 使用同样的方法绘制另外两条曲线,如图 8－131 所示。

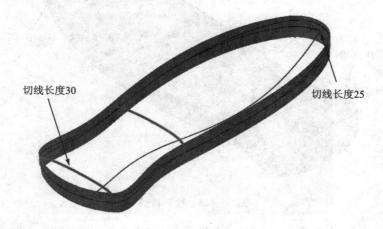

图 8－131 绘制另外两条曲线

⑯ 单击"样式"选项卡中"曲面"选项区域的"曲面"工具按钮,弹出"造型:曲面"选项卡;在"链"选择框中选择四条曲线为曲面边界,在"内部"选择框中选择一条曲线为内部曲线。右击曲面边界条件符号,选择"曲率"选项,如图 8－132 所示。

⑰ 在曲面的另一侧创建三条平面曲线,注意曲线要通过捕捉三条曲线来建立,如图 8－133 所示。

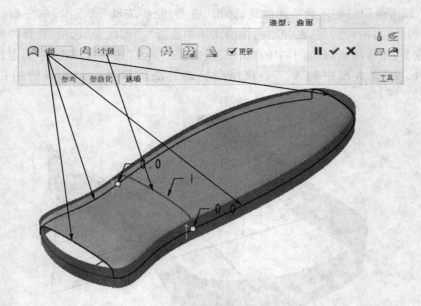

图 8 - 132　创建曲面

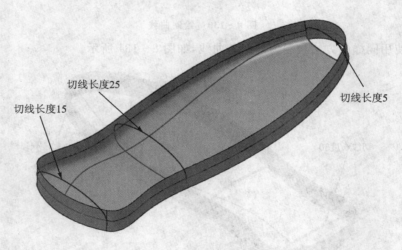

切线长度25

切线长度15

切线长度5

图 8 - 133　绘制曲线

⑱ 单击"样式"选项卡中"曲面"选项区域的"曲面"工具按钮，创建曲面，如图 8 - 134 所示。

⑲ 单击"样式"选项卡中的"确定"按钮，退出 ISDX 模块。隐藏扫描曲面。

⑳ 选择创建的 ISDX 曲面，单击"模型"选项卡中"编辑"选项区域的"合并"工具按钮，将两个曲面合并，如图 8 - 135 所示。

㉑ 单击"模型"选项卡中"形状"选项区域的"拉伸"工具按钮，在"拉伸"选项

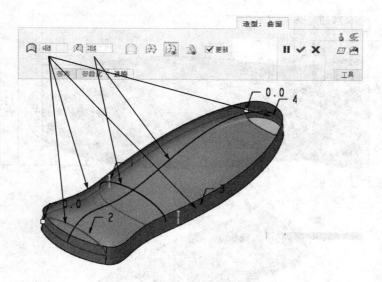

图 8－134　创建曲面

图 8－135　合并曲面

卡中单击"拉伸为曲面"工具按钮 ，单击"移除材料"工具按钮 ，选择"对称拉伸" 方式，选择上一步创建的 ISDX 曲面为修剪曲面，选择 TOP 平面为草绘平面，绘制草图；单击"草图"选项卡中的"完成"按钮 ，在操控板中输入拉伸高度 25，单击"完成"按钮 ，结果如图 8－136 所示。

　㉒　单击"模型"选项卡中"曲面"选项区域的"造型"工具按钮 造型，弹出"样式"选项卡；单击"曲线"选项区域的"曲线"工具按钮 ，弹出"造型：曲线"选项卡；单击"创建平面曲线"工具按钮 ，单击选项卡右侧的"设置活动平面"工具按钮 ，选择 FRONT 平面；按住 Shift 键，捕捉曲面边缘以及曲线，单击"完成"按钮，结果如

333

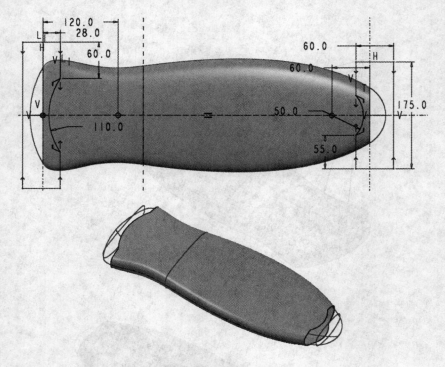

图 8-136　修剪曲面

图 8-137 所示。

㉓双击上一步创建的平面曲线,弹出"造型:曲线编辑"选项卡,单击曲线连接曲面的端点,弹出相切线,右击相切线,在弹出的快捷菜单中选择"曲面曲率"选项,选择拉伸曲面;单击"造型:曲线编辑"选项卡中的"相切"按钮,在"属性"选项区域选择"固定长度"选项,在"长度"文本框中输入 12。编辑另一个端点处的相切线,其连接关系设置为"竖直",长度为 10,如图 8-138 所示。

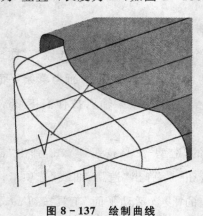

图 8-137　绘制曲线

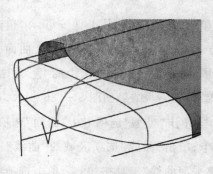

图 8-138　编辑曲面

㉔ 使用同样的方法绘制另外三条曲线。其中一条曲线一端的相切线使用手动调节,如图 8-139 所示。

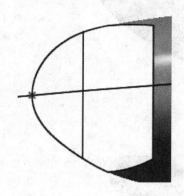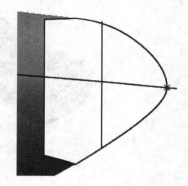

图 8-139　绘制曲线

㉕ 单击"样式"选项卡中"曲面"选项区域的"曲面"工具按钮，弹出"造型:曲面"选项卡,在"链"选择框中选择四条曲线为曲面边界,在"内部"选择框中选择上一步创建的曲线为内部曲线。将与曲面相连的边界连接关系设置为"曲率",如图 8-140 所示。

㉖ 使用同样的方法创建另外三个曲面,如图 8-141 所示。

㉗ 单击"样式"选项卡中的"确定"按钮,退出 ISDX 模块。

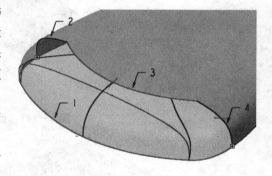

图 8-140　创建曲面

㉘ 选择曲面,单击"模型"选项卡中"编辑"选项区域的"合并"工具按钮 合并 ,合并所有曲面。

㉙ 选择合并后的曲面,单击"模型"选项卡中"编辑"选项区域的"实体化"工具按钮 实体化 ,单击"确定"按钮 。

㉚ 将模型不需要显示的特征隐藏,只保留实体模型以及拉伸曲面的显示,如图 8-142所示,保存并关闭文件。

㉛ 创建新的零件文件 ykq_top. prt,模板为 mmns_part_solid。

㉜ 单击"模型"选项卡中的"获取数据"下三角按钮,选择"合并/继承"选项,弹出"合并/继承"选项卡,单击"打开"工具按钮 ,选择主控文件 yaokongqi. prt,弹出"元件放置"对话框,在"约束类型"下拉列表中选择"默认"选项,单击"元件放置"对话框中的"完成"按钮 ,单击"合并/继承"选项卡中的"完成"按钮 。

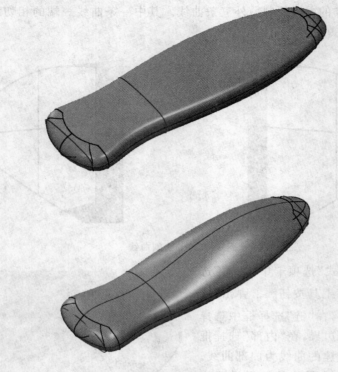

图 8 – 141　创建曲面

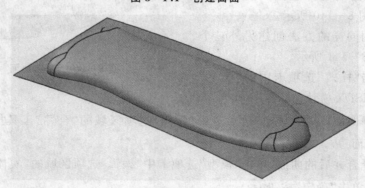

图 8 – 142　保存模型

㉝ 选择模型中的拉伸曲面,单击"模型"选项卡中"编辑"选项区域的"实体化"工具按钮 ⬛实体化 ,弹出"实体化"选项卡;单击"去除材料"工具按钮 ⬜ ,选择去除材料的方向,单击"完成"按钮 ✓ ,使用曲面切割实体,如图 8 – 143 所示。

㉞ 单击"模型"选项卡中"基准"选项区域的"草绘"工具按钮 ⬛ ,选择 TOP 平面为草绘平面,进入草绘环境;单击"草绘"选项卡中"获取数据"选项区域的"文件系统"工具按钮 ⬛ ,打开文件 anniu. sec;在"调整旋转大小"选项卡中输入比例因子 1,拖动插

入草图的中心移动点,捕捉模型的中心参考线,单击"完成"按钮,如图 8 - 144 所示。

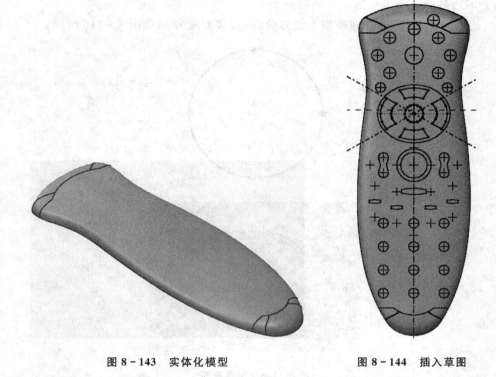

图 8 - 143　实体化模型　　　　　　　　　　图 8 - 144　插入草图

㉟ 选择模型的上曲面,单击"模型"选项卡中"编辑"选项区域的"偏移"工具按钮
偏移,在弹出的"偏移"选项卡中选择"具有拔模特征"的偏移方式。单击"参考"
选项卡,单击"草绘"选项区域的"定义"按钮,选择 TOP 平面为草绘平面,在草绘环
境中使用"投影"命令直接选择插入草图中的椭圆;在"偏移"选项卡中输入偏移距离
1,结果如图 8 - 145 所示。

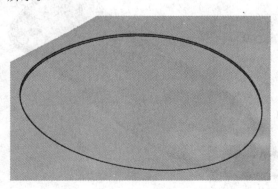

图 8 - 145　偏移曲面

㊱ 单击"模型"选项卡中"工程"选项区域的"倒圆角"工具按钮 ⟍倒圆角 ▾，在椭圆的上下边各倒一个半径为 0.5 的圆角。

㊲ 使用"偏移"命令在模型上偏移曲面，偏移距离为 3，如图 8 - 146 所示。

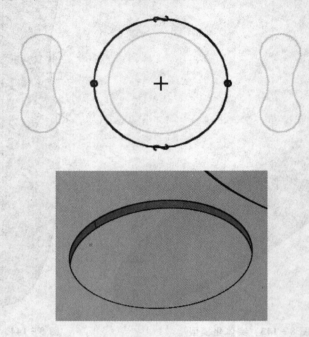

图 8 - 146　偏移曲面

㊳ 单击"模型"选项卡中"工程"选项区域的"壳"工具按钮 回壳，按住 Ctrl 键，选择需要移除的表面，在"壳"选项中输入厚度值 4，单击"确定"按钮 ✔，如图 8 - 147 所示。

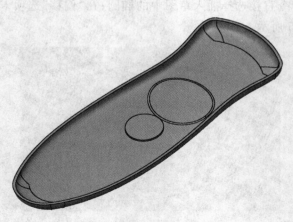

图 8 - 147　抽　壳

㊴ 选择菜单"文件"|"选项",弹出"Creo Parametric 选项"对话框,单击右侧的"自定义功能区",在右侧"从下列位置选取命令"下拉列表中选择"不在功能区中的命令"选项,在下方列表中选择"唇"选项,右击右侧树状结构图中"模型"下的"工程"复选项,在弹出的快捷菜单中选择"添加新组"选项,树状结构图中将会新建一个组,选择该组,单击"添加"按钮,如图 8 - 148 所示,单击"确定"按钮。

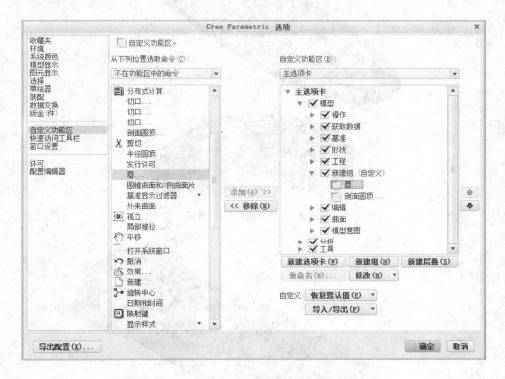

图 8 - 148　"Creo Parametric 选项"对话框

㊵ 单击"模型"选项卡中"新建组"选项区域的"唇"工具按钮 ◉唇,弹出"菜单管理器",选择"链"选项,选择实体的内侧边,选择"确定"选项;选择实体下截面,输入偏移值－2,输入边到曲面的距离 2,选择 TOP 平面,输入拔模角度 3,结果如图 8 - 149 所示。

㊶ 使用拉伸命令切割按键孔,如图 8 - 150 所示。

㊷ 创建新的零件文件 ykq_down. prt,模板为 mmns_part_solid。

㊸ 单击"模型"选项卡中的"获取数据"下三角按钮,选择"合并/继承"选项,弹出"合并/继承"选项卡;单击"打开"工具按钮 ☞,选择主控文件 yaokongqi. prt,弹出"元件放置"对话框;在"约束类型"下拉列表中选择"默认"选项,单击"元件放置"对话框中的"完成"按钮 ✓,再单击"合并/继承"选项卡中的"完成"按钮 ✓。

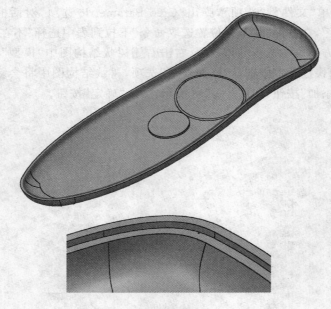

图 8-149 创建"唇"特征

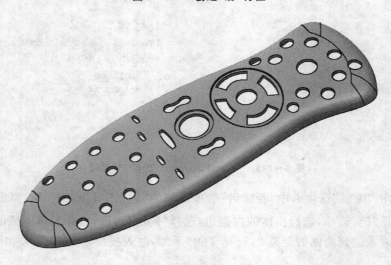

图 8-150 切割按键孔

㊹ 选择模型中的拉伸曲面,单击"模型"选项卡中"编辑"选项区域的"实体化"工具按钮 ⌒实体化 ,弹出"实体化"选项卡;单击"去除材料"工具按钮 ⌀ ,选择去除材料的方向,单击"完成"按钮 ✔ ,使用曲面切割实体,如图 8-151 所示。

㊺ 使用"拉伸"命令切割实体,如图 8-152 所示。

㊻ 使用"圆角"命令创建一个半径为 5 的圆角,如图 8-153 所示。

㊼ 添加"抽壳"特征,壁厚为 4,如图 8-154 所示。

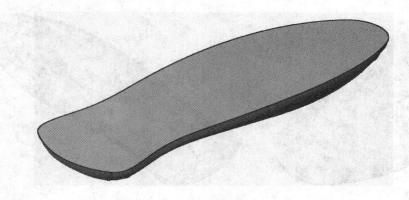

图 8 - 151　切割实体

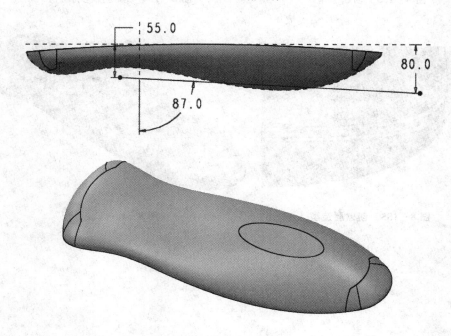

图 8 - 152　拉伸切割

⑧ 单击"模型"选项卡中"新建组"选项区域的"唇"工具按钮 唇，弹出"菜单管理器"；选择"链"选项，选择实体的内侧边，选择"确定"选项；选择实体下截面，输入偏移值 2，输入边到曲面的距离 2；选择 TOP 平面，输入拔模角度 3，结果如图 8 - 155所示。

⑨ 创建一个装配文件，将零件 ykq_up. prt 和 ykq_down. prt 以"默认"约束装配到环境中，如图 8 - 156 所示。

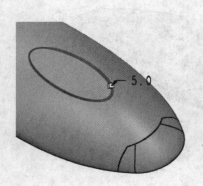

图 8 - 153　创建圆角

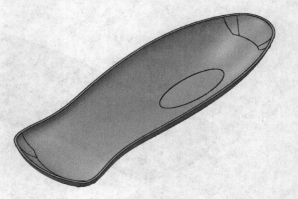

图 8 - 154　创建抽壳特征

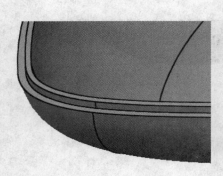

图 8 - 155　创建唇造型

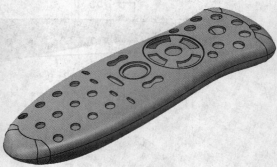

图 8 - 156　装　配

第9章 综合案例——万向联轴器

这是一个电动窗帘的万向联轴器,如图 9-1 所示。该案例综合使用了 Creo Parametric 中的很多技术,如钣金建模、齿轮的建模、外部合并、族表、骨架、运动仿真等。

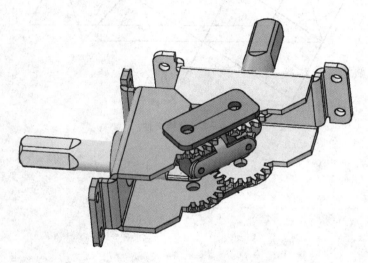

图 9-1 万向联轴器

9.1 创建骨架文件

项目创建过程中首先要创建骨架文件对项目整体进行布局设计,如图 9-2 所示。该骨架文件是由多个"草绘"特征以及多个基准轴和基准平面构成,骨架文件反映了设计意图以及各个零件之间的位置和相互关系。

操作步骤如下:

① 设置新的工作目录,新建装配文件 Universal_joint. asm,模板为 mmns_asm_design。

单击"模型"选项卡中"模型"选项区域的"创建"工具按钮 创建,弹出"元件创建"对话框,如图 9-3 所示,在"类型"选项区域选择"骨架模型"单选项,单击"确定"按钮,弹出"创建选项"对话框,如图 9-4 所示,单击"确定"按钮。

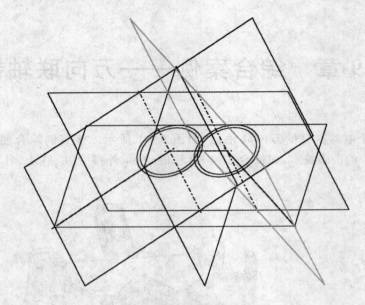

图 9 - 2　骨架文件

图 9 - 3　"元件创建"对话框

图 9 - 4　"创建选项"对话框

　　② 右击模型树中的骨架文件 Universal_joint.pat，在弹出的快捷菜单中选择"打开"选项，进入零件设计环境。

　　③ 单击"模型"选项卡中"基准"选项区域的"草绘"工具按钮，选择 TOP 平面为草绘平面，绘制草图，如图 9 - 5 所示。

　　④ 单击"模型"选项卡中"基准"选项区域的"草绘"工具按钮，创建第二个草

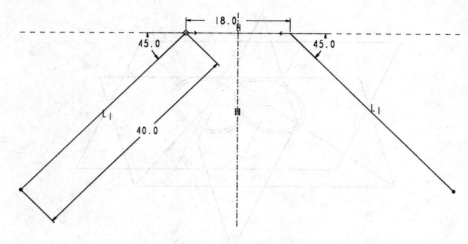

图 9-5　创建草图特征

图特征,选择 TOP 平面为草绘平面,绘制草图,如图 9-6 所示。两个草绘特征可以合并为一个,但是为了便于修改,避免草图过于复杂,才将草图分为两个特征来创建。

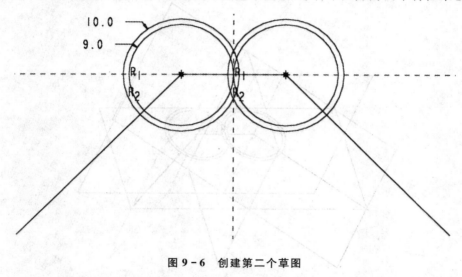

图 9-6　创建第二个草图

⑤ 单击"模型"选项卡中"基准"选项区域的"轴"工具按钮 ∥ 轴,弹出"基准轴"对话框,创建两根基准轴,如图 9-7 所示。

⑥ 使用两点的方法创建三根基准轴,基准轴分别与草绘中的三条线段重合。单击"模型"选项卡中"基准"选项区域的"平面"工具按钮 ▱,弹出"基准平面"对话框,创建两个基准平面,基准平面与基准轴重合并且垂直于 TOP 平面,如图 9-8 所示。

⑦ 保存并关闭骨架文件。

图 9 - 7   创建基准轴

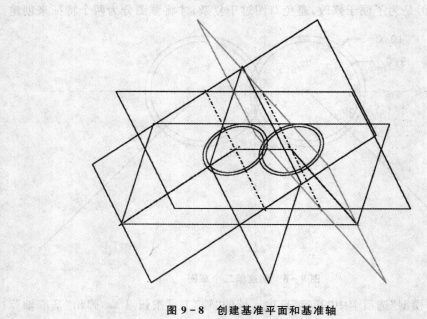

图 9 - 8   创建基准平面和基准轴

9.2   创建第一个支架模型

支架模型是在齿轮模型的基础上建立的,齿轮模型的创建方法请参考第 3 章中的相关部分。由于该零件是钣金零件,所以在创建过程中除了使用零件建模中的命令外,还使用了钣金建模命令,如图 9 - 9 所示。

操作步骤如下：

① 打开光盘文件中的渐开线圆柱齿轮文件 gear.prt，单击"工具"选项卡中"模型意图"选项区域的"参数"工具按钮 {}参数，弹出"参数"对话框，更改齿轮参数，将模数 M 改为 1，将齿数 Z 改为 18，将齿宽改为 25，单击"确定"按钮关闭"参数"对话框。

单击"操作"选项区域的"重新生成"工具按钮 ，结果如图 9-10 所示。

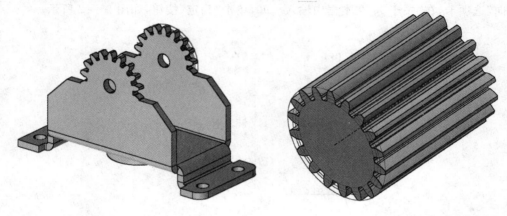

图 9-9　第一个支架模型　　　　　　　图 9-10　生成齿轮

② 单击"模型"选项卡中"基准"选项区域的"坐标系"工具按钮 坐标系，弹出"坐标系"对话框，选择默认坐标系，单击"方向"选项卡，在"定向根据"选项区域中选择"参考选择"单选项，在第一个"使用"选择框中选择基准平面 DTM2，在"确定"下拉列表中选择 X，在第二个"使用"选择框中选择基准平面 A_1，在"投影"下拉列表中选择 Z，然后单击"确定"按钮，结果如图 9-11 所示。

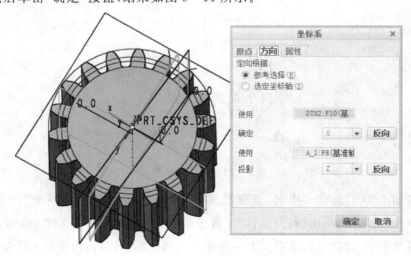

图 9-11　创建坐标系

③ 选择菜单"文件"|"另存为"|"保存副本"选项,将文件保存为 gear-1.prt。关闭模型窗口。

④ 使用 mmns_part_solid 模板创建一个新的文件 Bracket.prt。

⑤ 单击"模型"选项卡中"基准"选项区域的"坐标系"工具按钮 ⽊坐标系,弹出"坐标系"对话框,选择零件环境中的默认坐标系,在 Y 文本框中输入 -12.5,单击"方向"选项卡,在"关于 X"文本框中输入 -90,单击"确定"按钮,如图 9-12 所示。

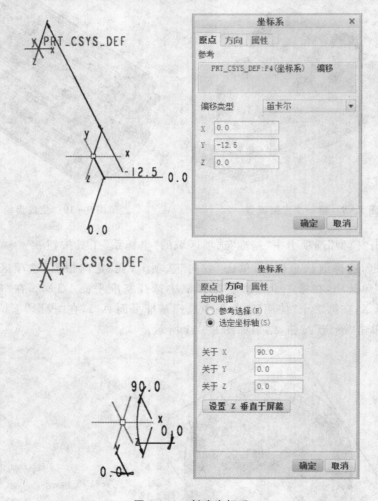

图 9-12　创建坐标系

⑥ 单击"模型"选项卡中的"获取数据"下拉按钮,选择"合并/继承"选项,弹出"合并/继承"选项卡,单击"打开文件"工具按钮 🗁,选择齿轮模型文件 gear-1.prt,选择齿轮零件中的 CSO 坐标系以及上一步新创建的坐标系,将齿轮零件坐标系与新创建坐标系重合,单击"完成"按钮,结果如图 9-13 所示。

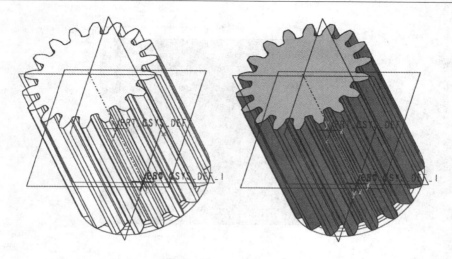

图 9 - 13　合并齿轮文件

⑦ 单击"模型"选项卡中"形状"选项区域的"拉伸"工具按钮🔲，选择齿轮的底面为草绘平面，绘制草图，如图 9 - 14 所示。注意，45°的斜线要与齿轮的分度圆相切。以"到选定项"的方式定义拉伸深度到齿轮顶面。

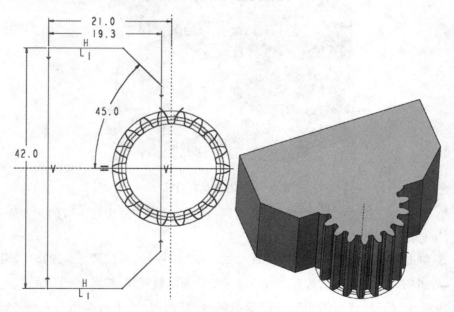

图 9 - 14　创建"拉伸"特征

⑧ 单击"模型"选项卡中"形状"选项区域的"拉伸"工具按钮🔲，弹出"拉伸"选项卡，单击"去除材料"工具按钮✏️，选择模型的一个侧面为草绘平面，创建拉伸除料特征，结果如图 9 - 15 所示。

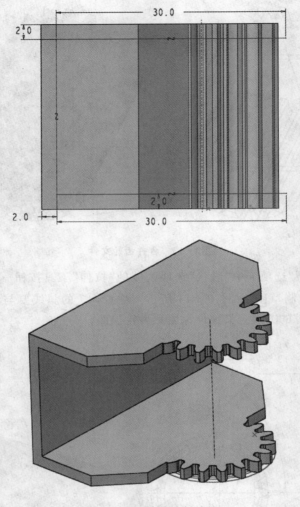

图 9 - 15　拉伸除料特征

⑨ 单击"模型"选项卡中"形状"选项区域的"拉伸"工具按钮 ，创建一个拉伸特征，拉伸高度为 3，如图 9 - 16 所示。

⑩ 单击"模型"选项卡中"形状"选项区域的"拉伸"工具按钮 ，弹出"拉伸"选项卡，单击"去除材料"工具按钮 ，创建一个拉伸除料特征，如图 9 - 17 所示。

⑪ 单击"模型"选项卡中"工程"选项区域的"倒圆角"工具按钮 倒圆角 ▼ ，创建 0.5 和 0.25 连个圆角特征，如图 9 - 18 所示。

⑫ 单击"模型"选项卡中的"操作"下拉菜单，选择"转换为钣金件"选项，弹出"第一壁"选项卡，单击"驱动曲面"工具按钮 ，在"壁厚"文本框中输入 2，选择任意一个实体曲面，单击选项卡中的完成按钮 ，结果如图 9 - 19 所示。

图 9 - 16　创建拉伸特征　　　　　　图 9 - 17　创建拉伸除料特征

图 9 - 18　创建"圆角"特征　　　　　图 9 - 19　转换钣金件

⑬ 单击"模型"选项卡中"折弯"选项区域的"折弯"工具按钮 折弯 ▼，选择"边折弯"工具按钮 边折弯，弹出"边折弯"选项卡，在"厚度"文本框中输入 0.5，按住 Ctrl 键，选择实体两条边，结果如图 9 - 20 所示。

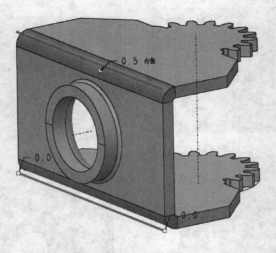

图 9 - 20 创建折弯

⑭ 单击"模型"选项卡中"形状"选项区域的"拉伸"工具按钮 🔲 拉伸，创建一个直径为 4 的孔，如图 9 - 21 所示。

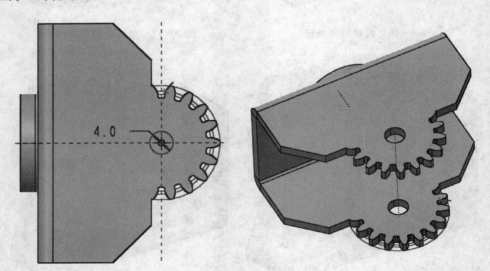

图 9 - 21 创建孔

⑮ 单击"模型"选项卡中"形状"选项区域的"平整"工具按钮 🖳，弹出"平整"选项卡，选择添加特征的侧边，在"类型"列表中选择"自定义"单选项，单击"形状"按钮，弹出"形状"选项卡，单击"草绘"按钮，绘制草图，在"平整"选项卡中的"厚度"文本框中输入 0.5，单击"完成"按钮，结果如图 9 - 22 所示。

⑯ 使用同样的方法创建第二个平整特征，如图 9 - 23 所示。

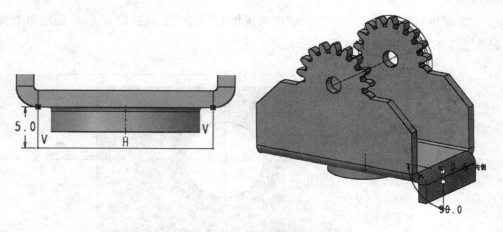

图 9 - 22　添加平整特征

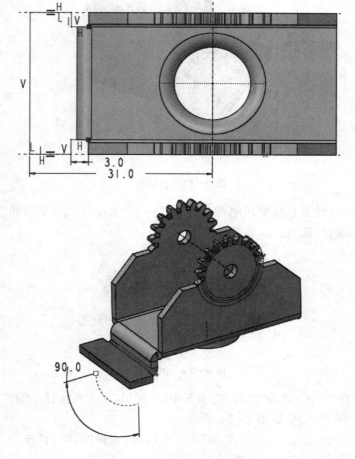

图 9 - 23　创建第二个平整特征

⑰ 单击"模型"选项卡中"形状"选项区域的"拉伸"工具按钮 拉伸,创建两个直径为 3.3 的孔,如图 9-24 所示。

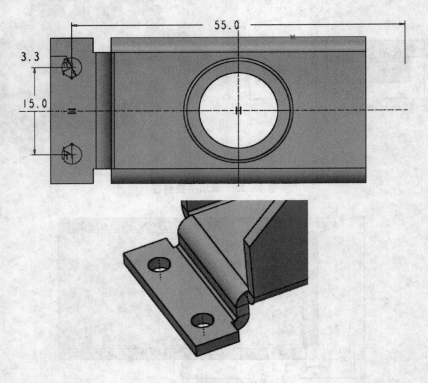

图 9-24 创建孔

⑱ 按住 Ctrl 键选择模型树中两个"平整"一个"拉伸"以及"倒圆角"特征,右击,在快捷菜单中选择"组"选项,如图 9-25 所示。

▶ 🔲 拉伸 5	🔲 驱动曲面 1(第一个壁)
🔩 平整 1	🔲 边折弯 1
🔩 平整 2	▶ 🔲 拉伸 5
▶ 🔲 拉伸 6	▶ 🔲 组 LOCAL_GROUP
➡ 在此插入	➡ 在此插入

图 9-25 创建组

⑲ 选择"组"特征,单击"模型"选项卡中的"编辑"下三角按钮,选择"镜像"选项,选择 FRONT 平面,结果如图 9-26 所示。

⑳ 单击"模型"选项卡中的"工程"下三角按钮,选择"倒圆角"选项,创建一个半径为 3 的圆角特征,如图 9-27 所示。

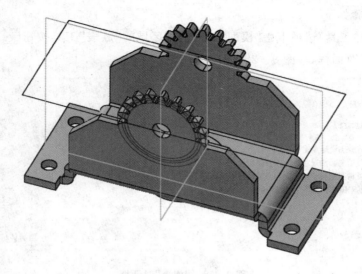

图 9 – 26 创建"镜像"特征

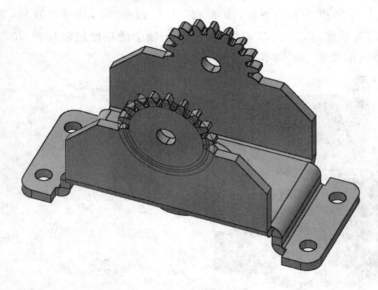

图 9 – 27 创建圆角特征

9.3 创建第二个支架模型

第二个支架模型与第一个支架模型基本一致,但是为了其齿轮可以相互啮合,必须改变一下齿轮的角度,创建时没有必要单独创建这两个零件,或者将 Bracket 文件另存为新文件,只需要使用族表功能,并使用 Bracket.prt 文件派生出左右两个不同的支架即可。

操作步骤如下：

① 单击"工具"选项卡中"模型意图"选项区域的"族表"工具按钮 ▦，弹出"族表 BRACKET"对话框，如图 9-28 所示。

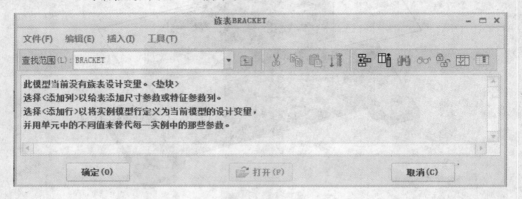

图 9-28 "族表"对话框

② 单击对话框中的"删除/添加列"工具按钮 ▥，弹出"族项，类属模型：BRACKET"对话框，单击 CSO 坐标系，选择 Y 轴中的角度尺添加到"项"列表中，单击"确定"按钮如图 9-29 所示。

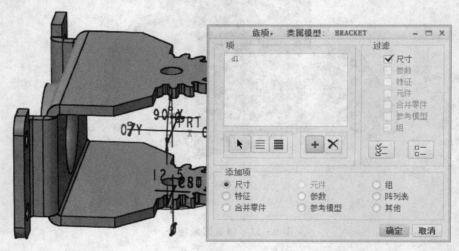

图 9-29 选择参数尺寸

③ 单击"族表 BRACKET"对话框中的"在选定行插入新实例"工具按钮 ▤，插入两行，创建两个派生零件，分别命名为 BRACKET_LEFT 和 BRACKET_RIGHT，把 BRACKET_RIGHT 的坐标旋转角度改为 10，如图 9-30 所示。

④ 单击"确定"按钮退出"族表 BRACKET"对话框，保存并关闭 BRACKET 零件窗口。

图 9-30　派生零件

⑤ 返回装配环境，单击"模型"选项卡中"模型"选项区域的"装配"工具按钮，选择文件 BRACKET.prt，弹出"选择实例"对话框，如图 9-31 所示。在"类属模型"列表中选择 BRACKET_LEFT，单击"打开"按钮。

⑥ 打开模型后，弹出"元件放置"选项卡，选择相应的对齐约束，将零件装配到骨架文件上，如图 9-32 所示。

⑦ 使用同样的方法装配 BRACKET_RIGHT，如图 9-33 所示。可以观察到齿轮完全啮合在了一起。

图 9-31　"选择实例"对话框

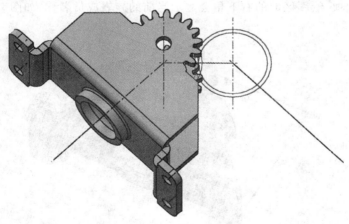

图 9-32　装配 BRACKET_LEFT

⑧ 通过观察可以看到，支架模型 BRACKET_RIGHT 中轮齿和底边非常靠近，如图 9-34 所示，这样会给加工造成困难，所以要修改该零件。

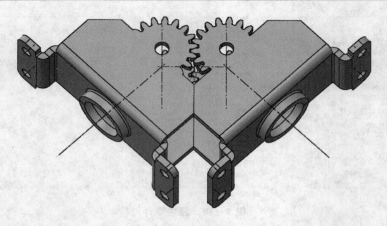

图 9 - 33　装配 BRACKET_RIGHT

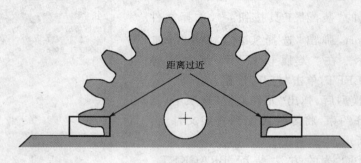

图 9 - 34　距离过近

在装配环境中的模型树上右击 BRACKET_RIGHT.prt，在弹出的快捷菜单中选择"打开"选项，绘图区域的右下角会显示当前的族表成员名称，如图 9 - 35 所示。

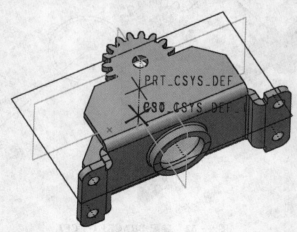

图 9 - 35　打开零件 BRACKET_RIGHT.prt

⑨ 在零件模型树中将特征插入图表拖动到第一个拉伸特征后,如图 9 - 36 所示。

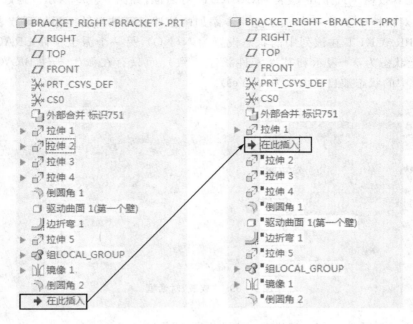

图 9 - 36　移动特征插入符号

⑩ 单击"模型"选项卡中"形状"选项区域的"拉伸"工具按钮 ,选择齿轮的底面为草绘平面,绘制草图,如图 9 - 37 所示,以"到选定项"的方式定义拉伸深度到齿轮顶面。创建完拉伸特征后,将特征插入符号移动到模型树的最下方,结果如图 9 - 38 所示。

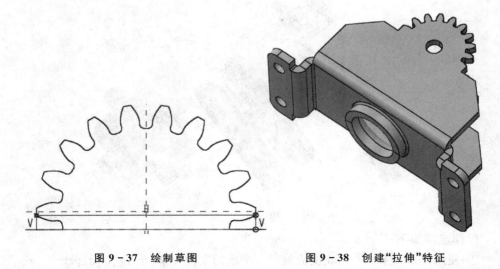

图 9 - 37　绘制草图　　　　　　图 9 - 38　创建"拉伸"特征

⑪ 打开模型文件 BRACKET.prt,单击"工具"选项卡中"模型意图"选项区域的 "族表"工具按钮▦,弹出"族表 BRACKET"对话框,如图 9 - 39 所示。通过观察可 以看到,对话框中多了一列,表示上一步添加的拉伸特征被自动地添加到族表中,基 础零件 BRACKET 在该列中的状态设置为 N(NO),另一个派生零件 BRACKET_ LEFT 上状态为 *(表示和基准零件状态一致),而只有在派生零件 BRACKET_ RIGHT 中的状态被自动设置为 Y(Yes)。

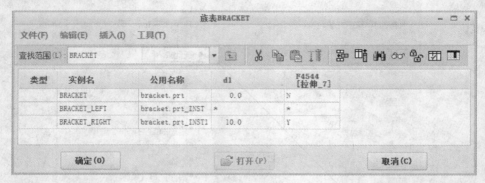

类型	实例名	公用名称	d1	F4544 [拉伸_7]
	BRACKET	bracket.prt	0.0	N
	BRACKET_LEFT	bracket.prt_INST	*	*
	BRACKET_RIGHT	bracket.prt_INST1	10.0	Y

图 9 - 39   "族表"对话框

9.4 创建万向节模型

万向节中包含了三个连杆以及两个连接块,其中有两个连杆以及两个连接块模 型是一样的,所以需要创建三个模型,如图 9 - 40 所示。

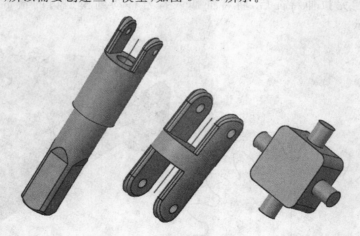

图 9 - 40   万向节零件

操作步骤如下:

① 使用 mmns_part_solid 模板创建一个新的文件 Universal_joint.prt。

② 单击"模型"选项卡中"获取数据"选项区域的"复制几何"工具按钮 ，
弹出"复制几何"选项卡,取消选择"仅限发布几何"工具按钮 ;单击"打开"工具按
钮 ,选择骨架文件 Universal_joint_skel. pat,弹出"放置"对话框,选择"确定"按
钮;单击"复制几何"选项卡中的"参考"按钮,单击"链"选项区域右侧的"细节"按钮,
弹出"链"对话框以及预览窗口;在预览窗口中选择需要的直线,如图 9-41 所示,单
击"链"对话框中的"确定"按钮,退出该对话框;单击"复制几何"选项卡中的"完成"按
钮 。这样,骨架文件中被选中的几何就被复制到了零件环境中,如图 9-42 所示。

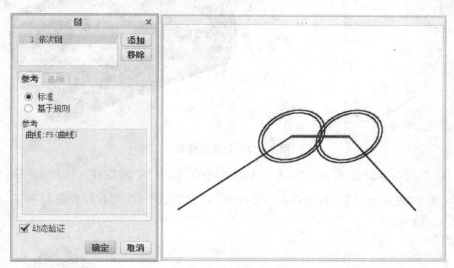

图 9-41 "链"对话框以及预览窗口

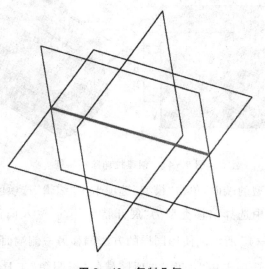

图 9-42 复制几何

③ 单击"模型"选项卡中"形状"选项区域的"拉伸"工具按钮 ⬚，选择 RIGHT 平面为草绘平面，绘制草图，使用"到选定项"的方式将草图拉伸至直线两个端点，如图 9-43 所示。

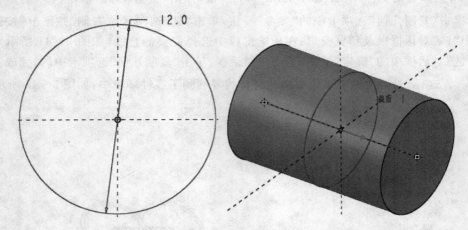

图 9-43　创建拉伸特征

④ 单击"模型"选项卡中"形状"选项区域的"拉伸"工具按钮 ⬚，弹出"拉伸"选项卡；单击"去除材料"工具按钮 ⬚，选择 TOP 为草绘平面，创建拉伸除料特征，结果如图 9-44 所示。

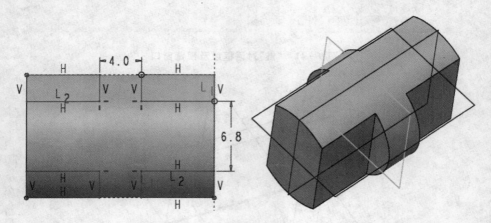

图 9-44　创建拉伸除料特征

⑤ 选择零件模型的端面，单击"模型"选项卡中"编辑"选项区域的"偏移"工具按钮 ⬚偏移，在选项卡中选择偏移类型为"展开特征" ⬚，输入偏移距离 3.2，单击"完成"按钮 ✓，如图 9-45 所示。使用同样的方法偏移另一侧端面。

⑥ 单击"模型"选项卡中"工程"选项区域的"倒圆角"工具按钮 ⬚倒圆角 ▾，按住

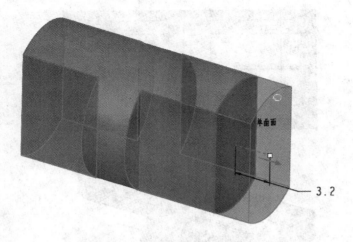

图 9 - 45　偏移端面

Ctrl 键选择端面的两条边,单击"倒圆角"选项卡中的"集"按钮,在弹出的选项卡中选择"完全到圆角"选项,结果如图 9 - 46 所示,使用同样的方法在另一个端面上倒圆角。

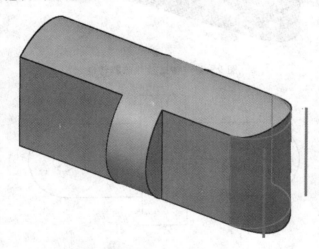

图 9 - 46　倒圆角

⑦ 单击"模型"选项卡中"形状"选项区域的"拉伸"工具按钮🔲,弹出"拉伸"选项卡;单击"去除材料"工具按钮🔲,选择模型平面为草绘平面,创建拉伸除料特征,结果如图 9 - 47 所示。

⑧ 单击"模型"选项卡中"形状"选项区域的"拉伸"工具按钮🔲,弹出"拉伸"选项卡;单击"去除材料"工具按钮🔲,选择 TOP 平面为草绘平面,以外部复制直线的端点为圆心绘制两个直径为 2 的圆,创建拉伸除料特征,结果如图 9 - 48 所示。

⑨ 单击"模型"选项卡中"工程"选项区域的"倒圆角"工具按钮 🔘倒圆角 ▾ ,按住

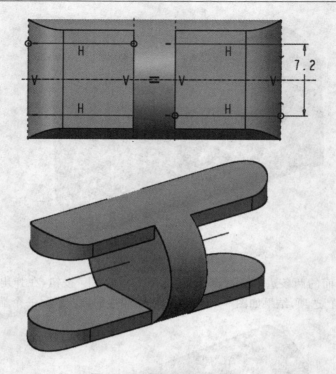

图 9 - 47　创建拉伸除料特征

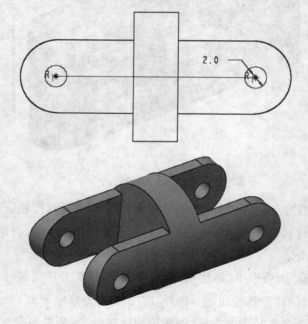

图 9 - 48　使用拉伸特征创建孔

Ctrl 键选择需要倒圆角的边,输入圆角半径 0.5,结果如图 9-49 所示。

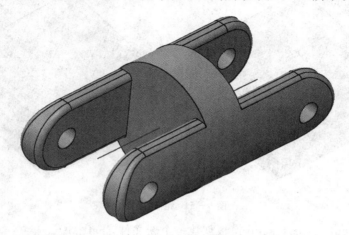

图 9-49　倒圆角

⑩ 保存并关闭模型。

⑪ 使用 mmns_part_solid 模板创建一个新文件 Joint_linkage.prt。

⑫ 单击"模型"选项卡中"形状"选项区域的"拉伸"工具按钮 ,弹出"拉伸"选项卡,选择 RIGHT 平面为草绘平面,绘制一个边长为 7.2 的正方形,使用对称拉伸方式,拉伸高度为 4,结果如图 9-50 所示。

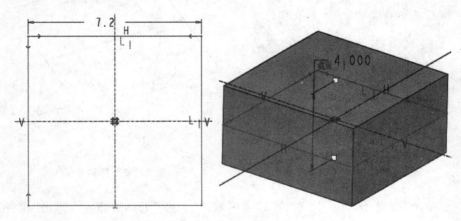

图 9-50　创建拉伸特征

⑬ 使用拉伸特征创建一个直径为 2、高度为 12 的圆柱,使用同样的方法在另一侧创建一个同样的圆柱,如图 9-51 所示。

⑭ 单击"模型"选项卡中"工程"选项区域的"倒圆角"工具按钮 ,按住 Ctrl 键选择需要倒圆角的边,输入圆角半径 1,结果如图 9-52 所示。

⑮ 保存并关闭模型。

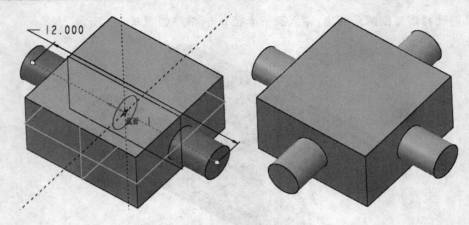

图 9 - 51   创建圆柱

⑯ 使用 mmns_part_solid 模板创建一个新文件 Shaft.prt。

⑰ 单击"模型"选项卡中"获取数据"选项区域的"复制几何"工具按钮 <kbd>复制几何</kbd>，使用步骤②中的方法复制同样的直线到零件环境中，如图 9 - 53 所示。

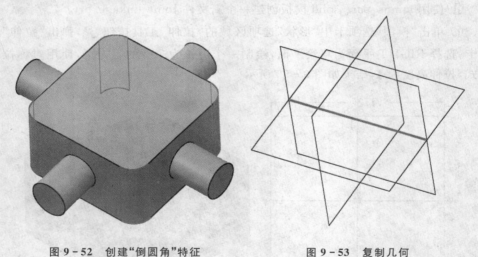

图 9 - 52   创建"倒圆角"特征   图 9 - 53   复制几何

⑱ 单击"模型"选项卡中"形状"选项区域的"拉伸"工具按钮 <kbd></kbd>，弹出"拉伸"选项卡，选择 RIGHT 平面为草绘平面，绘制一个直径为 12.2 的圆，将界面拉伸到直线的端点，如图 9 - 54 所示。

⑲ 创建拉伸除料特征，在 TOP 平面上绘制草图，结果如图 9 - 55 所示。

⑳ 选择零件模型的端面，单击"模型"选项卡中"编辑"选项区域的"偏移"工具按钮 <kbd>偏移</kbd>，在选项卡中选择偏移类型为"展开特征" <kbd></kbd>，输入偏移距离 3.2，单击"完成"按钮 <kbd>✓</kbd>，如图 9 - 56 所示。

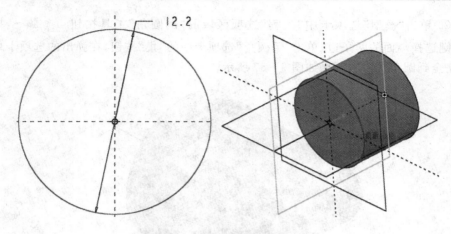

图 9-54 创建拉伸特征

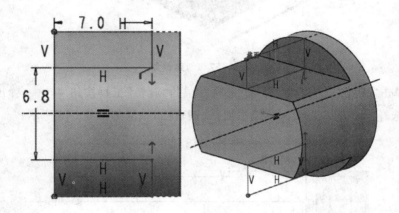

图 9-55 创建拉伸除料特征

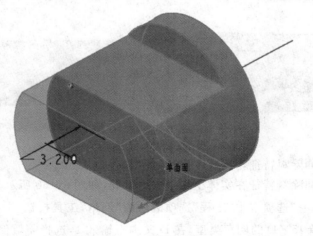

图 9-56 偏移曲面

㉑ 单击"模型"选项卡中"工程"选项区域的"倒圆角"工具按钮 ⏷ 倒圆角 ▾ ，按住 Ctrl 键选择端面的两条边，单击"倒圆角"选项卡中的"集"按钮，在弹出的选项卡中选择"完全到圆角"选项，结果如图 9-57 所示。

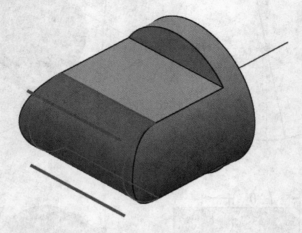

图 9-57　创建倒角

㉒ 单击"模型"选项卡中"形状"选项区域的"旋转"工具按钮 ⼩ 旋转 ，弹出"旋转"选项卡，选择 FRONT 平面为草绘平面，绘制草图，结果如图 9-58 所示。

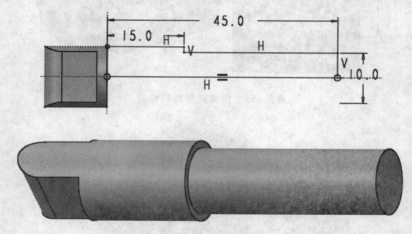

图 9-58　创建"旋转"特征

㉓ 创建拉伸除料特征切割零件实体，如图 9-59 所示。

㉔ 创建拉伸除料特征在实体上切割出两个孔，如图 9-60 所示。

㉕ 单击"模型"选项卡中"工程"选项区域的"倒角"工具按钮 ⏷ 倒角 ▾ ，弹出"边倒角"选项卡；选择 45×D 的倒角类型，在 D 文本框输入 1，选择需要倒角的边，在选项卡中单击"完成"按钮 ☑ ，如图 9-61 所示。

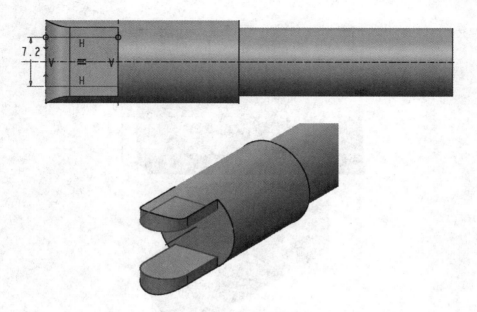

图 9 – 59 创建拉伸除料特征

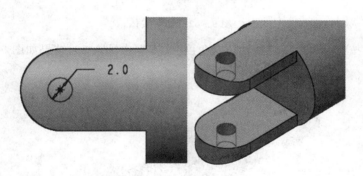

图 9 – 60 切割孔

㉖ 使用拉伸除料特征切割实体模型,如图 9 – 62 所示。

㉗ 在特征树中选择上一步创建的拉伸除料特征,单击"模型"选项卡中"操作"选项区域的"复制"工具按钮 复制,单击"粘贴"下三角按钮 粘贴 ,选择"选择性粘贴"选项 选择性粘贴,弹出"选择性粘贴"对话框,选择"对副本应用移动/旋转变换"复选项,单击"确定"按钮,弹出"移动(复制)"选项卡,单击

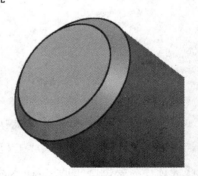

图 9 – 61 创建"倒角"特征

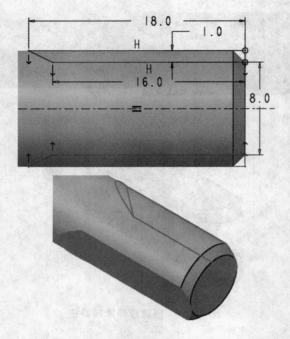

图 9 - 62　切割实体

"旋转"工具按钮，选择旋转轴，在"角度"文本框中输入 90，结果如图 9 - 63 所示。

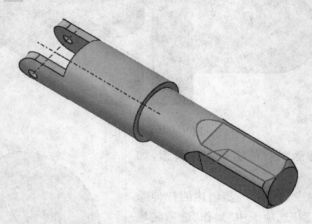

图 9 - 63　复制并粘贴特征

㉘ 使用拉伸除料特征将实体切割出一个直径为 5 的通孔，如图 9 - 64 所示。

㉙ 单击"模型"选项卡中"工程"选项区域的"倒圆角"工具按钮，按住 Ctrl 键选择需要倒圆角的边，输入圆角半径 0.5，结果如图 9 - 65 所示。

㉚ 保存并关闭模型。

㉛ 使用 mmns_part_solid 模板创建一个新文件 Linkage_plate.prt。

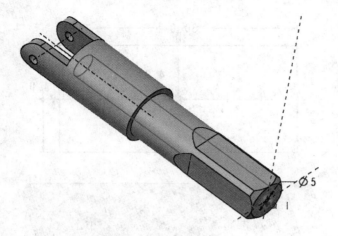

图 9 - 64 切割通孔

㉜ 单击"模型"选项卡中"获取数据"选项区域的"复制几何"工具按钮 ，
使用步骤②中的方法复制同样的直线到零件环境中，如图 9 - 66 所示。

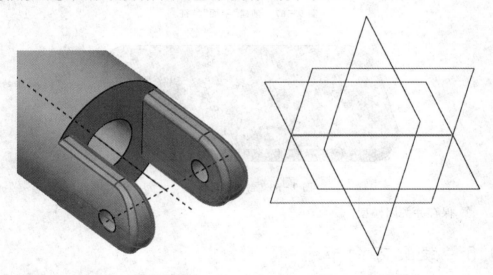

图 9 - 65 创建圆角特征   图 9 - 66 复制几何

㉝ 单击"模型"选项卡中的"操作"下拉菜单，选择"转换为钣金件"选项，单击"模型"选项卡中"形状"选项区域的"平面"工具按钮 ，弹出"平面"选项卡；选择TOP 平面为草绘平面，绘制草图，在选项卡中的"厚度"文本框中输入 2，结果如图 9 - 67 所示。

㉞ 单击"模型"选项卡中的"工程"下拉按钮，选择"倒圆角"选项，按住 Ctrl 键选择需要倒圆角的边，输入圆角半径 3，结果如图 9 - 68 所示。

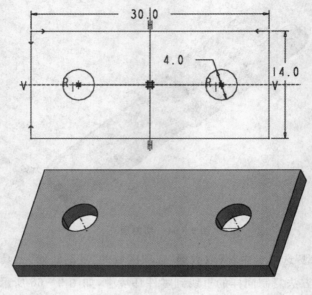

图 9 - 67   创建"平面"特征

图 9 - 68   创建圆角特征

㉟ 保存并关闭模型。

9.5   装配万向节

在装配文件 Universal_joint. asm 中已经有了两个支架文件，下面将装配万向节。为了机构能够进行运动仿真，万向节的装配主要使用各种连接集。

操作步骤如下：

① 返回装配文件 Universal_joint. asm，在模型树中将两个支架文件隐藏；单击"模型"选项卡中"元件"选项区域的"装配"工具按钮 ，选择零件文件 Universal_joint. prt，弹出"元件放置"选项卡；在"用户定义"下拉列表中选择"销"连接，选择相应的对齐的轴和平面，如图 9 - 69 所示。

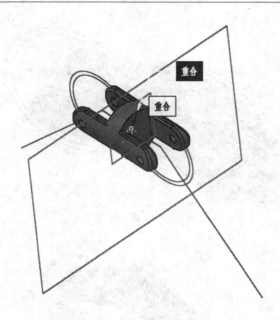

图 9 - 69　装配 Universal_joint. prt

② 单击"模型"选项卡中"元件"选项区域的"装配"工具按钮，选择零件 Joint_linkage. prt，弹出"元件放置"选项卡，在"用户定义"下拉列表中选择"圆柱"连接，选择相应的对齐的轴，如图 9 - 70 所示。

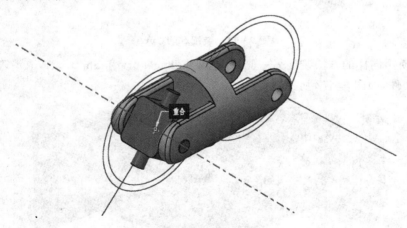

图 9 - 70　装配 Joint_linkage. prt

③ 单击"模型"选项卡中"元件"选项区域的"装配"工具按钮，选择零件 Shaft. prt，弹出"元件放置"选项卡，在"用户定义"下拉列表中选择"圆柱"连接，选择相应的对齐的轴，单击"新建集"，新建一个"圆柱"连接集，选择另一组相互对应的轴，如图 9 - 71 所示。

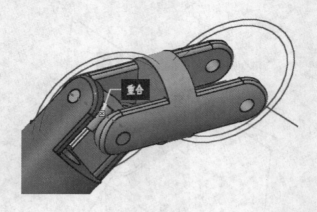

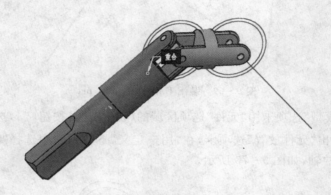

图 9 - 71 装配 Shaft. prt

④ 使用同样的方法装配另一侧的 Joint_linkage. prt 和 Shaft. prt，取消隐藏的两个支架文件，如图 9 - 72 所示。

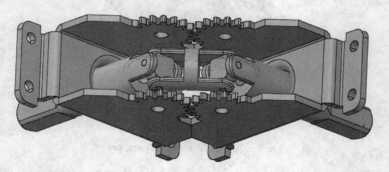

图 9 - 72 装配另一侧

⑤ 使用普通的重合约束装配零件 Linkage_plate. prt，如图 9 - 73 所示。

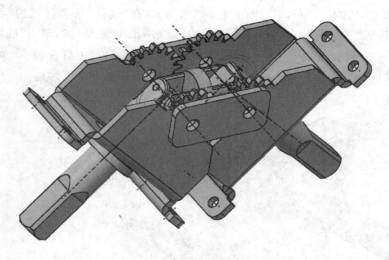

图 9-73 装配 Linkage_plate. prt

9.6 机构运动仿真

装配好万向联轴器,运动仿真就容易多了。

操作步骤如下:

① 单击"应用程序"选项卡中"运动"选项区域的"机构"工具按钮🔧,进入机构运动仿真环境。

② 单击"机构"选项卡中"插入"选项区域的"伺服电动机"工具按钮，弹出"伺服电动机定义"对话框,选择零件 Shaft. prt 上的"圆柱"连接标志,如图 9-74 所示。

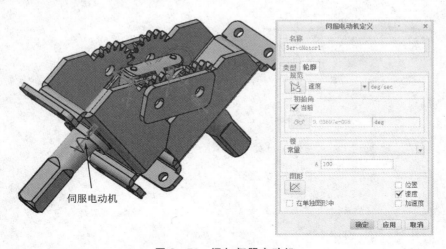

图 9-74 添加伺服电动机

单击"伺服电动机定义"对话框中的"轮廓"选项卡,在"规范"选项区域的"类型"下拉列表中选择"速度"选项,在"模"选项区域的 A 文本框中输入 100,单击"确定"按钮。

③ 单击"机构"选项卡中"分析"选项区域的"机构分析"工具按钮 ,弹出"分析定义"对话框,单击"运行"按钮,开始运动仿真。结果如图 9-75 所示。

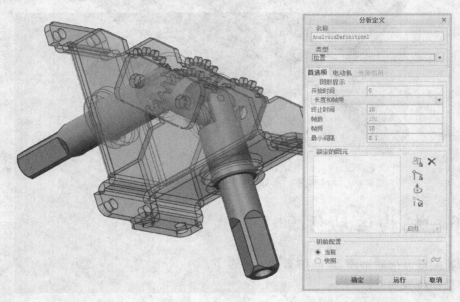

图 9-75　运动仿真结果